PRINCIPLE OF SAFETY

안전학 개론

장성록 · 위국환 · 이종빈 지음

GS인터비전

머리말

최근 아르곤 가스 질식 사망사고, 발전소 압사사고, 물류창고 화재 사고, 건설 현장 붕괴사고 등 각종 산업재해로 인한 사망사고가 빈번히 발생하고 있다. 또한, 가습기 살균제 사건 및 4·16 세월호 사건과 같은 시민 재해로 인한 사망사고 등이 사회적 문제로 지적되고 있다. 이에 사업장의 안전보건을 확보하기 위해 제정된 기존의 산업안전보건법에 더하여, 사업주, 법인 또는 기관 등이 운영하는 사업장 등에서 발생한 중대산업재해와 공중이용시설 또는 공중교통수단을 운영하거나 위험한 원료 및 제조물을 취급하면서 안전·보건 조치 의무를 위반하여 인명사고가 발생한 중대시민재해의 경우, 사업주와 경영책임자 및 법인 등을 처벌하는 중대재해처벌법이 시행되었다.

이는 근로자를 포함한 사업 종사자와 일반 시민의 안전권을 확보하고, 기업의 조직문화와 안전관리 시스템 미비로 인해 일어나는 중대재해사고를 사전에 방지하려는 것이다. 또한 정부에서는 공공기관의 안전을 확보하기 위해 공공기관의 경영평가 중 안전 부분을 대폭 강화하여 공공기관이 우리나라의 안전을 선도해 가도록 압박을 가하고 있다. 이에 따라 기업의 종사자뿐 만 아니라 행정기관이나 공공기관의 종사자, 연구실의 연구원 등 전 국민의 안전에 대한 인식이 높아지면서 안전을 추구하기 위해 필요한 지식을 습득하고자 하는 열망이 높아지고 있다. 이에 많은 연구자가 안전과 관련된 다양한 연구를 수행하고 있고, 안전을 추구하는 방법론 및 재해를 예방하는 방법론 등에 관한 많은 서적이 개발·보급 및 출간되고 있다.

그런데도 안전에 대한 개괄적인 지식을 정리한 교재는 없다는 판단하에 안전 분야에 처음 관심을 가지고자 하는 독자들에게 도움이 되고자 안전학 개론을 저술하게 되었다. 안전과 관련된 분야가 워낙 광범위하고 다양하기에 이 책 한 권에 모든 것을 기술할 수는 없었다. 또한, 안전학이라는 제목에서 보는 바와 같이 아직 흔히 언급되지 않는 학문 분야기 때문에 안전학에서 다루는 범위가 이 책에서 모두 논의된 것이라고 주장하기에도 무리가 있을 수 있다. 그러나 안전에 관심을 가지고 첫발을 내딛고자 하는 분들께 개략적인 지침서의 역할을 할 수 있을 것으로 생각한다.

2022년 8월 마지막 날

장성록, 위국환, 이종빈

차례

CHAPTER 1

개요

1.1 안전의 개념

1.2 재해 및 사고의 정의

1.3 현실적인 안전의 의미 : 허용 불가능한 risk(위험성)가 존재하지 않는 것

1.4. 안전관리의 대상 : Risk(위험성)는 제로일 수 없다

1.5 안전관리의 변천

1.1 안전의 개념

사람은 이 세상에 태어나 행복하게 장수하는 것을 염원하면서 생활하고 있지만, 삶의 과정에서 생명과 건강이 침해되거나 저해되는 것은 기본적 인권의 관점에서 허용되어서는 안 된다.

헌법은 제10조에서 "모든 국민은 인간으로서의 존엄과 가치를 가지며, 행복을 추구할 권리를 가진다.", 제34조에서 "모든 국민은 인간다운 생활을 할 권리를 가진다.", 그리고 제35조 제1항에서 "모든 국민은 건강하고 쾌적한 환경에서 생활할 권리를 가지며……" 등과 같이 기본적 인권에 관한 다양한 권리(이념)를 정하고 있다.

이러한 인권 존중의 이념은 확실히 '안전'의 이념이라고 할 수 있다. 산업노동의 장소 또는 산업·생활 관련 제품을 사용하는 곳에서 생명, 건강에 피해를 보는 것은 본인뿐만 아니라 그 가족에게도 인도적인 관점에서 결코 있어서는 안 되는 일이다. 기업은 이 인권 존중의 이념을 구체적으로 실현하기 위하여 잠재적 유해 위험요인을 배제하고 사고·재해가 발생하지 않는 안전하고 쾌적한 직장을 만드는 종합적인 노력을 계속하는 것이 요구된다.

기업이 번창하여 발전해 나가기 위해서는 일정한 이윤을 추구해 가는 것이 필요하고, 이를 위해 새로운 제품의 개발·생산·관리를 하고 있는데, 그 과정에서 불행하게도 일하는 사람이 상처를 입거나 건강을 해치거나, 때로는 무엇과도 바꿀 수 없는 생명을 잃는 경우가 있다.

사망재해가 발생한 경우, 회사의 입장에서는 1인 종업원의 사망이 많은 사람 중의 1인을 잃는 것에 불과할 수 있지만, 가족에게 있어서는 모든 것을 잃는 것이 된다. 이처럼 산업재해의 발생은 무엇보다 피재자, 그 가족을 불행하게 할 뿐만 아니라, 기업에서의 생산, 일의 능률을 저해하고, 경우에 따라서는 기업경영을 위협할 수도 있는 것이다.

따라서 산업안전보건법의 준수와 자율적인 안전보건 활동에 의한 안전보건 관리의 철저는 기업의 건전한 발전을 위해서도 불가결한 것이다. 그리고 기업의 사회적 책임이라는 관점에서도 종업원의 안전과 건강의 확보는 매우 중요한 사항이다. 중대한 사고·재해가 발생한 기업에 대한 여론의 비판, 책임추궁은 점점 엄격해지고 있다. 안전의 확보는 '기업 내'에서 '사회적' 차원으로 그 중요성이 높아지고 있고, 자율적인 안전 활동의 착실한 추진은 기업의 사회적인 신용을 높일 수 있는 것이 되고 있다. 그렇다면 이처럼 중요한 안전이 과연 무엇을 의미하는가에 대해서 구체적으로 살펴볼 필요가 있다.

安全은 편안할 "安"과 온전할 "全"이 합해져서 만들어진 한자 단어이다. 이는 안전이란 집안의 아내처럼 궁전의 임금처럼 아무런 위험이 없는 상태를 의미한다. 또 Webster 사전의 안전(Safety)은 "freedom from danger, injury, or damage", "the condition of being safe from undergoing or causing hurt, injury, or loss"로 정의되어 있다. 이러한 동서양의 안전에 대한 정의를 정리하면 안전이란 "사고나 재해가 발생하지 않는 현상을 말하는 것이 아니라, 그와 같은 현상을 초래하는 요인이 억제된 상태"로 이해하는 것이 좋겠다.

안전을 구체화하는 중에 안전관리 또는 안전 활동의 목표로 '무재해'라는 용어가 사용되고 있는 경우도 적지 않지만, 무재해는 '결과로서 재해가 제로'라는 것을 나타내는 의미이고, 유해 위험요인이 존재하고 있어도 또는 사고가 있어도 사람에게 피해를 주는 재해가 발생하지 않으면 '재해는 제로'라고 말할 수 있기 때문에, 무재해가 안전의 모든 것을 말하고 있다고 생각하는 것은 적절하지 않다. 따라서 우리가 지향하여야 할 목표 역시 무재해보다는 안전이 좀 더 합리적이라고 할 수 있다.

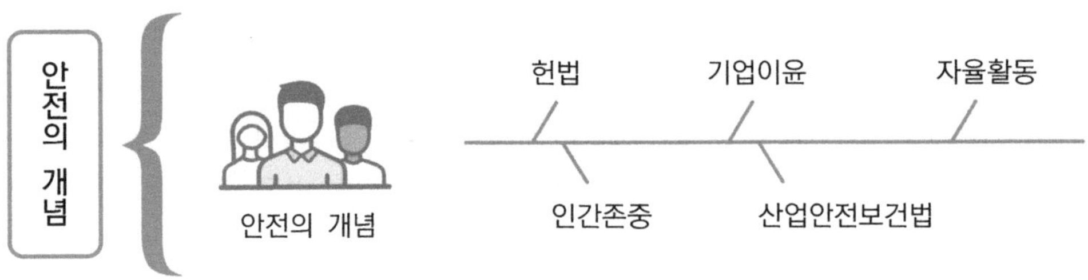

1.2 재해 및 사고의 정의

재해란 일반적으로 인간과 그 노동의 생산물인 토지, 동식물, 시설, 제품 등이 무언가의 자연적 또는 인위적 요인(파괴력)에 의해 그 기능이 상실되거나 저하되는 현상을 말한다. 재해는 발생 원인에 따라 천재(자연재해)와 인재(인위재해)로 나누어 사용되고 있다.

이 중 천재로 분류되는 지진, 화산 폭발, 홍수, 태풍, 해일 등은 과학기술이 발달한 오늘날에도 그 발생을 방지하는 것이 아직 불가능하지만, 고도의 과학기술을 구사하여 전조를 예지하고 피난 등 신속한 대응을 함으로써 피해의 정도를 가능한 한 적게 하는 것은 어느 정도 가능해지고 있다.

재해 중 노동의 장에서 사람이 당하는 재해(산업재해)는 전형적인 인재로서, 모든 산업재해는 원칙적으로 미연에 방지할 수 있고 재해방지를 위한 조치, 활동을 하는 것이 안전관리의 목적이다.

안전관리의 관점에서 재해는 '사람이 물체, 물질 또는 타인과 접촉하거나 환경조건에 노출됨으로써 또는 사람의 행동에 의해, 그 결과로 발생하는 사람의 상해를 동반하는 사건'이라고 말할 수 있다. 또 사고는 일반적으로 '당면하는 사상(事象)의 정상적인 진행을 저지 또는 방해하는 사건'이라고 정의되고 있다. 이와 같은 정의는 상당히 넓은 의미에 해당하는 것으로서, 예컨대 도로가 혼잡하여 목적지에 예정시간에 도착할 수 없는 경우도 사고(지연사고)에 해당한다고 볼 수 있다. 사고에는 사람이 당하는 사고 외에 제품사고, 교통사고, 의료사고, 도난사고 등 다양한 사고가 존재할 수 있다. 한편, 일반적으로 '재해'로 번역되는 'accident'와 '사고'로 번역되는 'incident'에 대해서는 많은 정의가 존재한다. 이 정의의 성격은 종종 사고·재해예방, 피재자 보상, 통계와 같은 맥락과 목적에 따라 다르다. 여기에서는 사고·재해예방의 맥락과 목적을 중심으로 설명하는 것으로 한다.

H. W. Heinrich에 의해 제시된 accident의 개념이 자주 언급된다. Heinrich는 accident를 "물체, 물질, 인간 또는 방사선의 작용 또는 반작용에 의해 인간의 상해 또는 그 가능성을 초래하는 예상외의 제어되지 않는 사건(event)"이라고 정의하고 있다. 이 정의의 변형(variation)은 안전 관련 문헌의 곳곳에서 발견된다. 예를 들면, Frank E. Bird, Jr.과 George L. Germain은 accident를 "인명 피해, 재산적 손해, 작업공정의 손실을 초래하는 바람직하지 않은 사건"이라고 정의하고 있다. 보다 최근의 문헌에서는 '예상외의', '제어되지 않는'이라는 개념이 오해를 초래하고 있다고 종종 주장되고 있다. 이것은 사건이 운명 또는 운과 관련되어 있다는 생각을 제공할 수 있다. 그러나 사건의 근본원인이 밝혀지면 많은 사건은 일반적으로 예상할 수 있었고 올바른 조치가 취해졌더라면 방지되었을 것이라는 점을 알 수 있게 된다. 이것은 사건이 운명 또는 운의 하나가 아니라는 것을 시사한다.

최근 대부분의 정의는 '예상외의'라는 개념을 포함하지 않고 있고, 'accident' 대신에 'incident'라는 좀 더 일반적인 용어로 표현되고 있다. ISO 45001 규격은 incident의 정의에 초점을 맞추고 있다. Incident는 부상, 질병(심각성에 관계없이) 또는 사망을 초래하였거나 초래할 수 있었던 작업 관련 사건을 가리킨다. Accident는 부상, 질병 또는 사망이 실제로 발생한 incident의 특별한 유형으로 간주되고 있다. 위해(harm)를 일으킬 수 있었지만 실제로 그렇지 않은 사건이라는 의미를 가지는 near miss(아차사고)는 부상, 질병 또는 사망이 발생하지 않은 incident이다. 즉, ISO 45001 용어정의에서는 incident에 near miss가 포함된다고 말하고 있다. 그러므로 incident는 accident일 수도 있고 near miss일 수도 있다.

영국의 HSE(Health and Safety Executive: 보건안전청)는 accident에 대해 "부상 또는 질병을 초래하는 사건"이라고 정의하고, incident는 아차사고와 바람직하지 않은 상황(undesired circumstance)으로 구성된다고 설명하고 있다.

Incident라는 용어가 부상, 물적 손해 및 아차사고 사건을 일으키는 모든 사건들을 포괄하는 광의의 용어로 점점 더 간주되고 있지만, 항상 그런 것은 아니다. Incident는 종종 위해를 일으킬 잠재성을 가지고 있지만 그렇지 않은 사건의 의미로도 말해지고 있다. 이런 경우 incident는 아차사고 사건과 동의어로 간주된다.

Heinrich는 본인의 저서 "Industrial Accident Prevention"에서 accident라는 개념을 사용하면서 accident의 정의에는 실제로 발생하는 것뿐만 아니라 발생할 가능성에 관한 개념을 포함하고 있으므로, 상해를 수반하는 accident(injury accident)뿐만 아니라 상해를 수반하지 않는 accident(no-injury accident)를 포함한다고 설명한다. Incident에 대해서는 "업무활동의 능률을 저하시킬 수 있는(저하시키는) 바람직하지 않은 사건이다."라고 정의하면서, incident에는 문제는 야기하고 시간, 노력, 금전 등에 관하여 손실을 초래하지만 인간에게 실제의 상해를 초래하지 않는 것들이 포함된다고 설명하고 있다. 그리고 Heinrich는 자신의 책에서 accident 및 accident prevention에 대하여 말해지는 모든 것은 incident 및 incident prevention 용어에도 그대로 사용될 수 있다고 부연하고 있다. 결국 Heinrich가 사용하는 accident의 개념은 incident의 개념과 동일한 의미를 가지고 있다고 말할 수 있다.

Bird와 Germain은 자신들의 저서 "Practical Loss Control Leadership"에서 incident의 개념을 사용하면서 이를 "의도하지 않은 위해(harm) 또는 물적 손해(damage)를 초래할 수 있거나 초래하는 사건" 이라고 정의하고 있다. 또한 incident를 no-loss incident (또는 near miss incident)와 loss-type incident로 구분하고 있다. Accident는 loss-type incident, 특히 인적 손상을 초래한 incident로 구분하고 있다. 인적 손상(injury)과 incident를 다른 것으로 구분하면서 인적 손상은 부상 또는 질병에 한정되지 않는다고 한다. 이들은 incident 자체의 발생은 제어할 수 있지만, incident에서 초래되는 위해 및 손상의 정도(심각성)는 종종 운(chance)의 문제이기 때문에, 인적 손상과 incident의 구별은 안전보건에서 중요하다고 강조한다. 예를 들면, 부상의 경우 그 심각성은 민첩성, 반사신경, 물리적 조건, 부상을 입은 신체부위 외에 변환되는 에너지의 양, 가드의 적절성, 보호구 착용 여부와 같은 많은 요인에 달려 있다.

그리고 이들은 인적 손상과 incident의 구별을 통해 우리는 incident가 일으키는 인적 손상보다는 incident에 좀 더 많은 관심을 기울이는 것이 필요하다는 것을 설명한다. 또한 사건이 물적 손해 또는 손실을 초래하지만 인적 손상을 초래하지 않는 것도 incident라고 보면서, 인적 손상을 수반하는 incident(injury incident)보다 물적 손해를 수반하는 incident(damage incident)가 많이 존재한다고 한다. 이들에 의하면, 자주 발생하는 물적 손해를 수반하는 incident의 분석은 incident 문제의 원인에 대한 좀 더 명확한 이해와 예방작업을 할 때의 기준설정에 필요한 추가적인 정보를 제공해 준다. 그리고 물적 손해를 수반하는 incident를 무시하는 안전프로그램은 훨씬 더 많은 incident 자료를 무시하게 되고, 이것은 인적 손상을 줄이고 비용을 줄이는 효과를 거두는 데 있어 심각한 장애물이라고 역설한다.

한편, 국제적인 안전시스템 전문가인 James Reason은 accident는 인적 손상 또는 물적 손해가 큰 사건이고, incident는 인적 손상 또는 물적 손해가 작은 사건이라고 설명하고 있다(The Human Contribution, 2008). 요컨대, accident의 개념은 인적 손상만을 대상으로 하는 경우도 있지만, 물적 손해까지를 포함하여 인적 손상 또는 물적 손해를 수반하는 사건이라는 의미로도 사용되고 있다. Incident의 개념 역시 인적 손상만을 염두에 두는 경우도 있지만, 물적 손해까지를 염두에 두고 인적 손상 또는 물적 손해를 일으키지 않았지만 그 잠재성을 가진 예상되지 않은 사건을 의미하는 용어로도 사용되고 있다. 다만, 산업안전 분야에서는 accident와 incident 개념을 인적 손상만을 염두에 두고 사용하는 것이 일반적이다.

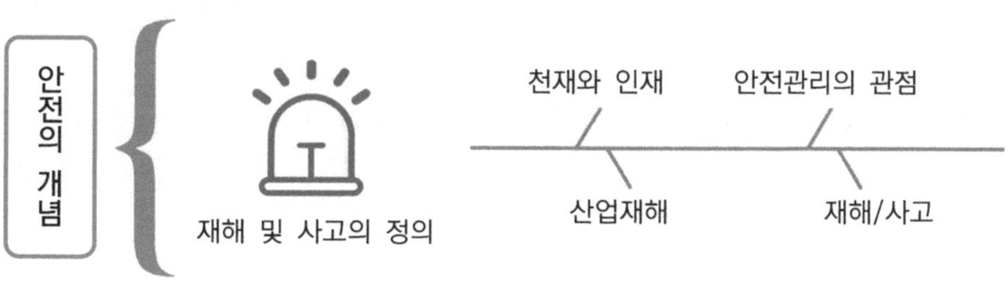

우리나라 산업안전보건법 제2조(정의)에서는 산업재해의 정의를 "근로자가 업무에 관계되는 건설물·설비·원재료·가스·증기·분진 등에 의하거나 작업 또는 그 밖의 업무로 인하여 사망 또는 부상하거나 질병에 걸리는 것을 말한다."고 상당히 구체적으로 표현하고 있다. 이 중 전단의 '인하여'까지의 부분이 사고이고, 후단의 사망 또는 부상, 질병이라고 하는 '현상이 발생하였을 때'를 재해라고 말할 수 있다. 즉, 건설공사 현장에서 작업 중에 높은 곳에서 재료를 떨어뜨리면(기인) 사고이고, 밑에서 작업을 하고 있던 근로자가 맞아 부상을 입은 경우에는 재해라고 불리게 된다. 이 경우 낙하한 재료에 현장 내의 근로자가 아니라 근처를 통해하던 일반시민이 맞았을 때에는 산업재해라고는 말하지 않지만 재해에는 해당한다.

1.3 현실적인 안전의 의미: 허용 불가능한 risk (위험성)가 존재하지 않는 것

'안전'이란 무엇일까? 어떠한 상태가 되면 안전하다고 말할 수 있을까? 이것은 간단한 것 같지만 어려운 질문이다. 안전관련 법규에서도 안전에 대한 정의는 어디에서도 찾아볼 수 없다. 가장 많은 답변은 "위험하지 않은 것"이라는 답변이다. 현장에서 밤낮 없이 위험과 맞닥뜨리는 관리·감독자의 경우에는 우선 이 답변을 떠올릴 것이다. 그리고 플랜트의 유지관리 등을 담당하는 사람이라면 "설비, 장치 등이 정상인 것"을 안전이라고 답할 것이다. 나아가 사무직에 종사하는 사람은 안전이라는 용어를 국어사전에서 찾아 "위험이 생기거나 사고가 날 염려가 없는 것 또는 그런 상태"라고 설명하는 사람도 있다.

안전이 위해, 손해 등이 없고 위험하지 않은 상태라는 것은 누구나 알고 있지만, 안전이라는 용어에서 사람들이 상정하는 이미지는 차이가 있다. 그런데 사람에 따라 안전의 의미가 다르면 적절한 안전관리의 실시가 곤란하게 된다.

이 점을 고려하여, 국제안전규격인 'ISO/IEC GUIDE 51'(2014년판)에서는 사람들의 안전에 관한 생각에 통일을 기하기 위하여 안전을 "허용 불가능한 risk가 없는 것(freedom from risk which is not tolerable)"이라고 정의하고 있다. 이 정의가 현재 안전에 관한 가장 보편적인 정의라고 할 수 있다.

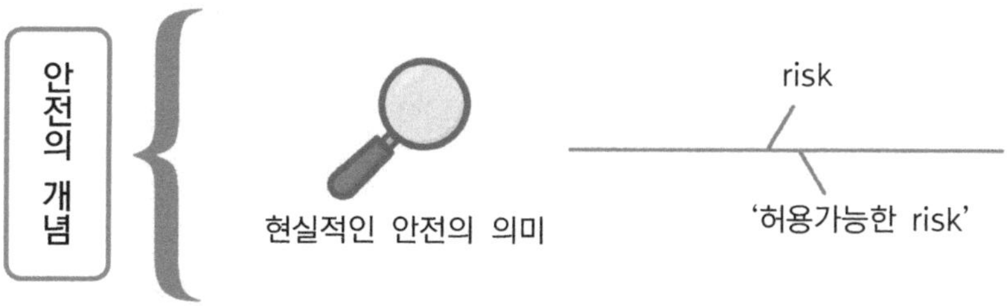

이 'ISO/IEC GUIDE 51'에서 안전은 risk를 통해 설명되고 있고, risk의 크기가 허용가능한 상태를 안전이라고 부르고 있다. 그러나 안전이라고 하더라도 잔류 위험성(residual risk)은 남아 있다. 결코 risk가 제로인 것을 의미하지 않는 점에 주의할 필요가 있다.

여기에는 risk라는 용어가 새롭게 등장하였다. Risk는 안전을 말하는 데 있어 빼놓을 수 없는 개념이다. Risk가 무엇인지를 생각해보자.

1.3.1 안전은 risk(위험성)에 의해 정의된다.

Risk라는 용어는 자주 사용되고 있다. 고위험 고수익(high risk high return)이라고 말할 때는 금융, 증권에서의 risk를 나타낸다. 그 외에도 도박의 risk, 암, 당뇨병 등의 질병에 대한 risk, 자연파괴, 건강장해에 관련된 환경risk, 자연재해의 risk, 나아가 경영의 risk로부터 테러의 risk까지 여러 가지 상황에서 risk라는 용어가 사용되고 있다. risk라는 용어가 다양한 곳에서 사용되고 있는 점으로부터 알 수 있듯이 risk의 의미는 동일하지는 않다.

Risk의 개념에 대해서는 지금까지 많은 연구가 있었다. 간단히 설명하는 것은 곤란하지만, 크게 나누면 긍정적인 영향이 있는(이익을 보는 경우도 있는) 것과 부정적인 영향 외에는 없는(손실만 있는) 것의 2가지 risk가 존재한다.

즉, 투기risk처럼 때로는 이익을 얻는 경우와 같이 긍정적인 영향도 포함하는 risk가 있는가 하면, 자연재해, 기계로 인해 부상을 입는 것과 같이 손실, 손해만을 생각하는, 즉 부정적인 영향만을 생각하는 risk가 있다. 금융파생상품 등에서 취급되고 있는 risk는 전자의 risk이다. 산업안전에서 말하는 risk는 후자의 risk이다.

Risk 개념은 위험 그 자체를 의미하거나 때로는 위험, 손실을 수반할 가능성이 있는 것을 의미하는 경우에도 사용된다. 반드시 위험한 것이 일어난다는 이미지보다는 일어나는 경우도 있지만 좀처럼 일어나지 않는다는 뉘앙스로도 사용된다. 그리고 일어나면 매우 곤란한 경우도 있지만, 심각하지는 않은 경우도 있다는 뉘앙스도 포함하고 있다.

이와 같이 risk라는 용어는 여러 가지 의미로 사용된다. 그것은 risk의 개념에는 단지 위험하다는 생각뿐만 아니라, 확률, 가능성 등의 불확실성, 중요한지 아닌지의 가치관도 내포되어 있기 때문이다.

그럼 국제적으로 risk는 어떻게 정의되고 있을까? 'ISO/IEC GUIDE 51'에서는 "위해(harm)의 발생확률과 위해의 중대성의 조합"이라고 정의하고 있다. 위해가 발생할 확률(어느 정도의 빈도로 발생할 것인가)과 그 중대성(어느 정도로 심각한가)의 조합이 risk이다.

좀 더 상세하게 risk를 알아보자. 'ISO/IEC GUIDE 51'에서 정의되고 있는 (risk에서의)'위해'란 무엇일까? 'ISO/IEC GUIDE 51;에서는 "사람이 입는 물리적 상해, 건강장해 또는 재산, 환경이 입는 해"라고 설명하고 있다. 일반적으로 산업안전에서 위해는 이 정의의 전반부에 있는 "사람이 입는 물리적 상해 또는 건강장해"를 의미한다. 기계류의 안전성에 관한 국제규격 중에서 가장 기본이 되는 'ISO 12100: 기계류의 안전성 - 설계를 위한 일반원칙 - 위험성평가 및 위험성 저감'이라는 규격에서도 위해를 "물리적 상해 또는 건강장해"라고 좁게 정의하고 있다.

결국, risk란 인체에 상해, 장해를 미치는 사고가 발생할 '확률'과 사고가 발생하였을 때 그것의 '중대성'의 조합, 즉 양자를 합하여 생각한다. '확률' 및 '중대성'과 불어 '조합'이라는 용어가 나오는 것이 특징이라고 할 수 있다.

1.3.2 '허용 가능한 risk'란 무엇인가

'ISO/IEC GUIDE 51'에서 말하는 '허용 가능한 risk'란 어떤 risk일까? 예를 들면, 낙하한 운석에 맞아 사망하거나 부상을 입는 risk를 생각해보자. 떨어진 운석에 맞을 risk는 확실히 존재하지만, 거의 일어나지 않을 것이기 때문에 작은 risk라고 할 수 있다. 현실이 되는 것은 매우 드문 일(빈도)이기 때문에, 누구도 방어를 생각하지는 않는다. 이와 같은 risk는 '누구나 수용하는 risk' 또는 '널리 수용 가능한 risk'라고 부르고, 운석이 떨어질 risk는 '매우' 낮다고 생각한다.

한편 '허용 가능한 risk'에 대해 크레인을 예로 들어 알아보자. 매년 많은 사람들이 크레인을 이용하여 작업하는 중에 생명을 잃고 한다. 이것을 생각하면 크레인은 매우 위험한 기계라고 말할 수 있다. 그럼에도 불구하고 크레인은 우리나라 뿐만 아니라 전세계에서 보편적으로 이용되고 있다. 모두가 수용하고 있지만, 크레인 작업으로 사망하거나 부상을 입는 사람의 수를 생각하면 도저히 누구나 받아들일 만한 작은 risk라고는 생각할 수 없다. 그런데도 왜 사람들은 크레인을 이용하고 있는 것일까? 그것은 크레인의 이용편리성과 위험성을 저울에 달았을 때 이용편리성 쪽으로 기울어진다고 판단하고 위험성은 안전대책으로 대응하면 된다고 생각하기 때문이다.

자동차도 마찬가지이다. 최근 많이 줄어들고 있지만 연간 3,000명 남짓의 사람이 교통사고로 생명을 잃고 있다. 이는 산업재해로 목숨을 잃는 근로자의 수보다 훨씬 많다. 이를 생각하면 자동차는 매우 위험한 기계라고 말할 수 있는데, 그럼에도 불구하고 자동차는 어느 국가든 보편적으로 이용되고 있다. 모두가 수용하고 있지만, 교통사고로 사망하거나 부상을 입는 사람의 수를 생각하면 도저히 누구나 받아들일 만한 작은 risk는 결코 아니다. 그런데도 사람들이 자동차를 이용하고 있는 것은 자동차의 이용편리성과 위험성을 비교할 때 이용편리성 쪽이 더 크다고 판단한 후 위험성은 스스로의 책임으로 대응하면 된다고 생각하기 때문이다.

이와 같이 안전대책을 실시할 만한 수단이 없거나 비용이 너무 들어 비현실적인 경우, 그 기계·설비로부터 받는 혜택 등을 생각하여, "방법이 없으니 수용하자."라고 생각할 정도의 크기를 가진 risk가 '허용 가능한 risk'이다. Risk의 크기가 대상이 되는 것으로부터 받는 이용편리성, 안전하게 하기 위한 비용 등을 고려하여 받아들여도 좋다고 생각할 정도까지 낮으면(허용 가능한 risk라면), 그것을 안전이라고 말할 수 있다.

1.4 안전관리의 대상 : Risk(위험성)는 제로일 수 없다

많은 사람들은 안전이라 하면 risk는 전혀 존재하지 않고 위해·손실을 받을 위험은 없다고 생각할지 모르지만, 그렇지 않다는 것을 이해할 필요가 있다. 예를 들어 커터칼을 생각해 보자. "커터칼은 안전한가, 위험한가?"라고 물으면 대부분의 사람이 "위험하다."

고 대답할 것이다. 왜냐하면 잘못하여 손을 베이는 경우도 있고 흉기로 사용되는 경우도 드물지 않기 때문이다. 우리들은 이러한 것을 경험을 통해 알고 있기 때문에 "커터칼은 안전하다고는 할 수 없다."고 생각하고 있는 것이다. 그럼에도 불구하고, 우리들은 일상적으로 커터칼을 사용하고 있다. 커터칼이 하나도 없는 사업장은 아마도 없을 것이다. 그럼, 위험한 물건인 커터칼이 왜 널리 일반적으로 사용되고 있는 것일까? 왜 문구점뿐만 아니라 철물점, 대형마트, 편의점에서까지 구입하는 것이 가능할까? 이것은 부주의하여 손이 베일 risk와 자재를 자르는 등 조리에 사용하는 장점을 상호 비교하여 장점이 크다고 판단하고 있기 때문이다. 어느 정도 risk가 남아 있어도 그것을 상회하는 메리트가 있다고 생각되고 있는 것이다. 그래서 잘못하여 커터칼로 손이 베여도 커터칼을 생산하는 제조자에게 클레임을 걸거나 판매점에 불평을 하는 사람은 없다.

이와 같이 어떤 것에도 risk가 남아 있기 마련이다. 이것을 잔류 risk라고 한다. 이 정도의 risk는 관리하거나 주의함으로써 어떻게든 안전을 확보할 수 있다고 생각하면 안전하다고 간주할 수 있는 것이다. 그러나 이것이 모든 사람에게 동일하게 적용되는 것은 아니다. 예컨대, 유아에게는 안전하다고 말할 수 없다.

그리고 공장 등에서도 사람이 조작을 잘못하거나 기계·설비에 고장이 나면, 큰 부상, 큰 사고로 발전할 가능성이 있다. 따라서 안전을 확보하기 위하여, 사람이 실수하지 않도록 주의를 기울이고 정성 들여 기계조작의 교육훈련을 실시하는 것이다. 기계·설비는 가급적 파손되지 않도록, 고장이 발생하지 않도록 기술적인 관리시스템 등을 도입함으로써 risk를 감소시킬 필요가 있다.

그러나 교육훈련을 반복하면 인간은 절대 실수하지 않게 될까? 유감스럽지만, 그렇지 않다고 말하지 않을 수 없다. 실제로는 옛날부터 "인간은 실수하는 동물이다(To err is human)."라고 말해져 왔다. 따라서 업무 또는 작업에서도 "절대로 실수하여서는 안 된다."고 하는 것은 무리한 이야기이고, "사람은 절대로 실수하지 않는다."라는 명제도 성립하지 않는다.

한편, 고장 나지 않는 기계의 설계, 제조는 가능할까? 인간에게 수명이 있는 것처럼 기계·설비에도 수명이 있다. 부품이 고장 나기도 하고 성능이 저하되기도 하며, 마모되기도 한다. 방치하면 기계는 언젠가 고장 나 사용할 수 없게 된다. 나아가 인간의 돌연사처럼 부품도 갑자기 고장 나 쓸 수 없는 것이 되어 버리는 경우도 있다. 즉, 절대로 고장 나지 않는 기계·설비를 만드는 것은 불가능하다는 것이다.

무언가의 기능을 하고 있는 것에는 반드시 risk가 존재한다. Risk를 이용한 안전의 정의에서 설명한 바와 같이, '널리 수용 가능한 risk'는 무시하여도 문제가 없지만, 드문 빈도로 발생하는 risk가 있을 수 있다. '허용 가능한 risk'에서는 얻게 되는 혜택과 이해득실을 저울질할 risk가 존재한다. 안전이란 절대 안전을 의미하는 것이 아니라, risk라는 '크기'의 개념을 도입하여 그것이 허용할 수 있는 데까지 낮게 억제되어 있는 상태를 의미한다. 다시 말해서, 안전이라고 하여도 항상 risk가 남아 있다는 것을 인정하여야 한다.

인간은 실수하는 것이 당연하고 기계·설비는 고장 나는 것이 당연하다고 하면, 위험을 수반하는 일은 무서워서 할 수 없는 것일까? 그렇지는 않다. 지혜를 짜내고 궁리를 해서 안전을 확보하는 의의가 여기에 있다.

인간이 안전을 위하여 교육훈련을 받고 안전과 관련된 업무를 하는 사람으로서 안전에 대한 책임감과 윤리관을 갖는 것은 당연하지만, 그렇다고 하더라도 인간은 실수하는 법이다. 따라서 인간이 실수를 저지르지 않는 방안을 고안하는 한편, 실수하더라도 문제가 발생하지 않는 기계·설비, 공법 등을 설계 단계에서부터 반영하는 것이 필수적이다.

예를 들면, 사람이 손을 넣어서는 안 되는 위험한 곳에는 처음부터 손이 들어가지 않도록 하거나, 사람이 실수하더라도 재해에 말려들지 않도록 하는 'Fool Proof' 설계도 그러한 방법의 하나이다.

안전과 관련된 사람에게 있어 유념하여야 하는 매우 중요한 대전제는 '기계는 고장 나기 마련'이고, '인간은 실수하기 마련'이라는 것이다. 이것은 자연스러운 것이고, 어떠한 의문의 여지도 없는 당연한 것이다. 처음부터 이 전제에 서서 안전관리를 하여야 한다는 것을 잊어서는 안 된다. 요컨대, 사람이 조금 실수하더라도, 기계·설비에 다소의 문제가 발생하더라도 큰 사고에 이르지 않도록 하는 방안을 강구하는 것이 안전 확보를 위하여 매우 중요하다.

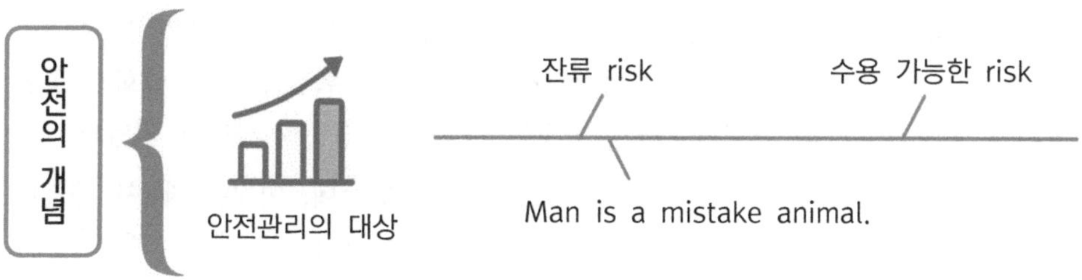

1.5 안전관리의 변천

덴마크의 Erik은 그 저서 "Safety-1 and Safety-2"에서 안전관리 시대를 관리의 중점사항과 세계적인 대형사고를 중심으로, 제1세대, 제2세대 및 제3세대로 나누어 안전관리의 발전과 초점을 설명하였으며, 이를 관리요소 영역으로 나누어 다시 살펴보면 다음과 같다.

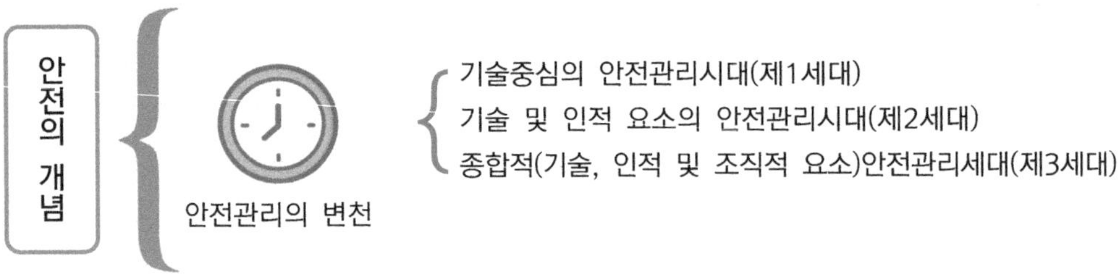

1.5.1 기술중심의 안전관리시대(제1세대)

안전에 대한 관심은 농경사회에서도 존재하였으며, 기술이 발달하여 산업화되면서부터 위험요인이 더욱 증가하여 안전에 대한 필요성이 증가하였다.

이러한 현상은 위험과 안전은 일하는 사람들을 위한 관심뿐만 아니라 산업을 디자인하고, 관리하며, 소유한 사람들의 관심거리로 확대되었다.

산업화 초기의 위험은 대부분 사용된 기술로부터 유래되었다. 이때의 기술은 기술 그 자체가 투박하고, 신뢰성이 없었으며, 사람들은 위험을 체계적으로 파악하여 이들 위험이 사고로 전이되지 않도록 하는 사고예방 방법을 알지 못하였다. 이들의 주된 관심사는 기계를 보호하고, 폭발을 막고, 구조물을 붕괴로부터 보호하는 기술적인 방법을 찾는 것이 모두였다. 1931년 미국의 철도안전법이 제정되면서부터 안전과 위험에 대한 사회적 공동 관심사가 이루어져서 오늘날의 조직환경을 특징짓는 조직적인 행동의 사례가 되었다.

제2차 세계대전 말미에는 신뢰성 분석의 필요성이 인식되었는데, 이것은 제2차 세계대전 중에 사용하던 군사 장비의 유지.보수, 야전에서의 심각한 고장문제 해소를 위한 필요성과 과학적. 기술적 발전이 대규모 자동화를 포함하여 크고 복잡한 기술시스템을 가능하게 했기 때문이다.

더욱이 디지털 컴퓨터, 제어 이론, 트랜지스터와 IC 기술의 발전과 결함 수분석(fault tree analysis, FTA), 사건 수 분석(event tree analysis, ETA), FMEA(failure mode and effect analysis), 위험과 운전분석(hazard and operability study, HAZOP study), 확률론적 위험성 평가(probabilistic risk assessment, PRA) 등의 위험분석기법의 개발로, 신뢰성 분석과 핵발전소와 같은 고도로 복잡한 설비의 위험성 평가가 가능해졌다. 그러나 이들 기술을 이용한 안전관리의 초점은 인간 또는 조직이 아니라 기술에 있었다.

1.5.2 기술 및 인적 요소의 안전관리시대(제2세대)

미국 원자력발전소의 안전은 HAZOP, FTA, ETA, FMEA, PRA 등의 분석기법을 활용하여 위험을 정량적으로 분석하고, 이를 근간으로 한 안전관리를 실시하기 때문에 안전을 보장하는데 충분하다는 공감대가 형성되었다. 미국 Tree Mile Island(TMI) 원전은 자체로 PRA를 실시하여 위험성을 평가하여 안전관리를 실시하고 있으므로, 원자력 규제위원회는 이를 안전하다고 여기어 승인하였다.

그러나 1979년 3월 28일 미국 펜실베이니아주에 있는 쓰리마일 섬 원자력 발전소 2호기 TMI원전에서 사고가 발생하였다. 이 재난 이후 원전의 안전관리에 문제가 있음을 알고 그 원인을 찾은 결과, 인적요인, 즉 인간공학적인 요인이었음이 밝혀졌다. 인간-기계 시스템이 디자인과 운영분야에서 고려는 하였지만 인간 신뢰성에 대한 요소가 안전관리에 적극적으로 활용되지 못하였던 것이다. TMI 사고 이후 신뢰성 엔지니어링에 대한 기술기반의 사고가 기술적 요소와 인적요소를 다루게 하기 위하여 안전관리 요소가 확대되었다.

따라서 인간 신뢰성평가(human reliability assessment, HRA) 기법이 원자력 안전은 물론 대다수의 산업에도 활발하게 활용되었다. 결국 기술중심의 안전관리는 그 한계가 있으므로, 이를 극복하기 위한 방안으로, 기술적 안전관리에 인간공학적인 요소를 병합한 안전관리로 발전하게 되었다.

1.5.3 종합적(기술, 인적 및 조직적 요소) 안전관리시대(제3세대)

1986년에 우주왕복선 Challenger 호가 발사 73초 후 폭발하여 7명의 대원이 희생되는 사고가 발생하였고, 시기는 다소 차이가 나지만 Chernobyl 원전폭발, Tenerife North 공항의 활주로 보잉 747 여객기가 충돌하는 사고가 발생하였다. 챌린저호의 사고 원인은 고체연료 추진기에 쓰인 SBR(styrene butadiene rubber) 고무재질로 된 O링이 극저온에 탄력 이상으로 연료 유출에 의한 화재 및 폭발로 밝혀졌다. 이들 사고는 기술적 및 인적 요소의 관리는 만족할만한 수준이었으나, 조직적인 점검 등의 엄격함과 치밀함이 부족했던 것이다.

다시 말하면 기술적이고, 인적 요소를 기반으로 하는 안전관리뿐만 아니라 여기에 더하여 조직적 요소관리가 요구되었으나, 그러하지 못하여 발생한 것으로 밝혀졌다. 이들 사고 이후 기술적 및 인적 요소만으로는 안전을 확보할 수 없고, 기술적이고 인적인 요소에 덧붙여 조직을 고려해야 한다는 것이 명백해졌다.

즉, 안전관리는 관리요소 하나하나에 역점을 두는 관리가 아닌 관련 요소를 모두 연계하여 시스템적으로 관리하여야 하는 종합적인 안전관리를 해야할 필요가 있다.

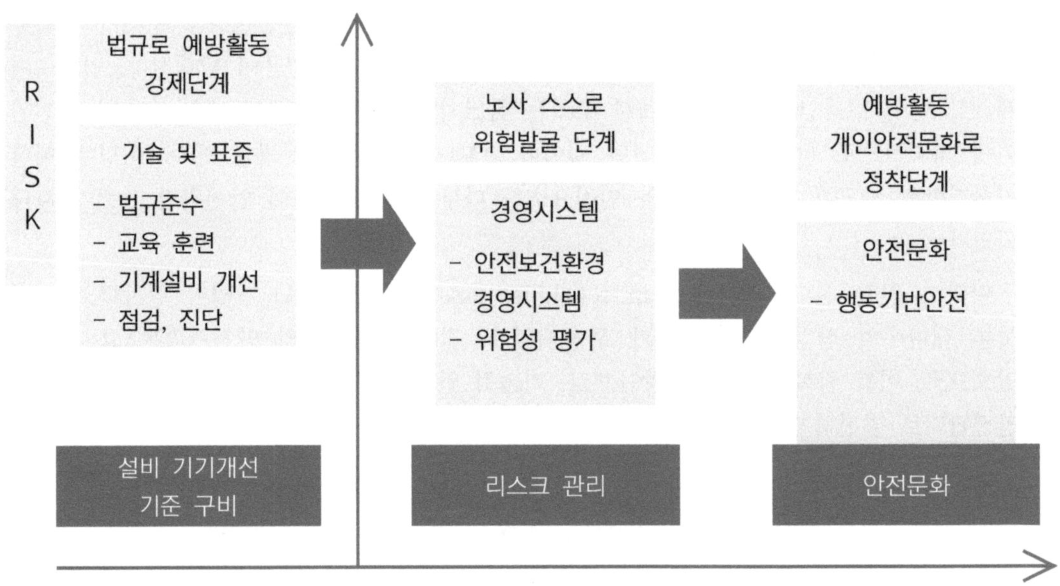

그림 1.1 안전관리의 변화

토론

일본 후쿠시마 원전 사고 이후 전 세계는 "원자력 안전한가?" 에 대한 찬반 논쟁이 끊이지 않고 있다.

우리가 일상적으로 얘기하는 '안전'이란 무엇인가? 안전이라는 말은 여러 분야에서 다양한 의미로 사용되고 있다. 같은 상황이라도 안전하다고 생각하는지 안전하지 않다고 생각하는지는 그 사람의 성향에 따라 다르다. 세계적으로 유명한 한 탐험가는 놀라운 탐험을 많이 하였으면서도 모험은 결코 하지 않았다고 한다. 사전에 충분히 조사하여 안전하다고 스스로 인정할 때까지 주도면밀하게 준비했다고 한다. 하지만 전문 탐험가가 안전하다고 확신했던 상황이라고 해도 탐험가가 아닌 우리 일반인들에게 똑같이 안전하다고 생각할 수는 없다. 탐험가가 아닌 일반인들은 등산에 필요한 체력과 기술 및 경험이 부족하고 무엇보다 탐험에 대한 열정이 없다. 따라서 똑같은 상황이지만 결코 안전하다고 생각할 수 없기 때문에 결국 탐험을 단념하게 된다.

이처럼 어떤 상황이 안전한지 그렇지 않은지는 개개인의 사고방식, 감정 또는 가치관에 좌우되는 것으로 결국 주관적인 판단에 따른다. 개개인이 가진 감정과 가치관은 물론 존중해야 한다. 그러나 때에 따라서 사회나 국가 차원에서 안전 여부를 판단해야 할 경우도 있다. 예를 들면 원자력시설의 경우 단순히 개인이 어떻게 생각하는지 하는 것이 아니라, 국가적 또는 사회적 차원에서 판단해야 한다. 원자력의 평화적 이용은 아주 중요한 일이다. 그러기 위해서는 무엇보다도 먼저 국가가, 국가의 구성원인 국민 개개인이 원자력을 받아들이겠다는 결정을 내려야 한다. 이는 Public Acceptance의 문제이다. 물론 판단을 할 수 있는 어떤 공통적인 기반, 기준이나 척도, 나아가서는 판단 절차가 필요하다. 전문 탐험가와 필자가 어떠한 탐험을 안전하다고 생각하는지 하는 문제에서도 아무 전제 없이 서로 자기주장만 한다면 난상토론밖에 안되고, 결국 아무 결론도 얻을 수 없을 것이다. 그와 같이 판단하는 이유, 근거 등에 대하여 서로의 입장이나 생각을 확인하여 다르다고 판단되면 서로 타협하는 논의의 장이 필요하다.

이를 위해서는 최소한 다음과 같은 2가지 조건이 필요하다.

첫째, 당사자들끼리 서로 양보를 통해 적당하다고 합의하여 만든 것이어야 한다. 바꾸어 말하면 적어도 당사자 간에는 정당화 할 수 있는 것이어야 한다. 먼저 당사자란 누구인지, 결국 지금 논의하고 있는 안전이란 누구를 위한 안전인지부터 명확히 해야 한다.

둘째, 논의할 때 원자력시설의 안전은 현재의 과학기술적 성과를 토대로 결론지어야 한다. 물론 논의의 장에서는 자연과학뿐만 아니라 인문과학이나 사회과학적 지식도 필요하고 이를 바탕으로 한 판단도 중요하다. 그렇지만 결국 과학기술적인 뒷받침이 없는 쌍방의 주장은 난상토론에 불과할 뿐이다.

그러면 우선 첫 번째 조건, 결국 원자력안전 측면에서 당사자가 누구인지 생각해보자. 일반 건설 현장이나 공장의 경우 녹십자마크나 '안전제일'과 같은 표어를 자주 보게 된다. 여기서의 안전은 현장에서 일하는 사람들, 즉 종사자의 안전을 의미한다.

원자력에서도 종사자의 안전은 아주 중요한 문제이다. 그러나 일반적으로 원자력안전이라고 할 때에는 주로 시설 주변에 사는 일반인들, 넓게는 국민 개개인, 결국 일반국민의 생명, 건강, 재산을 보호하는 것을 의미한다. 원자력 안전이란 누구를 위한 안전인가 하는 질문에 한마디로 답하면 일반국민인 것이다. 물론 일반국민의 안전을 최우선시하는 분야가 원자력만은 아니다. 예를 들어 민간항공이나 철도의 안전은 조종사나 기관사 등의 안전을 추구하면서 주로 승객의 안전을 확보하는 것을 의미한다. 이와 같은 경우에 당사자는 일반국민 중에서도 승객, 즉 이용자인 데 반해, 원자력의 경우에는 시설로 인해 안전상 피해를 입을지도 모르는 일반국민은 시설에서 제공하는 편익을 이용하는 이용자의 극히 일부이거나 직접적인 이용자가 아닌 경우도 있다는 데 유의해야 한다. 어쨌든 안전의 당사자가 일반국민이기 때문에 원자력에 관한 안전을 판단하기 위한 공통의 장에서 일반국민이 합의해야 한다. 그리고 원자력 안전의 문제는 사회, 국가의 합의형성에 관한 문제이기 때문에 자연과학뿐만 아니라 사회과학이나 인문과학과도 밀접한 관계가 있다.

CHAPTER 2

산업안전의 역사

2.1 산업안전보건법

2.1.1 산업안전보건법의 출발

산업안전보건법의 현재가 있기까지의 과정은 다음과 같다.

<table>
<tr><th colspan="3">산업안전보건법의 출발</th></tr>
<tr><td rowspan="4">시기별 현황</td><td>근대이전</td><td>이 시기에는 산업안전을 노동 관계 측면의 노동조합 단체에서부터 노동자 보호의 산업안전이 시작되었다고 볼 수 있다. 이러한 노동조합의 형태는 갑오경장 이후에 사회 경제적 구조가 봉건적제도의 말기적인 현상과 사회 정치적인 상황에 따라 자유업을 택하는 근로자에 의하여 나타나게 되고, 조합이라는 명칭은 1898년 부두 노동자를 대상으로 등장하게 되었다.</td></tr>
<tr><td>일제강점기</td><td>일제강점기에는 1929년 세계대공황 이래 산업의 군사화와 전쟁의 확대, 그리고 군사체제의 강화로 하고 있던 일본 식민지통합하에서 급속한 성장을 강요당하고 있던 한국의 노동자들의 노동조건과 생활상태를 보면, 공장노동자들의 임금수준은 가혹한 민족차별적인 임금과 함께 작업장 안전도 열악한 형태였다.</td></tr>
<tr><td rowspan="2">해방 이후</td><td>해방이후 1945년 8월 31일 경성방직공장 노동자들이 노동자대회를 열고 노동조건의 개선을 위한 쟁의를 제기한 것을 비롯하여, 각 공장노동자들과 백화점 점원 등이 이제까지 오랫동안 일제 비호 밑에 노동자를 혹사하여 온 친일자본가들 밑에서 일할 수 없다 하여 경영주를 배척하고, 이제까지 일본인의 지배하에 있던 공장들을 스스로 관리하도록 해야 한다고 주장하여 쟁의와 조직활동을 전개하기 시작했다. 이 시기에 사업장의 노동자 안전의 중요성을 깨닫고 사업장 안전에 관한 법률제정의 필요성을 느끼게 되었다. 그러나 이러한 필요성에도 불구하고 아직 이 시기에는 근로기준법이 제정되지 않았다. 그리고 1945년 8월 15일 해방 이후에 한국의 노동관계 상황은 다른 모든 분야와 마찬가지로 일제의 36년간의 식민지 수탈과 봉건적인 체젝의 결과로 비민주적이거나 비인간적인 상태로 노동관계가 나타나게 되었고, 이러한 사회적 감정을 고려하여 미군정 법령에서 일부 안전보건에 관한 부분을 찾아볼 수 있다.</td></tr>
<tr><td>안전보건에 관한 미군정 법령을 보면, 1946년 9월 18일 미군정 당국은 군정법령 제112호 '아동노동법규'와 군정법령 제121호 근로자 보호 입법인 최고노동시간법(Regulations on Maximum Working Hours), 그리고 과도정부 법령 제4호로 미성년자 노동보호법이 제정되었으나 1953년 근로기준법이 제정·공포됨에 따라 동법 부칙 제 114조에 의하여 폐지되었다. 16세 미만과 18세 미만 아동에 대해서도 고용에 일정한 제한을 두었다. 그리고 21세 미만 여성의 고용에도 일정한 규제를 설정하였고, 그 외에 상병휴일과 임신 및 수유에 관련된 규정도 마련하였다. 최고 근로시간에 관한 법령에서는 하루 8시간 주당 48시간의 근로시간을 규정하고 이 시간을 초과하여 근로할 경우에는 기본급료의 15% 이상의 금액을 보상할 것을 규정하였다.</td></tr>
</table>

		1948년 제1공화국 헌법 제17조(현행 헌법 제32조)에서 "근로조건의 기준은 법률로서 정하고 여자와 연소자의 근로는 특별보호를 받는다."고 규정한지 약 5년 후인 1953년 5월 10일 법률 제286호로 노동법으로서는 최초로 근로기준법이 제정·공포되었다. 이 법에서는 사업장의 기계, 기구, 설비 및 작업환경 등에 관하여 일정한 기준을 설정하고 안전관리자와 보건관리자를 두도록 하는 등 동법 제6장에 "안전과 보건"에 과한 10개 조항을 규정하고 산업재해의 발생을 예방하고자 사업주로 하여금 그 준수를 강제하였으며 산업안전보건법이 제정·공포될 때까지 약 28년간 시행되었다.
		1953년 5월 10일 법률 제286호로 제정된 "근로기준법"이 제정되면서 근로자의 안전과 보건에 관한 제6장에 안전보건 부분을 두고 제64조부터 제73조까지 위험방지, 안전장치, 유해물 제조금지, 안전보건관리자, 건강진단 등을 규정하고 있었으며, 이후 1961년 9월 11일 "근로보건관리규칙"이 제정·공포되고 1962년 5월 7일에는 "근로안전관리규칙"이 제정·공포되면서 우리나라의 산업안전보건관리 제도에 대한 구체적인 틀이 마련되었다.
	1960년대	1960년대에는 우리나라의 산업재해예방을 위한 제도적 체제가 구축된 시기라 할 수 있다. 1961년에는 근로보건관리규칙이, 1962년에는 근로안전관리규칙이 제정됨에 따라 안전보건관리업무를 구체적으로 명문화하는 틀이 마련되었다. 또 1963년 3월에는 광산근로자의 안전을 규정하는 광산보안법이, 동년 11월에는 산업재해보상보험법이, 1964년 6월에는 동법 시행령이 제정·공포되었다. 1960년대에는 사회복지에 관계되는 법령이 중심이 되어 4.19와 5.16의 변혁기를 치른 정부에서는 국민의 새로운 신뢰를 받고 또한 이전의 정부와는 다르다는 것을 보여주기 위해서 공무원연금법(법률 제265호, 1960.1.1.), 직업안정법(법률 제912호, 1961.12.6.), 아동복리법(법률 제912호, 1961.12.30.), 생활보호법(법률 제913호, 1961.12.30.), 군사수호보상법(법률 제758호, 1961.11.1.), 윤락행위등방지법(법률 제771호, 1961.11.9.) 등 사회복지적 성격을 띤 여러 사회법을 제정·공포하였고 이보다 앞서 1953년 5월 10일 근로기준법이 법률 제286호로 제정·공포됐다.
	1980년대	1980년대 들어 경제의 고도성장으로 사업장 기계설비의 대형화, 고속화 및 건설공사의 대규모화 등에 따른 중대재해가 급증하고, 유해물질의 대량시용 등으로 새로운 직업성 질병이 증가함에 따라 정부에서는 산업사회의 급속한 변화에 대응하기 위한 산업안전보건대책을 추진하기 위해 산업안전보건 분야를 근로기준법에서 분리하여 새로운 독립법으로서의 제정을 추진하게 되었다. 1981년 11월 29일 "산업안전보건법 제정(안)"이 국회에 제안되어, 1981년 12월 18일 국회 본회의에서 통과되었으며, 1981년 12월 31일 법률 제3532호로 공포됨으로써 우리나라의 산업안전·보건에 관한 독립법인 『산업안전보건법』이 탄생하게 된 것이다. 이러한 산업안전보건법(이하 산안법)은 1981년 제정된 이후 노동자 보호를 위한 방안으로 부족한 보호기능을 보완하기 위하여 계속적인 개정을 하고 있다.

2.1.2 산업안전보건법의 현재

산업안전보건법이 제정된 근본적인 이유는 산업재해를 효과적으로 예방하는 데 있다. 1970년대 이후 중화학공업을 중심으로 산업이 발전하면서 위험한 기계, 기구를 사용하게 되고, 더 나아가 각 산업마다 새로운 공법이 사용되면서 산업재해가 과거에 비해 더 빈번하게 나타나고, 그 피해 역시 과거에 비해 매우 광범위하게 나타났다. 특히 유해물질을 대량으로 사용하는 산업이 다양해지고, 작업환경 역시 각 산업에 따라 다른 모습을 보이자 이에 따른 직업병의 발생이 크게 증가하였다. 이러한 위험은 직접적으로 근로자의 생명과 건강을 해칠 뿐만 아니라 사용자에게도 심대한 경제적 피해를 주게 된다. 이러한 위험에 효율적으로 대처하기 위해 체계적이고 종합적인 산업안전보건관리가 필요하게 되었다.

산업안전보건법의 주요 내용은 다음과 같다.

① 산업안전보건법은 산업재해예방을 위한 사업주 및 근로자의 기본적 의무를 명시

② 노동부에 산업안전보건 정책 심의 위원회를 두어 산업재해 예방에 관한 주요정책을 심의 조정

③ 유해 위험성이 있는 사업에는 안전보건관리책임자와 안전관리자 및 보건관리자를 선임하게 하고 안전보건위원회를 설치하도록 하며 안전보건 관계자 및 근로자에 대한 안전보건교육을 실시

④ 작업환경이 인체에 해로운 작업장에 대하여는 작업환경을 측정 기록하고, 근로자에 대한 건강 진단을 실시하여, 산업재해 예방시설의 종류와 설치, 운영방법 및 정부의 지원육성방안을 정하고 산재예방에 관한 과학기술의 진흥과 연구개발을 추진하여 그 성과를 보급

1981년 8월 8일에 일어난 원진레이온 사건으로 인해 1991년의 종합대책이 나오게 된다. 원진레이온 이황화중독 사건이 우리에게 주는 의미는 법제사적 의미에서 커다란 전환점이 되었지만, 산업현장에서는 노동자 건강에 대한 중요성과 직업병의 새로운 인식 전환이 이루어진 것은 대단한 성과라고 볼 수 있다. 따라서 이후에 1991년 산업안전보건법의 전면 개정과 아울러 산업보건연구원의 설립의 계기가 되었다.

1987년 12월 9일 창립된 한국산업안전보건공단은 1989년도에는 직제를 개편하여 기술이사 밑에 안전1부, 안전2부, 산업보건부, 기술위원실을 두어 산업보건업무를 독립적으로 수행하기 위한 기틀을 마련하였고, 노동부 산하기관인 국립노동과학연구소의 기능을 이관 받아 산업안전보건연구원을 설립하여 재해예방 연구와 검정업무를 시작하였다.

1991년에 가장 괄목할만한 사항은 노동부에서 수립한 "직업병예방 종합대책" 사업의 후속조치로 공단 산하에 산업보건연구원이 설립되어진 것이다. 산업보건연구원의 직제는 산업위생연구실, 산업의학연구실, 산업독성연구실, 직엽병진단센터로 편성되었으며 당시의 수행한 업무는 다음과 같다.

산업안전보건원	
1. 직업성 질병 예방 및 산업보건연구를 위한 협약	연구기능을 활성화하기 위하여 서울대학교와 "직업성질병의 진단 및 산업보건연구를 위한 협약"을 5년간 체결하여 직업병 판정 등에 서울대학교 인력을 활용하고 공동연구도 수행하여 보건연구원이 발전할 수 있는 기반을 조성하였다.
2. 작업환경측정 정도 관리	작업환경측정기관 및 대행기관의 수행 업무 중 분석과정에서 발생하는 오차를 최소화하여 각 측정기관에서 실시한 작업환경측정 결과의 신뢰성을 향상시키기 위하여 이 사업이 시작되었으며 첫해년도에는 벤젠, 톨루엔, 크실렌 등 유기용제 3종과 납, 카드륨 등 금속물질 2종을 표준시료로 하여 정도관리를 실시하였고 30개 기관이 참가하여 합격률은 50% 이하로 저조하였지만 그동안 각 기관들의 분석능력이 향상되어 현재에는 95% 이상의 합격률을 보이고 있다.
3. 생물학적 모니터링	직업병이 발생하기 전에 예방을 목적으로 업종별 또는 유해인자 노출군별 사업장을 선정하여 조사하는 모니터링 사업을 착수하였다.
4. 직업병 심의위원회 개최	노동부 재해보상과에서 의뢰하는 업무상질병 조사를 위하여 심의위원회가 구성되어 최초로 LPG가스에 의한 건강장해의 업무관련성과 이황화탄소 노출자에 대한 건강관리수첩 발급여부를 심의하였으며 현재에는 역학조사평가위원회로 명칭이 변경되었다.
5. 연구사업 수행	노동부 재해보상과에서 의뢰하는 업무상질병 조사를 위하여 심의위원회가 구성되어 최초로 LPG가스에 의한 건강장해의 업무관련성과 이황화탄소 노출자에 대한 건강관리수첩 발급여부를 심의하였으며 역학조사평가위원회로 명칭이 변경되었다.

1994년 개정에서는 안전보건에 관한 사업주의 의무를 강화하고 산업안전보건위원회의 권한을 확대하였고, 안전보건관리체제와 유해 · 위험예방조치의 보완 및 근로자의 보건관리를 강화하는 등 근로자 보호를 위한 규정을 신설 또는 강화하였다. 1996년 개정에

서는 산업재해예방활동에 근로자의 참여를 활성화하고 현행제도의 운영에서 나타난 미비점을 대폭 개선·보완하였다.

1999년 개정에서는 사업장의 산업안전관리체제를 노사 자율적인 관리체제로 정착시키기 위해 근로자 참여권을 제도적으로 보장하고, 사업주에 대한 행정규제를 폐지하거나 완화하면서 근로자의 안전과 보건을 보호하기 위하여 필요한 사항을 규정하였다. 그리고 2009년 2월 산업안전보건법 제5조 '사업주의 의무'를 전문 개정하면서 위험성평가(Risk Assessment)를 사업주의 일반적 의무로 도입하였으며, 정부는 위험성평가 제도의 전면시행을 목표로 세부계획을 진행 중에 있다.

이러한 산업안전보건법의 계속적인 발전을 통하여 사업주의 책임을 명확히 하고 위반하는 경우에 범죄로 규정하여 처벌규정을 강화하였다. 특히 입법과정에서 반드시 포함되어야 하는 법철학적 의미에서의 보호법익 범위를 단순한 근로자로 보기 보다는 넓은 의미의 국민생활상의 이익을 보호하는 것으로 포괄하고 있다.

산업현장에서 산업재해를 예방하기 위한 제도적 규범인 산업안전보건법의 주된 보호법익은 사업주의 물적 재산보호나 불특정 다수의 국민적 재산의 이익 또는 대기환경보호 등에 있는 것이 아니라 근로자의 생명보호 또는 신체의 완전성에 있으며 이는 생존에 관한 국민생활의 완전성에 있다.

2.1.3 산업안전보건법과 중대재해처벌법 관계

현대중공업 아르곤 가스 질식 사망사고, 태안화력발전소 압사사고, 물류창고 건설현장 화재사고와 같은 산업재해로 인한 사망사고와 함께 가습기 살균제 사건 및 4·16 세월호 사건과 같은 시민재해로 인한 사망사고 발생 등이 사회적 문제로 지적되어 왔다.

이에 사업주, 법인 또는 기관 등이 운영하는 사업장 등에서 발생한 중대산업재해와 공중이용시설 또는 공중교통수단을 운영하거나 위험한 원료 및 제조물을 취급하면서 안전·보건 조치의무를 위반하여 인명사고가 발생한 중대시민재해의 경우, 사업주와 경영책임자 및 법인 등을 처벌함으로써 근로자를 포함한 종사자와 일반 시민의 안전권을 확보하고, 기업의 조직문화 또는 안전관리 시스템 미비로 인해 일어나는 중대재해사고를 사전에 방지하려는 것이다.

주요내용으로는 사업주 또는 경영책임자 등은 사업주나 법인 또는 기관이 실질적으로 지배·운영·관리하는 사업 또는 사업장에서 종사자의 안전·보건상 유해 또는 위험을 방지할 의무가 있고, 사업주나 법인 또는 기관이 제3자에게 도급, 용역, 위탁 등을 행한 경우 제3자의 종사자에 대한 안전 및 보건 확보의무를 부담함과 사업주 또는 경영책임자 등이 안전 및 보건 확보의무를 위반하여 중대산업재해에 이르게 한 경우 사업주와 경영책임자 등을 처벌하고, 법인 또는 기관의 경영책임자 등이 처벌 대상이 되는 위반행위를 하면 그 행위자를 벌하는 외에 그 법인 또는 기관에 대해서도 벌금형을 부과하게 하였다.

[표 2-1] 산업안전보건법과 중대재해처벌법 비교

구분	산업안전보건법	중대재해처벌법(중대산업재해)
의무주체	**사업주**(법인사업주+개인사업주)	**개인사업주, 경영책임자 등**
보호대상	**근로자, 수급인의 근로자, 특수형태근로종사자**	**근로자, 노무제공자, 수급인, 수급인의 근로자 및 노무제공자**
적용범위	**전 사업장 적용** (다만, 안전보건관리체제는 50인 이상 적용)	**5인 미만 사업장 적용 제외** (50인 미만 사업장은 3년 후 시행)
재해정의	◎ **중대재해: 산업재해 중** ① 사망자 1명 이상 ② 3개월 이상 요양이 필요한 부상자 동시 2명 이상 ③ 부상자 또는 직업성 질병자 동시 10명 이상 *산업재해: 노무를 제공하는 자가 **업무와 관계되는** 건설물, 설비 등에 의하거나 **작업 또는 업무로 인하여** 사망·부상·질병	◎ **중대산업재해: 산업안전보건법상 산업재해 중** ① 사망자 1명 이상 ② 동일한 사고로 6개월 이상 치료가 필요한 부상자 2명 이상 ③ 동일한 유해요인으로 급성중독 등 직업성질병자 1년 내 3명 이상
의무내용	◎ **사업주의 안전조치** ① 프레스·공작기계 등 위험기계나 폭발성 물질 등 위험물질 사용 시 ② 굴착·발파 등 위험한 작업 시 ③ 추락하거나 붕괴할 우려가 있는 등 위험한 장소에서 작업 시 ◎ **사업주의 보건조치** ① 유해가스나 병원체 등 위험물질 ② 신체에 부담을 주는 등 위험한 작업 ③ 환기·청결 등 적정기준 유지 → **산업안전보건기준에 관한 규칙**에서 구체적으로 규정(680개 조문)	◎ **개인사업주 또는 경영책임자 등의 종사자에 대한 안전·보건 확보 의무** ① 안전보건관리체계의 구축 및 이행에 관한 조치 ② 재해 재발방지 대책의 수립 및 이행에 관한 조치 ③ 중앙행정기관 등이 관계 법령에 따라 시정 등을 명한 사항 이행에 관한 조치 ④ 안전·보건 관계 법령상 의무이행에 필요한 관리상의 조치 → ①~④의 구체적인 사항은 **시행령**에 위임

처벌수준	◎ **자연인** 사망 **7년 이하 징역** 또는 1억원 이하 벌금 안전·보건조치위반 5년 이하 징역 또는 5천만원 이하 벌금 ◎ **법인** 사망 **10억원 이하** 벌금 안전·보건조치위반 5천만원 이하 벌금	◎ **자연인** 사망 **1년 이상 징역** 또는 10억원 이하 벌금(병과 가능) 부상·질병 7년 이하 징역 또는 1억원 이하 벌금 ◎ **법인** 사망 **50억원 이하** 벌금 부상·질병 10억원 이하 벌금

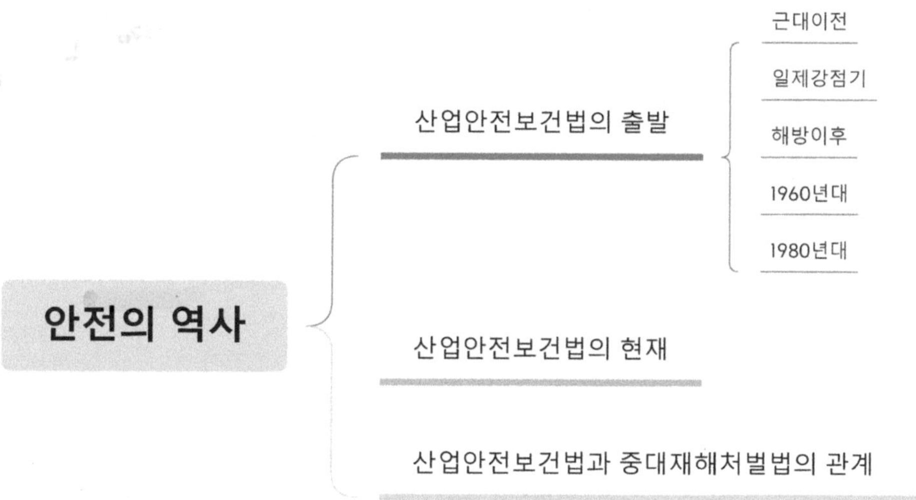

2.2 산업안전보건법 체계

2.2.1 산업안전보건법의 도표

산업안전보건법

- 제 1 장 총 칙
- 제 2 장 안전보건관리체제 등
- 제 3 장 안전보건교육
- 제 4 장 유해 · 위험 방지 조치
- 제 5 장 도급 시 산업재해 예방
- 제 6 장 유해·위험 기계 등에 대한 조치
- 제 7 장 유해·위험물질에 대한 조치
- 제 8 장 근로자 보건관리
- 제 9 장 산업안전지도사 및 산업보건지도사
- 제 10 장 근로감독관 등
- 제 11 장 보 칙
- 제 12 장 벌 칙

2.2.2 산업안전보건법의 조문현황

산업안전보건법령은 1개의 법률과 1개의 시행령 및 3개의 시행규칙으로 이루어져 있으며, 하위규정으로서 60여개의 고시, 17개의 예규, 3개의 훈령 및 각종 기술상의 지침 및 작업환경 표준 등으로 구성되어 있다.

일반적으로 다른 행정법령의 시행규칙은 1개로 구성되어 있으나 산업안전보건법 시행규칙이 3개로 구성된 것은 그 내용이 1개의 규칙에 담기에는 지나치게 복잡하고 기술적인 사항으로 이루어져 있기 때문이다. 산업안전보건법은 산업재해예방을 위한 각종 제도를 설정하고 그 시행근거를 확보하며 정부의 산업재해예방정책 및 사업수행의 근거를 설정한 것으로써 80 여개 조문과 부칙으로 구성되어 있고, 산업안전보건법 시행령은 법에서 위임된 사항 즉 제도의 대상· 범위 · 절차 등을 설정하고 산업안전보건법 시행규칙은 크게 법에 부속된 시행규칙과 산업안전기준에 관한 규칙, 산업보건기준에 관한 규칙 및 유해·위험작업 취업제한 규칙 등 3 개의 규칙으로 구분되는 바, 이들은 모두 법률과 시행령에서 위임된 사항을 규정하고 있다.

산업안전보건법에 부속된 시행규칙은 산업안전보건법과 시행령을 집행하기 위한 일반사항을 규정하고 있고, 산업안전보건기준에 관한 규칙은 사업주가 행할 안전상의 조치와 보건상의 조치에 관한 기술적 사항을 규정하고 있다. 또한 유해 · 위험작업 취업제한에 관한 규칙은 유해 또는 위험한 작업에 필요한 자격·면허·경험에 관한 사항을 규정하며, 산업안전보건에 관한 고시·예규·훈령은 일반사항분야 검사·인증분야, 기계·전기·화학분야, 건설분야, 보건·위생분야 및 교육 분야별로 70여개로 구성되어 있다.

고시는 각종 검사· 검정 동에 펼요한 일반적이고 객관적인 사항을 널리 알리어 활용할 수 있는 수치적, 표준적 내용이며, 예규는 정부와 실시기관 및 의무 대상자 간에 일상적, 반복적으로 이루어지는 업무절차 등을 모델화하여 조문형식으로 규정화한 내용이고, 훈령은 상급기관, 즉 고용노동부 장관이 하급기관 즉 지방노동관서의 장에게 어떤 업무 수행을 위한 훈시·지침 등을 시달할 때 조문의 형식으로 알리는 내용이고, 기술상의 지침 및 작업환경표준은 선박건조 및 수리업의 안전작업 기술기준 등 안전작업을 위한 기술적인 지침을 규범형식으로 작성한 기술상의 지침과 VDT(영상표시단말기)취급 근로자 작업관리지침 등 작업장내의 유해(불량한) 환경요소 제거를 위한 모델을 규정한 작업환경표준이 마련되어 있으며, 이는 고시의 범주에 포함되는 것으로 볼 수 있으나 법률적 위임근거에 따라 마련된 규정이 아니므로 강제적 효력은 없고 지도·권고적 성격을 띠고 있다.

2.2.3 산업안전보건법의 총칙

제1장 총칙에는 제1조 목적 등 13개 조문으로 구성되어 있다.

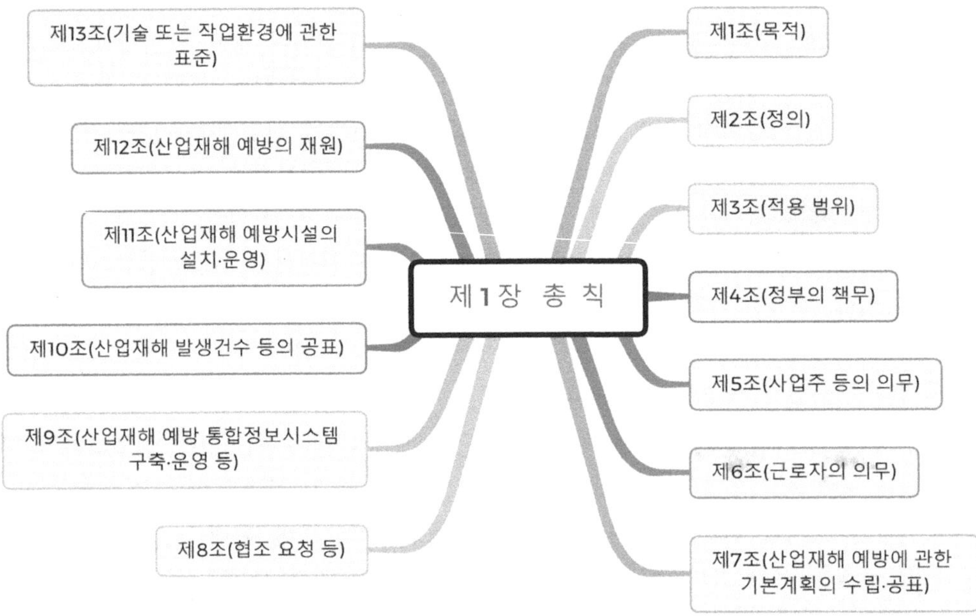

2.2.4 산업안전보건법의 안전보건관리체제 등

제2장 안전보건관리체제의 제1절 안전보건관리체제에는 제14조 이사회 보고 및 승인 등 11개 조문과 제2절 안전보건관리규정에는 제25조 안전보건관리규정의 작성 등 4개 조문으로 이루어졌다.

- 제 2 장 안전보건관체제 등
  - 제1절 안전보건관리체제
    - 제14조(이사회 보고 및 승인 등)
    - 제15조(안전보건관리책임자)
    - 제16조(관리감독자)
    - 제17조(안전관리자)
    - 제18조(보건관리자)
    - 제19조(안전보건관리담당자)
    - 제20조(안전관리자 등의 지도·조언)
    - 제21조(안전관리전문기관 등)
    - 제22조(산업보건의)
    - 제23조(명예산업안전감독관)
    - 제24조(산업안전보건위원회)
  - 제2절 안전보건관리규정
    - 제25조(안전보건관리규정의 작성)
    - 제26조(안전보건관리규정의 작성·변경 절차)
    - 제27조(안전보건관리규정의 준수)
    - 제28조(다른 법률의 준용)

2.2.5 산업안전보건법의 안전보건교육 등

제3장 안전보건교육에는 제29조 근로자에 대한 안전보건교육 등 5개 조문으로 구성되어 있다.

- 제 3 장 안전보건교육
  - 제29조(근로자에 대한 안전보건교육)
  - 제30조(근로자에 대한 안전보건교육의 면제 등)
  - 제31조(건설업 기초안전보건교육)
  - 제32조(안전보건관리책임자 등에 대한 직무교육)
  - 제33조(안전보건교육기관)

2.2.6 산업안전보건법의 유해·위험방지 조치 등

제4장 유해·위험 방지 조치에는 제34조 법령 요지 등의 게시 등 24개 조문으로 구성되어 있다.

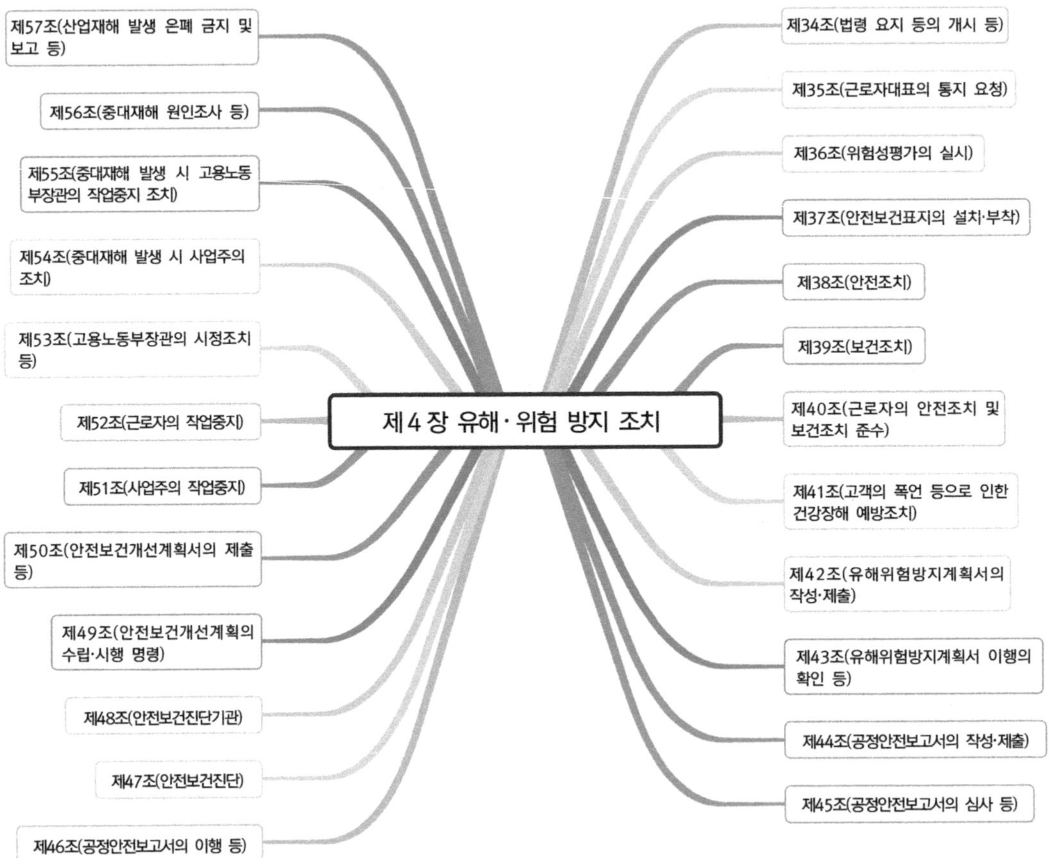

2.2.7 산업안전보건법의 도급 시 산업재해 예방 등

제5장 도급 시 산업재해 예방의 제1절 도급의 제한에는 제58조 유해한 작업의 도급금지 등 4개 조문과 제2절 도급인의 안전조치 및 보건조치에는 도급인의 안전조치 및 보건조치 등 5개 조문, 제3절 건설업 등의 산업재해 예방에는 건설업 등의 산업재해 예방 등 10개 조항, 제4절 그 밖의 고용형태에서의 산업재해 예방에는 제77조 특수형태근로종사자에 대한 안전조치 및 보건조치 등 3개 조문으로 짜여져 있다.

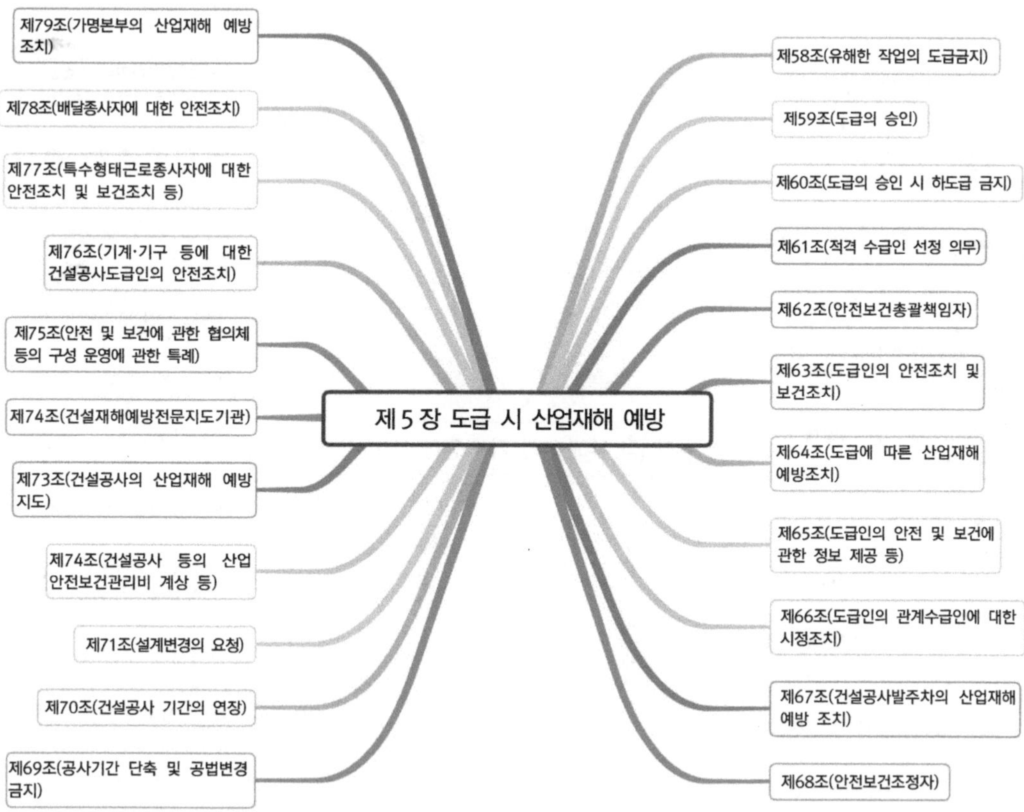

2.2.8 산업안전보건법의 유해·위험기계 등에 대한 조치 등

제6장 유해·위험 기계 등에 대한 조치의 제1절 유해하거나 위험한 기계 등에 대한 방호조치 등에는 제80조 유해하거나 위험한 기계·기구에 대한 방호조치 등 3개 조문, 제2절 안전인증에는 제83조 안전인증기준 등 6개 조문, 제3절 자율안전확인의 신고에는 제89조 자율안전 확인의 신고 등 4개 조문, 제4절 안전검사에는 제93조 안전검사 등 8개 조문, 제5절 유해·위험기계등의 조사 및 지원 등에는 제101조 성능시험 등 3개 조문으로 구성되어 있다.

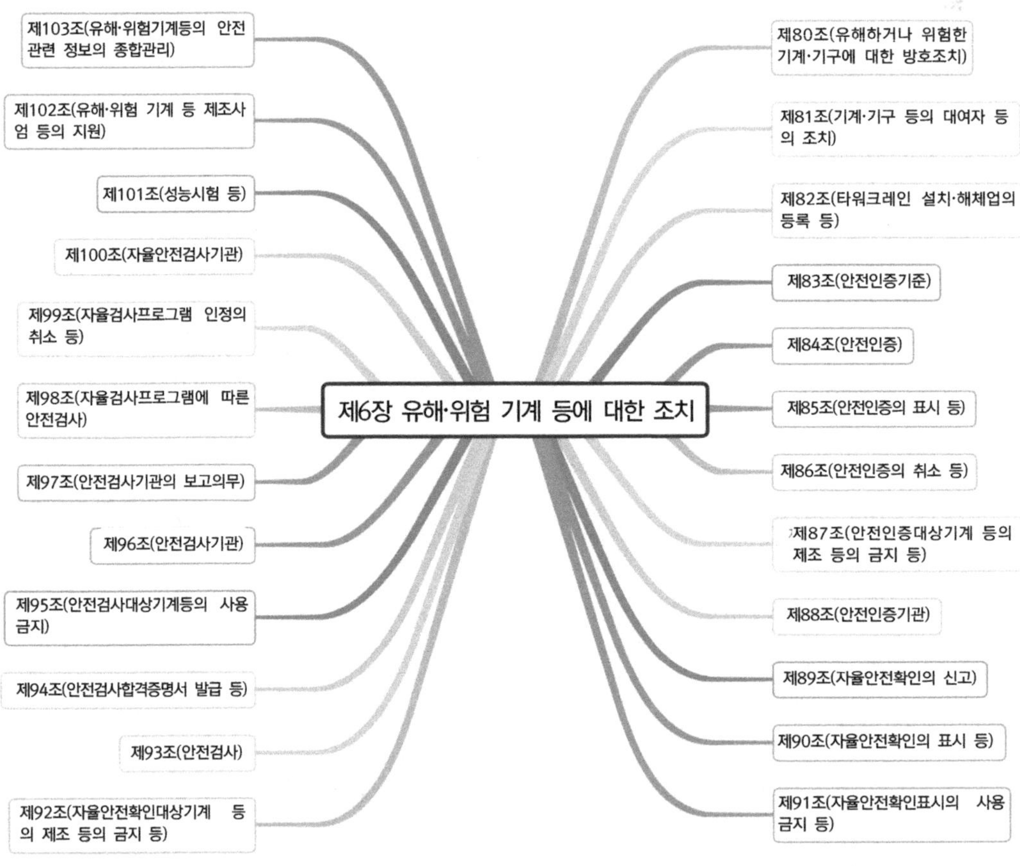

2.2.9 산업안전보건법의 유해·위험물질에 대한 조치 등

제7장 유해·위험물질에 대한 조치, 제1절 유해.위험물질의 분류 및 관리에는 제104조 유해인자의 분류기준 등 15개 조문, 제2절 석면에 대한 조치에는 제119조 석면조사등 6개 조문이 있다.

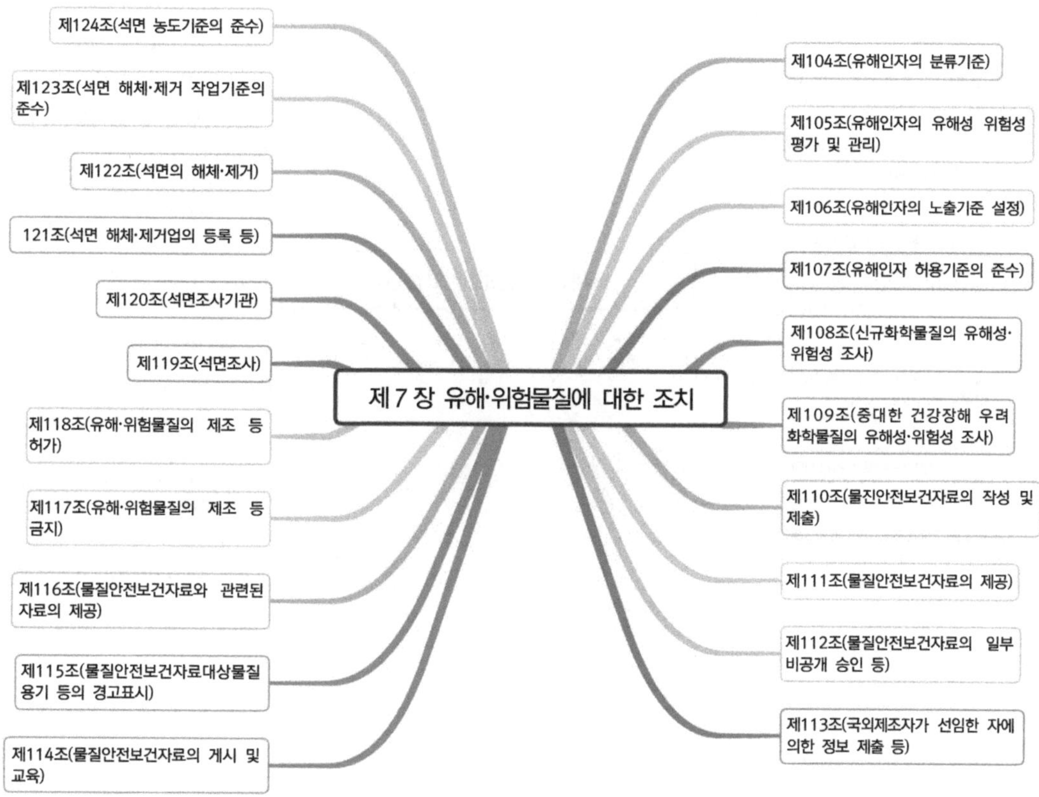

2.2.10 산업안전보건법의 근로자보건관리 등

제8장 근로자 보건관리의 제1절 근로환경의 개선에는 제125조 작업환경측정 4개 조문, 제2절 건강진단 및 건강관리에는 제129조 일반건강진단 등 13개 조문이 있다.

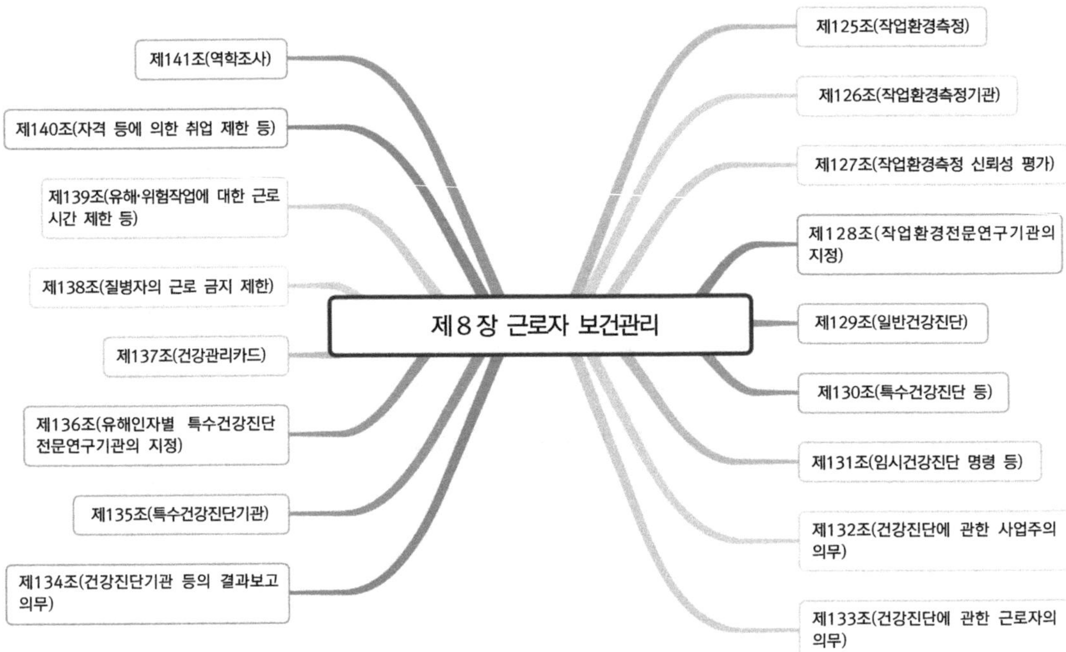

2.2.11 산업안전보건법의 산업안전지도사 및 산업안전보건지도사 등

제9장 산업안전지도사 및 산업보건지도사에는 제142조 산업안전지도사등의 직무 등 13개 조문으로 형성되어 있다.

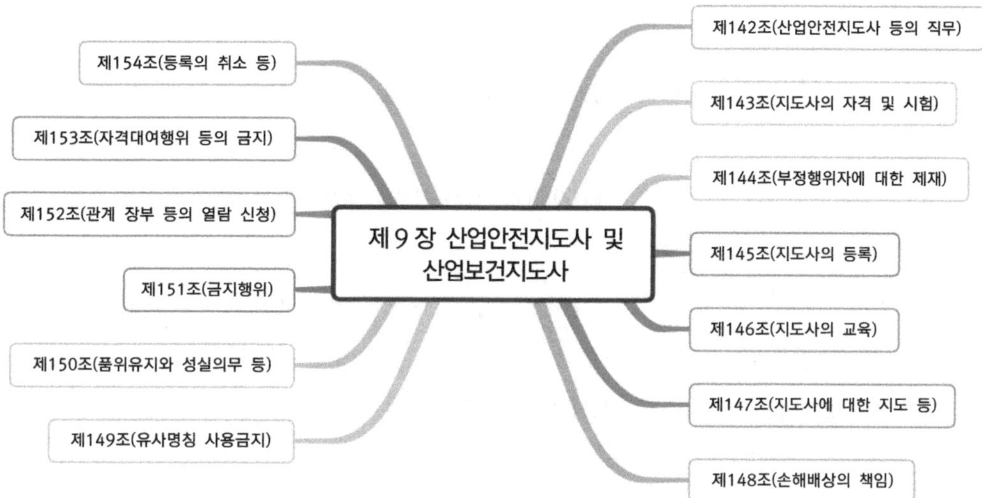

2.2.12 산업안전보건법의 근로감독관 등

제10장 근로감독관 등에는 제155조 근로감독관의 권한 등 3개 조문으로 구성되어 있다.

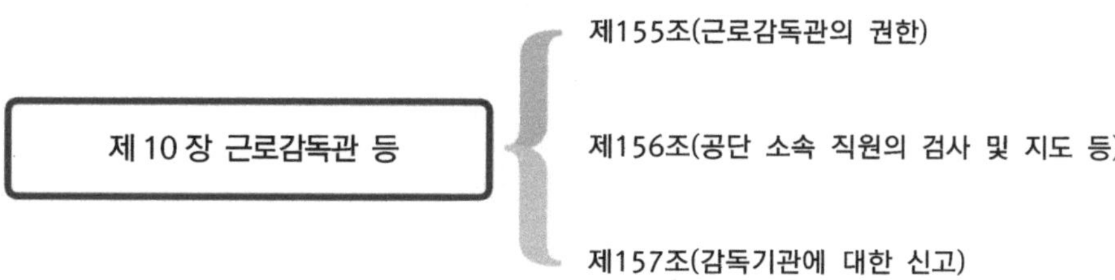

2.2.13 산업안전보건법의 보칙 등

제11장 보칙에는 제158조 산업재해 예방활동의 보존.지원 등 9개 조문으로 짜여져 있다.

제11장 보 칙

- 第158조(산업재해 예방활동의 보조·지원)
- 第159조(영업정지의 요청 등)
- 第160조(업무정지 처분을 대신하여 부과하는 과징금 처분)
- 第161조(도급금지 등 의무위반에 따른 과징금 부과)
- 第162조(비밀 유지)
- 第163조(정문 및 처분기준)
- 第164조(서류의 보존)
- 第165조(권한 등의 위임)
- 第166조(수수료 등)

2.2.14 산업안전보건법의 벌칙 등

제12장 벌칙에는 제167조 벌칙 등 19개 조문으로 총 12장, 15절, 175개 조문으로 구성되어 있다.

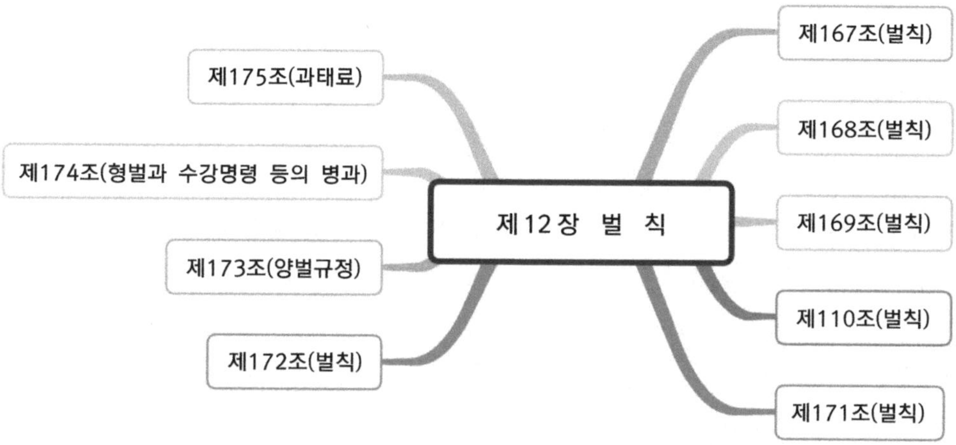

2.3 기업활동규제 완화에 관한 특별조치법 현황

2.3.1 기업규제완화법의 재정·개정 현황

기업규제완화법의 재정·개정 현황	
【제정이유】	[시행 1993. 7. 1.] [법률 제4560호, 1993. 6. 11., 제정]
[일부개정]	[시행 1997. 5. 1.] [법률 제5328호, 1997. 4. 10., 일부개정]
[일부개정]	[시행 2000. 1. 28.] [법률 제6226호, 2000. 1. 28., 일부개정]
[일부개정]	[시행 2009. 1. 1.] [법률 제8599호, 2007. 8. 3., 일부개정]
[일부개정]	[시행 2016. 2. 4.] [법률 제13149호, 2015. 2. 3., 일부개정]
[일부개정]	[시행 2021. 10. 21.] [법률 제17525호, 2020. 10. 20., 일부개정]

【제정이유】 [시행 1993. 7. 1.] [법률 제4560호, 1993. 6. 11., 제정]

창업, 공장건축, 생산·제조 및 영업등 기업의 활동단계별로 시행되고 있는 여러 행정규제를 완화 또는 폐지함으로써 기업활동의 탄력성과 융통성을 높이고, 이를 통하여 기업의 성장·발전을 도모함과 아울러 경제의 활성화를 기하려는 것이다.

⑤중소기업자등이 안전관리자·조리사등 자격증 소지자를 고용하여야 할 의무를 합리적인 수준으로 완화하되, 현재 채용되어 있는 안전관리자·보건관리자·산업보건의 및 조리사가 이 법 시행으로 해고·전직등 불이익조치를 받지 아니하도록 함.

[일부개정] [시행 1997. 5. 1.] [법률 제5328호, 1997. 4. 10., 일부개정]

산업단지에 전기를 공급하기 위한 전기시설 공사비를 전기공급자가 전액 부담하게 하고, 현재 운영되고 있는 각종 의무고용 제도 중 국민의 안전 및 환경의 보호와 밀접한 관련이 없는 부분은 폐지하거나 완화하며, 각종 영업에 대한 불필요한 행정규제를 완화함으로써 기업의 경쟁력을 강화하려는 것이다.

②기업이 의무적으로 채용하여야 하는 자격자 중 국민의 안전이나 환경의 보호와 관련이 없거나 관련이 적은 산업보건의등 13종의 자격자에 대한 의무고용제도를 폐지하고 이러한 자격자에 대하여는 기업이 자율적으로 채용여부를 결정할 수 있도록 함.

③유사한 자격을 소지하고 있는 의무고용자간에 상호겸직을 인정하여 고압가스제조자등이 채용하여야 하는 안전관리자등 4종의 유사한 의무고용자에 대하여 그 제조자등이 그중 1인을 채용한 경우에는 나머지 다른 의무고용자는 채용하지 아니할 수 있도록 함.

④액화석유가스 사용 신고자등이 주된 영업분야에서 안전관리자등 10종의 유사한 의무 고용자중 1인을 채용한 경우에는 나머지 다른 의무고용자는 채용하지 아니할 수 있도록 함.

⑤중소기업자 및 제조업자가 산업안전보건법에 의하여 안전관리자 1인을 채용한 경우에는 소방법에 의한 위험물 안전관리자등 5종의 유사한 안전관리자등은 채용하지 아니할 수 있도록 함.

⑥중소기업자 및 제조업자가 채용한 의무고용자가 전기사업법에 의한 전기안전관리담당자등 6종의 자격중 2이상의 자격을 가지고 있는 경우에는 그 자격에 해당하는 자 전부를 채용한 것으로 보도록 함.

⑦산업입지 및 개발에 관한 법률에 의한 산업단지등에 인접한 지역에서 사업을 영위하는 사업자들은 소방법에 의한 위험물 안전관리자등 7종의 의무고용자를 공동으로 채용할 수 있도록 함.

⑧산업안전보건법에 의하여 안전관리자등 9종의 의무고용자를 채용하여야 하는 사업자는 주무부장관이 지정하는 관리대행기관에 위 의무고용자가 수행하여야 할 업무를 위탁할 수 있도록 함.

⑨수질오염물질 또는 대기오염물질을 배출하는 제조업의 조업을 정지시킬 경우 대외적인 신용이나 고용·물가등에 현저히 나쁜 영향을 초래할 우려가 있는 경우에는 조업정지에 갈음하여 과징금을 부과할 수 있도록 함.

⑩사업장의 관리책임자·안전관리자·보건관리자등이 받는 안전·보건에 관한 교육과 전기통신공사업에 종사하는 통신기술자격자가 받는 보수교육을 폐지함으로써 기업의 부담을 덜어주고, 필요한 경우에는 기업이 자율적으로 교육을 실시하도록 함.

[일부개정] [시행 2000. 1. 28.] [법률 제6226호, 2000. 1. 28., 일부개정]

◇개정이유

대규모 석유화학시설에 대한 안전 및 사고예방을 위하여 개별법에 의하여 각각 작성하도록 되어 있는 각종 안전 관련 규정을 하나로 통합하여 작성할 수 있도록 하고, 중복하여 받도록 되어 있는 가스설비 관련 검사와 산업안전 관련 성능검정중 하나만 받으면 되도록 개선하는 등 각종 규제를 완화 또는 정비하여 기업의 경쟁력을 강화하려는 것이다.

◇주요골자

가. 고압가스안전관리법에 의한 검사 및 산업안전보건법에 의한 성능검정을 중복하여 받아야 하는 설비에 대하여 앞으로는 검사나 성능검정중 어느 하나만을 받으면 되도록 함으로써 사업자의 편의를 도모함(法 제47조제4항).

나. 종전에는 대규모 석유화학시설을 보유하고 있는 사업자는 그 시설 등의 안전 및 사고예방을 위하여 고압가스안전관리법에 의한 안전관리규정, 소방법에 의한 예방규정 및 산업안전보건법에 의한 안전보건관리규정을 각각 별도로 작성하도록 하던 것을, 앞으로는 안전관리규정에 예방규정 및 안전보건관리규정을 통합하여 작성할 수 있도록 개선함(法 제55조의6).

라. 고압가스안전관리법·액화석유가스의안전및사업관리법 및 도시가스사업법에 의하여 안전관리자를 선임 또는 해임하는 경우에는 이를 신고하도록 하고 있는 바, 안전관리자 중 대통령령이 정하는 자에 대하여는 이 신고의무를 면제하도록 함(法 제55조의 9).

[일부개정] [시행 2009. 1. 1.] [법률 제8599호, 2007. 8. 3., 일부개정]

◇개정이유 및 주요내용

1997년 4월 기업활동촉진을 위하여 「기업활동 규제완화에 관한 특별조치법」을 개정하여 산업안전보건과 관련된 규제가 대폭 완화된 이후, 산업재해가 급증하고 있고 이로 인한 경제적 손실이 증대되어 오히려 국가경쟁력강화에 역행하는 결과를 가져왔으며, 특히, 프레스·리프트에 대한 정기검사 면제, 산업안전·보건교육의 면제와 제조업 유해·위험방지 계획서 제출의무의 면제가 산업재해 증가에 결정적으로 영향을 준 것으로 판단됨에 따라, 이들 면제 조항을 모두 삭제하려는 것이다.

[일부개정] [시행 2016. 2. 4.] [법률 제13149호, 2015. 2. 3., 일부개정]

◇ 개정이유 및 주요내용

현행법은 유해작업 도급 인가에 대한 규제를 완화하여 고용노동부장관이 「산업안전보건법」 제28조에 따라 유해작업의 도급을 인가할 경우 안전·보건평가 실시 권한을 행사하지 아니하도록 규정하고 있다.

현행 「산업안전보건법」 및 같은 법 시행령에서 고용노동부장관의 인가를 받도록 규정하고 있는 유해·위험작업은 유해 화학물질에 노출되기 쉬운 도금, 중금속 제련 등 철저한 안전보건 관리가 필요한 작업들이다.

그럼에도 불구하고 현행법에 따를 경우 고용노동부장관이 유해작업의 도급에 대한 인가 여부를 결정할 때 안전·보건평가의 실시 권한을 행사하지 못하게 되어 안전관리가 취약한 영세사업장에 대한 유해작업의 도급을 그대로 인가할 우려가 있다.

이에 유해작업 도급 인가의 규제완화에 관한 현행법 제55조의5를 삭제함으로써 유해·위험작업의 도급인가 시 고용노동부장관이 안전·보건평가를 실시할 수 있도록 하려는 것이다.

[일부개정] [시행 2021. 10. 21.] [법률 제17525호, 2020. 10. 20., 일부개정]
◇ 개정이유 및 주요내용
당초 「산업안전보건법」의 취지대로 300인 이상의 대규모 사업장은 스스로 안전관리자·보건관리자를 직접 고용하여 유해·위험 예방활동을 상시적으로 수행토록 함으로써 산업현장의 재해예방 활동을 강화하기 위하여 사업주가 관리대행기관에 위탁할 수 있는 업무 중 안전관리자·보건관리자 업무를 삭제하고, 관련 규정을 정비하려는 것이다.

2.3.2 기업규제완화법과 산업안전보건법과 관계

特惜法은 산업안전보건과 관련하여 크게 두 가지로 정리될 수 있다. 첫째는 의무고용의 완화로서 산업보건의의 자율 선임, 안전 및 보건관리자의 겸직허용 확대, 주된 영업분야 동에서의 안전관리자의 겸직허용, 중소기업자 등에 대한 안전관리자 고용의무의 완화, 2종이상의 자격증 보유자에 대한 고용완화, 동일 산업단지내 공동채용의 허용, 안전관리 외부위탁 대상 사업장의 확대 등이 포함된다.

둘째는 각종 의무의 변제로서 여기에는 위험 기계·기구 및 셜비에 대한 검사의 연제 또는 철폐, 액화석유가스 시설 등에 대한 중복검사의 완화, 화학물질의 표시 등에 대한 중복규제의 완화, 산업안전·보건 관리자 등의 의무교육의 면제, 유해·위헝방지계획서 제출의무의 면제 등에 관한 내용이 포함되어 있다.

이 시절에는 우리나라의 안전보건 관련 자율안전보건관리에 필요한 환경이 정비되어 있지 못한 상태에서 기업규제완화법이 시행되어 사업주의 의무만 완화시켜 주었지 의무완화에 따른 책임에 대해서는 구체적인 뒷받침이 없는 실정으로 사업장의 안전보건업무의 약화를 초래 했다고 볼 수 있다. 산업안전보건 분야의 규제완화는 타 분야와는 구분하여 기업의 안전보건관리가 강화될 수 있는 방향으로 재검토되고 보완되어져야 하는 아쉬움이 있는 법 시행이었다.

2.4 산업안전보건법의 재·개정 현황

산업안전보건법의 재정·개정 현황

- [일부개정] [시행 2022. 8. 18.] [법률 제18426호, 2021. 8. 17., 일부개정]
- [일부개정] [시행 2021. 11. 19] [법률 제18180호, 2021. 5. 18, 일부개정]
- [일부개정] [시행 2021. 10. 14] [법률 제18039호, 2021. 4. 13, 일부개정]
- [일부개정] [시행 2020. 6. 9] [법률 제17433호, 2020. 6. 9, 일부개정]
- [일부개정] [시행 2020. 3. 31] [법률 제17187호, 2020. 3. 31, 일부개정]
- [전부개정] [시행 2020. 1. 16] [법률 제16272호, 2019. 1. 15, 전부개정]
- [일부개정] [시행 2018. 10. 18] [법률 제15588호, 2018. 4. 17, 일부개정]
- [일부개정] [시행 2017. 10. 19] [법률 제14788호, 2017. 4. 18, 일부개정]
- [일부개정] [시행 2016. 10. 28] [법률 제13906호, 2016. 1. 27, 일부개정]
- [일부개정] [시행 2014. 3. 13] [법률 제11882호, 2013. 6. 12, 일부개정]
- [일부개정] [시행 2012. 1. 26] [법률 제10968호, 2011. 7. 25, 일부개정]
- [일부개정] [시행 2010. 4. 10] [법률 제9796호, 2009. 10. 9, 일부개정]

- [신규제정] [시행 1982. 7. 1] [법률 제3532호, 1981. 12. 31, 제정]
- [전문개정] [시행 1990. 7. 14] [법률 제4220호, 1990. 1. 13, 전부개정]
- [일부개정] [시행 1995. 1. 5] [법률 제4916호, 1995. 1. 5, 일부개정]
- [일부개정] [시행 1997. 5. 1] [법률 제5248호, 1996. 12. 31, 일부개정]
- [일부개정] [시행 1999. 5. 9] [법률 제5886호, 1999. 2. 8, 일부개정]
- [일부개정] [시행 2000. 7. 8] [법률 제6104호, 2000. 1. 7, 일부개정]
- [일부개정] [시행 2003. 7. 1] [법률 제6847호, 2002. 12. 30, 일부개정]
- [일부개정] [시행 2005. 7. 1] [법률 제7467호, 2005. 3. 31, 일부개정]
- [일부개정] [시행 2006. 9. 25] [법률 제7920호, 2006. 3. 24, 일부개정]
- [일부개정] [시행 2008. 1. 1] [법률 제8475호, 2007. 5. 17, 일부개정]
- [일부개정] [시행 2009. 1. 1] [법률 제8562호, 2007. 7. 27, 일부개정]
- [일부개정] [시행 2009. 8. 7] [법률 제9434호, 2009. 2. 6, 일부개정]

[신규제정] [시행 1982. 7. 1] [법률 제3532호, 1981. 12. 31, 제정]

중화학공업의 추진등 급격한 산업화에 따라 위험한 기계기구의 사용증가, 새로운 공법의 채용등에 의한 산업재해의 대형화와 빈발, 유해물질의 대량사용 및 작업환경의 다양화에 따른 직업병의 발생증가에 효율적으로 대처하기 위하여 적극적·종합적인 산업안전보건관리에 필요한 위험방지기준을 확립하고 사업장내 안전보건관리체제를 명확히 함과 동시에 사업주 및 전문단체의 자율적 활동을 촉진함으로써 산업재해를 효율적으로 예방하고 쾌적한 작업환경을 조성하여 근로자의 안전, 보건을 증진·향상하게 하려는 것이다.

①산업재해예방을 위한 사업주 및 근로자의 기본적 의무를 명시함.

②노동부에 산업안전보건정책심의위원회를 두어 산업재해예방에 관한 주요정책을 심의조정하도록 함.

③유해위험성이 있는 사업에는 안전보건관리책임자와 안전관리자 및 보건관리자를 선임하게 하고 안전보건위원회를 설치하도록 하며 안전보건관계자 및 근로자에 대한 안전보건교육을 실시하도록 함.

④작업환경이 인체에 해로운 작업장에 대하여는 작업환경을 측정 기록하고, 근로자에 대한 건강진단을 실시하게 함.

⑤산업재해 예방시설의 종류와 설치, 운영방법 및 정부의 지원육성방안을 정하고 산재예방에 관한 과학기술의 진흥과 연구개발을 추진하여 그 성과를 보급할 수 있도록 함.

[전문개정] [시행 1990. 7. 14] [법률 제4220호, 1990. 1. 13, 전부개정]

사업장 안전보건관리체제에 있어서의 제반 문제점을 해소하고 자율재해예방활동이 촉진될 수 있도록 하며, 산업재해예방사업을 효율적으로 추진하기 위하여 산업재해예방기금을 설치하여 산업재해의 감소와 근로자의 안전과 보건을 유지·증진시키려는 것이다.

①산업안전보건업무에 대한 정부의 책무를 규정함.

②행정기관이 사업장내 안전·보건에 관한 사항을 규제하고자 할 경우에는 미리 노동부장관과 협의하도록 함.

③근로자대표는 사업장내 안전·보건에 관한 조치결과를 사업주에게 요청할 수 있도록 하며, 사업주는 이에 성실히 응하도록 함.

④사업주는 안전·보건표식를 설치하거나 부착하도록 함.

⑤안전보건관리규정의 작성, 안전·보건에 관련되는 안전장치 및 보호구의 구입시 적격품 여부 확인을 안전보건관리책임자의 업무에 추가하고, 의사가 아닌 보건관리자를 둔 사업의 경우에는 산업보건의를 따로 두어 근로자의 건강관리업무등 보건관리자의 업무를 지도하도록 하고 종전의 보건담당자의 업무를 보건관리자의 업무에 흡수·통합함.

⑥산업안전보건위원회의 구성을 로·사 동삭로 함.

⑦건설분야재해를 획기적으로 줄이기 위하여 해체작업 및 구축물에 의한 붕괴 우려가 있을 때에도 안전상의 조치를 하도록 추가하고, 표준안전관리비를 계상하는 근거를 마련함.

⑧근로자에 대하여 정기적으로 안전·보건교육을 실시하도록 함.

⑨기계·기구등을 대여자에 대하여 안전상의 조치를 하도록 의무를 부여하고, 유해·위험기계·기구에 부착하는 방호장치는 성능검사를 받도록 함.

⑩근로자에게 건강장해를 일으키거나, 보건상 유해한 화학물질에 대하여 그 종류에 따라 제조금지, 제조·사용허가제, 성분·함유량등의 표시제 내지 유해성 조사 및 조치의무등에 관하여 정함.

⑪건강관리수첩제도를 도입하여 사업주의 건강관리책임을 명확히 하고, 직업병 발생을 예방하며, 질병에 리환된 근로자의 사후관리가 가능하도록 함.

⑫유해·위험작업에 종사하는 근로자의 근로시간을 1일 6시간, 1주 34시간으로 제한함.

⑬중대재해발생사업장등에 대하여 필요한 경우 노동부장관이 지정하는 자의 안전·보건진단을 받도록 함.

⑭산업재해예방사업을 효율적으로 추진하는데 소요되는 재원을 확보하기 위하여 산업재해예방기금을 설치·운용하도록 함.

[일부개정] [시행 1995. 1. 5] [법률 제4916호, 1995. 1. 5, 일부개정]

사업장에서 산업안전보건에 관한 사항을 결정하는 경우에 근로자의 참여를 확대시킴으로써 산업안전대책이 보다 효율적으로 수립·시행될 수 있도록 하고, 새로이 산업안전·위생지도사 제도를 도입하여 사업주의 의뢰에 따라 사업장의 안전 및 위생에 대한 평가·지도등을 담당하도록 함으로써 사업장의 안전·위생 수준을 향상시키려는 것임.

①근로자와 사용자가 동삭로 구성하는 산업안전보건위원회에서 당해 사업장의 안전·보건에 관한 사항을 정할 수 있도록 하고, 사업주 및 근로자가 이를 준수하도록 함으로써 근로자의 안전 및 보건의 유지·향상을 도모함.

②동일한 장소에서 그 사업의 일부를 도급하는 사업주는 그 수급인 또는 수급인의 근로자가 이 법의 규정을 지키지 아니하는 경우에는 그 위반행위의 시정을 요구할 수 있도록 함으로써 산업재해를 방지하도록 함.

③사업주는 화학물질을 제조·수입·사용·저장하는 경우에는 미리 그 명칭·취급상 주의사항 및 환경상 영향등을 기재한 자료를 사업장에 비치하도록 함으로써 근로자의 안전과 건강을 보호하도록 함.

④유해·위험설비를 보유하는 사업장의 사업주는 당해 설비로 인한 위험물질의 루출·화재·폭발등을 방지하기 위한 공정안전보고서를 노동부장관에게 제출하여 노동부장관의 심사를 받도록 함으로써 동 설비로 인하여 발생할 수 있는 중대한 산업재해를 방지하도록 함.

⑤산업안전지도사 및 산업위생지도사 제도를 도입하여 사업주의 의뢰에 따라 각각 공정상의 안전에 관한 평가·지도, 유해·위험의 방지대책에 관한 평가·지도와 작업환경의 평가·개선 지도등을 행하도록 하여 민간부문의 자율적인 노력에 의한 산업안전보건의 유지·향상을 도모함.

[일부개정] [시행 1997. 5. 1] [법률 제5248호, 1996. 12. 31, 일부개정]

산업재해를 예방하고 쾌적한 작업환경을 조성하기 위하여 산업안전·보건에 관한 사업주의 의무를 강화하고 산업재해예방활동에 근로자등의 참여를 활성화하도록 하는 등 현행제도의 운영상 나타난 일부 미비점을 개선·보완하려는 것이다.

①산업안전보건위원회의 역할과 위상을 강화하기 위하여 동위원회에 의결기능을 부여하고 근로자 1,000인이상의 사업장은 노사협의회와 분리하여 동위원회를 별도 설치하도록 함.

②사업주는 산업재해의 급박한 위험발생시 작업을 중지하고 대피한 근로자에 대하여 이를 이유로 해고등 불이익한 처우를 하지 못하도록 함.

③건설업등 도급을 받아 행하는 사업의 재해발생을 예방하기 위하여 사업주는 수급인 및 근로자등과 합동으로 작업장의 안전·보건점검을 수시로 실시하도록 함.

④사업장에서 사용하는 기계·기구의 안전성과 국제적 신뢰도를 높이기 위하여 노동부장관은 기계·기구에 대한 안전성인증을 할 수 있도록 하고 인증기준, 인증의 취소등에 관한 사항을 정함.

⑤노동부장관은 근로자의 유해·위험방지를 위한 방호장치 또는 보호구의 품질향상을 위하여 이를 제조하는 자중 노동부령이 정하는 기준에 적합한 자에 대하여는 예산의 범위안에서 필요한 지원을 할 수 있도록 함.

⑥사업장 내의 산업안전·보건 활동에 대한 근로자의 참여를 확대하기 위하여 자체검사, 건강진단, 안전·보건진단을 행할 때에 근로자대표가 입회할 수 있도록 하고 건강진단결과를 근로자들에게 설명하도록 함.

⑦노동부장관은 산업재해예방활동에 대한 참여와 지원을 촉진하기 위하여 근로자, 근로자단체, 사업주단체 및 산업재해예방관련전문단체에 소속된 자중에서 명예산업안전감독관을 위촉할 수 있도록 함.

⑧산업재해예방의 실효성을 높이기 위하여 안전·보건조치 의무위반자에 대한 벌칙을 상향조정함.

[일부개정] [시행 1999. 5. 9] [법률 제5886호, 1999. 2. 8, 일부개정]

◇개정이유

사업장의 산업안전관리체제를 노사의 자율적인 관리체제로 정착시키기 위하여 근로자의 참여권을 제도적으로 보장하고, 행정규제기본법에 의한 규제정비계획에 따라 사업주에 대한 행정규제를 폐지하거나 완화하며, 기타 근로자의 안전과 건강을 보호하기 위하여 필요한 사항을 정하려는 것이다.

◇주요골자

가. 사업장의 안전·보건에 관한 사항을 심의·의결하기 위하여 노사동수로 구성되는 산업안전보건위원회의 근로자위원이 정당한 직무수행을 한 경우에 사업주는 동 위원에 대하여 불이익한 처우를 하지 못하도록 하여 노사간의 자율적인 안전관리가 제도적으로 보장될 수 있도록 함(法 第19條第6項).

나. 종전에는 근로자의 작업상 필요한 보호구를 제조·수입하는 자는 노동부장관이 실시하는 보호구의 성능검정을 받는 외에도 별도의 인력과 시설을 갖추도록 하였으나, 앞으로는 성능검정외의 중복적인 규제사항을 폐지함(現行 第35條第2項 削除).

다. 사업장에서 사용하는 위험한 기계·기구에 대하여는 유자격검사원으로 하여금 정기적으로 자체검사를 행하도록 하고 당해 검사원에 대하여는 필요한 교육을 받도록 하였으나, 앞으로는 당해 검사원에 대한 교육제도를 폐지함(現行 第36條第5項 削除).

라. 건강장해를 발생시킬 우려가 높은 업무에 종사한 근로자에 대하여 종전에는 노동부장관으로 하여금 리직시에만 건강관리수첩을 교부하도록 하여 무료로 건강진단을 받을 수 있도록 하였으나, 앞으로는 사업장에서 일정기간이상 유해작업에 종사한 재직중인 근로자에 대하여도 이를 교부받을 수 있도록 하여 유해작업에 종사한 근로자의 건강이 쉽게 점검될 수 있도록 함(法 第44條第1項).

[일부개정] [시행 2000. 7. 8] [법률 제6104호, 2000. 1. 7, 일부개정]

◇개정이유 및 주요골자

유해·위험설비를 보유한 사업주가 당해설비로부터 발생할 수 있는 사고를 예방하기 위하여 제출하도록 되어 있는 공정안전보고서 정기제출의무를 완화하고, 산업안전지도사등에 대한 정기직무교육제도를 폐지한다.

[일부개정] [시행 2003. 7. 1] [법률 제6847호, 2002. 12. 30, 일부개정]

◇개정이유

단순반복작업 또는 중량물 취급 등으로 인한 근골격계질환의 예방을 위한 법적 근거를 마련하고, 그 동안 행정형벌 부과대상이었던 안전관리자 미선임, 산업안전보건위원회 미설치 등 경미한 위반사항에 대하여 앞으로는 과태료를 부과하도록 하는 한편, 현행 제도의 운영상 나타난 일부 미비점을 개선·보완하려는 것이다.

◇주요골자

가. 노동부장관은 산업재해 예방을 위하여 대통령령이 정하는 사업장의 산업재해발생건수, 재해율 등을 공표할 수 있도록 함(법 제9조의2 신설).

나. 산업재해가 발생한 때에는 사업주가 재해발생원인 등을 기록하고, 이를 3년간 보존하도록 함(법 제10조의2 신설).

다. 사업주는 사업을 행함에 있어서 단순반복작업 또는 인체에 과도한 부담을 주는 작업에 의하여 발생하는 건강장해를 예방하기 위하여 필요한 조치를 하도록 함(법 제24조제1항제5호 신설).

라. 노동부장관은 유해하거나 위험한 기계·기구 등의 방호장치 및 근로자의 작업상 필요한 보호구에 대하여 검정유효기간을 설정하여 일정기간마다 재검정을 받도록 의무화함(법 제33조제3항 및 제35조제1항).

마. 사업주가 유해·위험한 신규화학물질을 양도 또는 제공하는 경우에는 근로자의 건강장해를 방지하기 위하여 조치하여야 할 사항을 기록한 서류를 함께 제공하도록 함(법 제40조제5항 신설).

바. 그 동안 안전관리자 선임, 산업안전보건위원회 설치, 작업환경측정실시 등의 의무 불이행에 대하여 행정형벌을 부과하던 것을 앞으로는 과태료를 부과하도록 함(법 제72조제1항 및 제2항).

[일부개정] [시행 2005. 7. 1] [법률 제7467호, 2005. 3. 31, 일부개정]

◇개정이유 및 주요내용

유해·위험설비를 보유한 사업장의 사업주는 사업장에 비치한 공정안전보고서의 내용을 변경하여야 할 사유가 발생한 경우에는 지체없이 이를 보완하도록 하고, 노동부장관은 노동부령이 정하는 바에 따라 공정안전보고서의 이행상태를 정기적으로 평가할 수 있도록 하며, 노동부장관은 공정안전보고서의 이행상태를 평가한 결과 보완상태가 불량한 사업장의 사업주에 대하여 공정안전보고서를 다시 제출하도록 명할 수 있도록 함으로서 유해·위험설비로 인한 안전사고를 예방하려는 것이다.

[일부개정] [시행 2006. 9. 25] [법률 제7920호, 2006. 3. 24, 일부개정]

◇개정이유 및 주요내용

산업구조 및 고용구조의 다양화에 부응하여 사업장의 특성에 맞는 자율적인 안전·보건활동을 촉진하기 위한 법적 기반을 마련하고, 안전관리대행기관·보건관리대행기관 및 재해예방전문기관에 대하여 업무정지를 명하여야 할 경우로서 업무의 정지가 이용자에게 심한 불편을 주거나 공익을 해할 우려가 있다고 인정되는 때에는 업무의 정지에 갈음하여 5천만원 이하의 과징금을 부과할 수 있도록 하며, 근로자가 산업재해로 사망한 사고가 발생한 사업장에서 그 산업재해와 관련하여 안전상의 조치의무 또는 보건상의 조치의무를 위반한 자에 대하여는 7년 이하의 징역 또는 1억원 이하의 벌금에 처하도록 하는 등 현행 제도의 운영상 나타난 일부 미비점을 개선·보완하려는 것이다.

[일부개정] [시행 2008. 1. 1] [법률 제8475호, 2007. 5. 17, 일부개정]

◇개정이유 및 주요내용

외국인근로자의 안전을 보장하기 위하여 외국인근로자를 채용한 사업주로 하여금 외국어로 된 안전·보건표지 등을 부착하게 하고, 누구든지 중대재해 발생 원인조사를 방해할 목적으로 중대재해 발생현장을 훼손하지 못하도록 함으로써 정확한 원인조사가 이루어질 수 있도록 하는 한편, 사업주가 측정한 작업환경측정 결과의 정확성과 정밀성을 평가하는 제도를 도입함으로써 작업환경측정 결과의 신뢰성을 확보할 수 있는 법적 근거를 마련하고, 정부의 산업재해예방사업의 보조·지원에 대한 관리·감독을 강화하여 정부의 보조·지원금이 사업목적에 부합하게 집행되도록 하려는 것이다.

[일부개정] [시행 2009. 1. 1] [법률 제8562호, 2007. 7. 27, 일부개정]

◇개정이유

산업재해 발생의 위험이 높은 기계·기구 등의 안전성을 체계적으로 관리하기 위하여 현행 검사·검정제도를 안전인증제도로 개편하고, 발암성물질 등 근로자에게 중대한 건강장해를 유발할 우려가 있는 유해인자의 노출농도를 일정기준 이하로 유지·관리하도록 사업주에게 의무를 부과하는 한편, 1997년 4월 기업활동촉진을 위한 「기업활동 규제완화에 관한 특별조치법」의 개정으로 산업안전보건과 관련된 규제를 대폭 완화한 이후, 산업재해가 급증하는 문제가 있어 이들 규제를 합리적으로 복원하는 등 현행 제도의 운영상 나타난 일부 미비점을 개선·보완하려는 것이다.

◇주요내용

가. 안전·보건에 관한 노·사협의체의 구성·운영에 관한 특례(법 제29조의2 신설)

도급사업으로서 대통령령으로 정하는 사업의 사업주가 근로자와 사용자가 같은 수로 구성되는 안전·보건에 관한 노·사협의체를 구성·운영하는 경우에는 노·사협의체가 산업안전보건위원회의 심의·의결 기능과 안전·보건에 관한 협의체의 협의 기능을 함께 수행하도록 하고 별도로 산업안전보건위원회 및 안전·보건에 관한 협의체를 설치·운영하지 아니하도록 함.

나. 직무교육 대상자의 조정(법 제32조제1항)

관리책임자·안전관리자 및 보건관리자에 대하여 노동부장관이 실시하는 안전·보건에 관한 직무교육을 복원하되, 산업보건의, 안전관리대행기관의 종사자, 보건관리대행기관의 종사자 및 노동부령으로 정하는 사업의 사업주 및 관리감독자를 교육 대상자에서 삭제하여 자율적으로 교육을 실시하도록 함.

다. 위험 기계·기구·설비 등에 대한 검사·검정제도의 개편(법 제34조 및 제35조)

유해하거나 위험한 기계·기구·설비 및 방호장치·보호구 중 근로자의 안전·보건을 위하여 대통령령으로 정하는 것은 안전인증기준에 맞는지 여부에 대하여 이를 제조하는 자가 의무적으로 노동부장관의 안전인증을 받도록 하고, 생산기술이 보편화되어 제품의 안전에 관한 성능검사만으로 안전관리가 가능한 것은 이를 제조 또는 수입하는 자가 제품의 안전에 관한 성능이 안전기준에 적합하다는 것을 스스로 확인하여 노동부장관에게 신고하도록 함.

라. 사용단계에서의 정기 및 자체검사를 안전검사로 일원화(법 제36조 및 법 제36조의2 신설)

정기검사 및 자체검사를 통합하여 유해하거나 위험한 기계·기구·설비로서 대통령령으로 정하는 것을 사용하는 사업주는 노동부장관이 실시하는 안전검사를 받도록 일원화하되, 사업주가 근로자대표와의 협의와 노동부장관의 인정을 받아 정한 검사프로그램에 따라 자율적으로 검사를 실시하는 경우에는 안전검사를 면제하도록 함.

마. 사업주의 유해인자 허용기준 준수의무 부과(법 제39조의2 신설 및 법 제72조제1항제1호)

발암성물질 등 근로자에게 중대한 건강 장해를 유발할 우려가 있는 유해인자에 대하여는 작업장 내의 유해인자의 노출 농도를 노동부령으로 정하는 허용기준 이하로 유지하도록 사업주에게 의무를 부과하고, 이를 위반하는 경우 1천만원 이하의 과태료를 부과하도록 함.

바. 유해·위험방지계획서 제출대상 위임 법령 상향조정(법 제48조제1항)

유해·위험방지계획서의 제출대상을 노동부령으로 정하던 것을 관계부처가 협의하여 정할 수 있도록 하기 위하여 대통령령으로 정하도록 함.

[일부개정] [시행 2009. 8. 7] [법률 제9434호, 2009. 2. 6, 일부개정]

◇개정이유

석면이 함유된 건축물 등의 철거 및 해체 작업에 따른 근로자의 건강장해를 예방하기 위하여 석면 해체·제거 시의 안전보건조치를 정비하고, 특수건강진단기관의 검진능력을 종합적으로 평가하고 그 결과를 공표하는 등 근로자의 안전과 건강보호를 강화하는 한편, 어려운 용어를 쉬운 용어로 바꾸고, 길고 복잡한 문장의 체계 등을 정비하여 간결하게 하는 등 국민이 법 문장을 이해하기 쉽게 정비하며, 현행 제도의 운영상 나타난 일부 미비점을 개선·보완하려는 것이다.

◇주요내용

가. 사업주의 유해·위험요인 분석·평가 및 관리(법 제5조제1항 후단 신설, 안 제27조제1항)

1) 현재는 산업재해 예방을 위한 기준 등 사업주가 준수하여야 할 일반적인 기준을 정하고 이를 이행하도록 의무를 부과하고 있으나 산업환경의 변화 및 사업장별 특성에 따른 다양한 유해·위험요인의 관리기준을 모두 법령으로 정하고 지도·감독하는 데 한계가 있음.

2) 사업주는 지속적으로 사업장 유해·위험요인에 대한 실태를 파악·평가하여 이를 관리·개선하는 등 필요한 조치를 하도록 하고 노동부장관은 사업주가 하여야 할 조치에 관한 기술상의 지침 등을 정하여 사업주에게 지도·권고할 수 있도록 함.

3) 사업장 스스로 자기 사업장의 유해 · 위험요인을 평가 · 관리함에 따라 사업장의 자율적인 안전관리능력을 높이고 산업재해 발생을 효과적으로 예방할 수 있을 것으로 기대됨.

나. 석면 해체 · 제거 시의 안전 · 보건조치(법 제38조의2부터 제38조의5까지 신설)

1) 현재 건축물 등에 함유된 석면을 해체 · 제거할 때는 노동부장관의 허가를 받도록 하고 있으나 건축물을 철거할 때 석면함유 여부를 확인하지 아니하거나 허가 없이 철거작업을 실시하는 경우가 많음.

2) 건축물이나 설비를 철거 · 해체하려는 자는 작업 전에 노동부장관이 지정하는 석면조사기관으로 하여금 해당 건축물 등에 포함된 석면 함유 여부, 함유량, 위치 및 면적 등을 조사하도록 하고, 일정 기준 이상의 석면이 함유된 경우에는 노동부장관에게 등록한 석면해체 · 제거업자로 하여금 석면을 해체 · 제거하도록 함.

3) 석면이 함유된 건축물 등을 철거 · 해체하는 근로자를 석면에 의한 건강장해로부터 보호할 수 있을 것으로 기대됨.

다. 건강진단기관 평가 등(법 제43조제10항 신설)

1) 건강진단기관이 사업주에게 부담이 없게 건강진단 결과를 도출하는 경향이 있어 제도 본래의 목적인 근로자의 직업병 조기발견 기능이 미흡함.

2) 노동부장관이 지정한 건강진단기관을 종합적으로 평가한 후 그 결과를 공표할 수 있도록 하고, 평가기준 · 평가방법 및 공표방법은 노동부령으로 정하도록 함.

3) 건강진단기관의 수준향상을 위한 자기노력을 유도하여 건강진단의 직업병 발견기능을 강화하고, 사업장에 건강진단기관에 대한 정보를 제공함으로써 우수한 건강진단기관을 선택할 수 있게 될 것으로 기대됨.

라. 역학조사 정보요청(법 제43조의2제3항 신설)

1) 업무상 질병의 특성상 질병의 원인규명 및 대책마련을 위하여는 전 · 현직 근로자 개인의 건강정보 등이 필수적이나 건강정보를 보유한 기관의 협조가 제대로 이루어지지 아니하여 역학조사가 지연되거나 제한됨.

2) 노동부장관은 역학조사가 필요한 경우 근로자의 건강진단결과, 요양급여기록 및 건강검진결과 등을 보유하고 있는 기관에 정보제공을 요청할 수 있고 관련 기관은 특별한 사유가 없는 한 이에 응하도록 함.

3) 신속하고 내실 있는 역학조사를 수행하여 직업성 질환의 원인을 규명함으로써 근로자 보호조치가 가능할 것으로 기대됨.

[일부개정] [시행 2010. 4. 10] [법률 제9796호, 2009. 10. 9, 일부개정]

◇개정이유

부처 중심의 책임행정체제를 확립하고 의사결정의 신속성을 높이기 위하여 이 법의 산업안전보건정책심의위원회를 폐지하고 그 기능을 「산업재해보상보험법」상 산업재해보상심의위원회에서 통합하여 수행하도록 하며, 종전 자체검사만을 수행하여 자율적인 관리가 가능한 기계 · 기구등에 대해서는 자율검사프로그램을 우선 시행하도록 하고 사업주 자율검사의 전면 시행에 따른 부실검사의 위험부담을 줄이면서, 동시에 건실한 민간 지정검사기관들도 육성할 수 있도록 사업주가 지정검사기관에 위탁하여 검사하는 경우는 금번 개정법률이 공포되는 날부터 시행 가능하도록 시행시기를 합리적으로 개선한다.

◇주요내용

가. 「산업재해보상보험법」 제8조의 산업재해보상보험심의위원회와 이 법 제7조의 산업안전보건정책심의위원회를 통합하여 「산업재해보상보험법」에 산업재해보상보험및예방심의위원회를 두고 산업재해의 예방과 보상체계를 종합 심의할 수 있도록 함에 따라, 이 법의 산업안전보건정책심의위원회를 삭제하고 관련 규정을 정비함(현행 제7조 삭제 및 법 제8조).

나. 종전의 제36조에 따른 자체검사만을 실시하여 사업장의 자율적인 관리가 용이한 경우로서 노동부령으로 정하는 유해 · 위험기계등은 2009년 1월 1일부터 시행하고, 제36조의2제3항에 따라 사업주가 지정검사기관에 위탁하여 검사를 실시하는 경우에 대하여는 이번 일부개정법률을 공포한 날부터 시행하도록 함(법률 제8562호 산업안전보전법 일부개정법률 부칙 제1조제2항).

[일부개정] [시행 2012. 1. 26] [법률 제10968호, 2011. 7. 25, 일부개정]

◇ 개정이유

기계·기구 및 설비의 설계·제조에 대한 기술상의 지침 및 작업환경의 표준을 정하여 지도·권고할 수 있는 대상을 확대하고, 도급사업에서 도급업체의 산업재해 예방책임을 명확히 하여 산업재해 발생을 감소시키도록 하며, 도급인에게 수급인에 대한 위생시설 설치장소 제공 등 의무를 부여하고, 사업주가 건설 일용근로자 신규 채용 시 하여야 하는 교육을 개별현장 단위가 아닌 건설업 차원에서 하도록 개선하며, 고용노동부장관이 사업장의 유해·위험기계 등의 보유현황 및 안전검사 이력 등의 안전 관련 정보를 종합적으로 관리하도록 하는 등 현행 제도의 운영상 나타난 일부 미비점을 개선 보완하려는 것이다.

◇ 주요내용

가. 기술상의 지침 및 작업환경의 표준을 정하여 지도·권고할 수 있는 대상을 확대함(안 제27조제1항).

1) 안전인증 제도를 통하여 일부 기계·기구 및 설비에 대해서는 설계·제조단계에서 안전성을 확보하고 있으나 안전인증 대상 외의 많은 기계·기구 및 설비의 경우 설계·제조 단계에서 적용할 수 있는 안전성에 관한 기준이 없는 문제가 있음.

2) 고용노동부장관이 기술상의 지침 또는 작업환경의 표준을 정하여 지도·권고할 수 있는 대상에 기계·기구와 그 밖의 설비를 설계·제조 또는 수입하는 자를 포함시킴.

3) 안전한 기계·기구 및 설비가 설계·제조되어 산업현장에 공급될 수 있도록 함으로써 기계·기구 및 설비로 인한 산업재해 예방에 이바지할 것으로 기대됨.

나. 도급사업 시 원도급업체 사업주의 안전보건조치의무 개선(안 제29조제1항)

1) 사업 일부를 도급을 주어 하는 경우뿐만 아니라 전문공정의 단계별로 도급을 주어 공사를 수행하고 있는 경우에도 종합적인 현장 안전관리가 요구되므로 전문분야의 공사 전체에 대해 하도급을 주는 경우에도 원도급업체의 사업주가 자신이 사용하는 근로자 및 수급인이 사용하는 근로자에 대한 산업재해 예방조치를 회피하지 않도록 할 필요가 있음.

2) 사업의 일부를 분리하여 도급을 주는 경우뿐만 아니라 사업이 전문분야의 공사로 이루어져 시행되는 경우로서 각 전문분야에 대한 공사를 전부 도급을 주는 경우에도 원도급업체 사업주가 산재예방에 필요한 조치를 하도록 명확히 규정함.

3) 도급사업에서 도급업체의 산업재해 예방책임을 명확히 함으로써 산업재해 발생을 감소시킬 것으로 기대됨.

다. 도급인의 수급인에 대한 위생시설 설치장소 제공 등 의무 신설(안 제29조제8항)

1) 현행 법령상 세척시설, 휴게시설 등 위생시설 설치 의무의 주체는 근로자를 직접 고용한 사업주이나 청소 등의 업무 특성상 수급인이 도급인(발주자)의 건물 내에서 작업하는 경우 도급인의 수급인에 대한 위생시설 설치장소 제공 등이 없이는 수급인이 해당 의무를 이행하기가 곤란함.

2) 사업을 타인에게 도급하는 자는 수급인에게 위생시설을 설치할 수 있는 장소를 제공하거나 자신의 위생시설을 수급인의 근로자가 이용할 수 있도록 하고, 이를 위반하는 경우 500만원 이하의 과태료를 부과함

3) 청소 등의 업무에 종사하는 근로자의 건강을 보호하고 법령상 규정된 수급인에 대한 위생시설 설치의무의 실효성이 높아질 것으로 기대됨.

라. 건설 일용근로자 신규 채용 시 교육제도 개선(안 제31조제2항, 안 제31조의2 신설)

1) 건설 일용근로자는 영세한 건설업체의 경우에는 교육여건이 부족하고 일용근로자의 이직 빈도가 높으므로 교육의 실효성이 낮음.

2) 사업주가 건설 일용근로자를 채용할 때 실시하도록 되어 있는 신규 채용 시 교육을 개별현장 단위가 아닌 건설업 차원에서 실시하도록 함.

마. 유해·위험기계등의 안전 관련 정보 종합관리(안 제36조의4)

1) 유해·위험기계등에 대한 안전검사의 경우 검사대상 기계등의 보유현황, 안전검사 이력 등의 정보가 통합 관리되지 않고 있어 관련 정보를 종합적으로 관리할 필요가 있음.

2) 고용노동부장관이 사업장의 유해·위험기계등의 보유현황 및 안전검사 이력 등의 안전 관련 정보를 종합적으로 관리하도록 하고, 안전검사기관은 안전검사 실시 사업장에 관한 정보를 관리하고 고용노동부장관이 요청할 경우 이를 제출하도록 함.

바. 석면조사 의무 정비(안 제38조의2)

1) 현재는 건축물이나 설비를 철거하거나 해체하는 경우에 석면조사를 하도록 하면서 일정 규모 이상인 경우와 아닌 경우로 구분하여 법률과 고용노동부령으로 각각 규정하고 있는데, 이분화된 석면조사 의무 규정을 법률로 정비할 필요가 있음.

2) 건축물이나 설비를 철거하거나 해체하려는 경우에는 석면조사를 하도록 하고, 대통령령으로 정하는 규모 이상의 건축물이나 설비의 경우에는 조사기관이 석면조사를 하도록 하며, 다른 법률에 따라 석면조사를 한 경우에는 이 법률에 따른 석면조사를 실시한 것으로 보도록 함.

사. 물질안전보건자료 작성·제공·비치 의무주체 개선(안 제41조)

1) 물질안전보건자료의 작성·제공 및 경고표시 등의 의무주체가 화학물질 관련 정보를 생산·입수할 수 있는 주체인 화학물질을 양도하거나 제공하는 자가 되어야 함에도 불구하고 현재는 화학물질 등을 제조·수입·사용·운반 또는 저장하는 자로 규정되어 있어서 의무주체와 그 의무 사항 등이 명확하지 않은 문제가 있음.

2) 물질안전보건자료의 작성·제공 의무주체를 화학물질 양도·제공자로 변경하고, 화학물질을 취급하는 사업주에게는 물질안전보건자료를 작업장에 게시하거나 갖추어 두고 근로자를 교육하도록 하며, 물질안전보건자료의 취급주의 사항뿐만 아니라 물질안전보건자료의 기재 사항 전체에 대한 변경명령을 할 수 있도록 함.

3) 화학물질 양도·제공자의 의무를 강화함으로써 화학물질에 관한 정보가 화학물질 취급 사업주에게 보다 더 원활히 제공되고 화학물질 관리체계가 개선될 것으로 기대됨.

[일부개정] [시행 2014. 3. 13] [법률 제11882호, 2013. 6. 12, 일부개정]

◇ 개정이유

근로자건강센터 등 근로자의 건강을 유지 · 증진하기 위한 시설의 설치 및 운영에 관한 법적 근거를 명확히 하고, 안전관리자 · 보건관리자에 대한 사업주의 의무를 명확히 하며, 도급사업 시 도급인에게 수급인에 대한 유해성 · 위험성 등 정보 제공 의무를 부과하는 한편, 수급자의 설계변경 요청 근거를 마련하고, 안전인증 의무주체 및 인증대상을 합리적으로 조정하는 등 현행 제도의 운영상 나타난 일부 미비점을 개선 · 보완하려는 것이다.

◇ 주요내용

가. 사업주에게 안전관리자 · 보건관리자를 선임하는 의무뿐만 아니라 안전관리자 · 보건관리자에게 업무를 수행하게 할 의무도 있음을 명확하게 규정함(안 제15조 및 제16조).

나. 유해 · 위험 화학물질을 제조 또는 취급하는 설비 등에 대한 개조 등의 작업을 도급할 경우에 도급인은 수급인 등에게 해당 작업에 대한 안전 · 보건에 관한 정보를 제공하도록 하는 등의 의무를 부과함(안 제29조제5항부터 제7항까지).

다. 공사과정에서 건설공사의 수급인은 가설구조물의 붕괴 등 재해발생 위험이 높다고 판단되는 경우에는 대통령령으로 정하는 자의 의견을 들어 발주자에게 설계변경을 요청할 수 있도록 함(안 제29조의3 신설).

라. 안전인증을 받아야 하는 의무주체에 수입자를 추가하고 사용 중인 안전인증 대상품 중 고용노동부령으로 정하는 기계 · 기구에 대해서만 주요 구조 부분의 변경 또는 설치 · 이전 시 안전인증을 받도록 함(안 제34조).

마. 고용노동부장관은 근로자에게 암 등 중대한 건강장해를 일으킬 우려가 있는 화학물질을 제조 · 수입하는 자 등에게 해당 화학물질의 유해성 · 위험성을 조사하여 조사결과 등을 제출하게 하고, 제출된 조사결과 등을 검토하여 해당 화학물질을 제조 · 수입하는 자 등에게 근로자 건강장해 방지를 위해 필요한 조치를 명할 수 있도록 함(안 제40조).

바. 고용노동부장관이 근로자의 건강을 유지 · 증진하기 위한 시설을 설치 · 운영할 수 있는 법적 근거를 명확히 함(안 제61조제3호 신설).

[일부개정] [시행 2016. 10. 28] [법률 제13906호, 2016. 1. 27, 일부개정]

◇ 개정이유

현행 「산업안전보건법」에서는 50인 미만 사업장은 자율안전보건관리를 위한 안전보건관리책임자, 안전 · 보건관리자 선임의무가 없어 사업장의 자율적인 안전보건관리가 미흡하여 전체 재해의 약 80퍼센트 이상을 차지하고 있으며 이에 안전보건에 관한 사항에 대해 사업주를 보좌하여 업무를 수행하는 "안전보건관리담당자"제도를 신설하여 50인 미만 사업장의 안전보건관리체계 강화를 통한 산업재해 예방을 하려는 것이다.

건설공사는 당초 설정된 준공기한이 시공자의 입장에서 가장 중요한 고려사항이므로 설계변경, 기상악화, 천재지변 등에 의해 공사가 지연되더라도 준공기한을 맞추기 위해 무리하게 공사를 진행할 수밖에 없어 산재발생 위험이 증대하고 있음. 이에 시공자의 통제범위를 벗어나는 불가항력이나, 발주자의 귀책사유로 착공지연 또는 공사 중단 시 발주자가 공기연장 조치를 하도록 하려는 것이다.

또한 산업안전보건 위탁 교육기관은 별도의 등록절차가 없어 교육과정 및 인력 · 시설 · 장비가 부실한 위탁기관의 난립으로 교육의 질 저하가 발생하고 있으며 일부 안전보건 관련 기관 종사자에 대해서는 직무교육 의무가 없어 직무능력 저하로 인한 업무수행 부실문제 발생하므로 안전 · 보건교육을 위탁받고자하는 전문기관은 법령에서 정한 인력 · 시설 · 장비를 갖추어 고용노동부장관에게 등록하도록 하고, 정기평가 실시 및 등록 취소 사유 등의 근거를 마련하려는 것이다.

◇ 주요내용

가. 50인 미만 소규모 사업장에 「산업안전보건법」에서 정한 안전보건에 관한 사항에 대하여 사업주를 보좌하여 업무를 수행하는 '안전보건관리담당자제도'를 도입함(제16조의3).

나. 건설공사를 타인에게 도급하는 자는 발주자의 책임 또는 불가항력의 사유에 의하여 공사가 지연되어 수급인이 공사기간 연장을 요청하는 경우 공사기간 연장 조치를 하도록 함(제29조의4).

다. 안전ㆍ보건교육을 위탁받고자 하는 전문기관은 고용노동부장관에게 등록하도록 하고 등록된 전문기관에 대하여 정기평가 실시 및 등록 취소 사유 등의 근거를 마련함(제31조제5항 및 제6항, 제32조의2제1항 및 제32조의3).

[일부개정] [시행 2017. 10. 19] [법률 제14788호, 2017. 4. 18, 일부개정]

◇ 개정이유

도급인과 수급인이 같은 장소에서 행하여지는 사업이 증가하고 있으나, 도급인과 수급인을 통합하여 산업재해 현황을 공표하지 않고 있으므로 대통령령으로 정하는 사업장의 도급인이 사용하는 근로자와 수급인이 사용하는 근로자가 같은 장소에서 작업을 하는 경우에 도급인의 산업재해 발생건수 등에 수급인의 산업재해 발생 건수 등을 포함하여 고용노동부장관이 공표하도록 하려는 것이다.

또한, 산업현장에서 산업재해 발생 사실의 은폐 행위에 대한 제재를 강화하기 위하여 그 은폐 행위에 대한 형사처벌 규정을 신설하고, 같은 장소의 건설공사현장에서 전기공사 또는 정보통신공사의 작업과 그 밖의 건설공사 작업이 혼재함에 따라 발생할 수 있는 산업재해를 예방하기 위하여 안전보건조정자를 두도록 하며, 안전·보건상 유해하거나 위험한 작업을 도급하는 자가 사전에 수급인에게 안전ㆍ보건에 관한 정보를 제공하여야 하는 작업의 범위를 확대하는 한편, 안전관리전문기관 등 지정기관에 대한 관리·감독을 강화하기 위하여 평가 제도를 도입하는 등 현행 제도의 운영상 나타난 일부 미비점을 개선ㆍ보완하려는 것임.

◇ 주요내용

가. 고용노동부장관은 대통령령으로 정하는 사업장의 도급인이 사용하는 근로자와 수급인이 사용하는 근로자가 같은 장소에서 작업을 하는 경우에 도급인의 산업재해 발생 건수 등에 수급인의 산업재해 발생 건수 등을 포함하여 공표하도록 하려는 것임(제9조의2).

나. 산업재해가 발생한 경우 사업주에게 해당 사실을 은폐하지 아니하도록 의무를 부과하고, 이를 위반하여 산업재해 발생 사실을 은폐한 자와 해당 발생 사실을 은폐하도록 교사(敎唆)하거나 공모(共謀)한 자에 대해서는 1년 이하의 징역이나 1천만원 이하의 벌금에 처하도록 함(제10조제1항, 제68조제1호 신설).

다. 산업재해 예방에 필요한 안전 · 보건서비스 등을 제공하는 지정기관의 업무 수행 능력을 향상시키기 위하여 고용노동부장관은 안전관리전문기관, 보건관리전문기관, 지정검사기관 및 안전 · 보건진단기관에 대하여 평가하고 그 결과를 공개할 수 있도록 함(제15조제5항 · 제36조의2제6항 및 제49조제3항 신설, 제16조제3항 전단).

라. 전기공사 또는 정보통신공사를 포함하여 대통령령으로 정하는 규모의 건설공사를 발주한 자는 그 각각의 공사가 같은 장소에서 행하여지는 경우 해당 공사에 따른 작업의 혼재로 발생할 수 있는 산업재해를 예방하기 위하여 해당 건설공사현장에 안전보건조정자를 두도록 하고, 이를 위반한 경우에는 500만원 이하의 과태료를 부과하도록 함(제18조의2 신설, 제72조제4항제3호).

마. 안전 · 보건상 유해하거나 위험한 작업을 수행하는 수급인 근로자의 안전과 건강보호를 강화하기 위하여, 화학물질 등의 설비와 관련된 작업 외에 질식 또는 붕괴의 위험이 있는 작업에 대해서도 도급사업의 사업주가 그 수급인에게 안전 · 보건에 관한 정보를 사전에 제공하도록 함(제29조제5항).

바. 산재미보고에 대한 과태료를 현행 1천만원 이하에서 1,500만원 이하로 상향하고, 중대재해 미보고에 대해서는 3천만원 이하로 상향함(제72조제2항 및 제3항).

[일부개정] [시행 2018. 10. 18] [법률 제15588호, 2018. 4. 17, 일부개정]

◇ 개정이유

최근 제조업 중심의 산업사회가 서비스산업을 중심으로 빠르게 변화하면서 업무수행과정에서 자신의 감정을 절제하고 조직적으로 요구된 감정을 표현할 것이 요구되는 '감정노동'이 증가하고 있으며, 장시간 감정노동으로 정신적 스트레스 및 건강장해 등의 피해를 겪는 근로자가 늘어나는 실정임이다.

이에 사업주로 하여금 고객응대근로자에 대하여 고객의 폭언등으로 인한 건강장해를 예방하기 위한 조치를 마련하도록 하고, 고객응대업무에 종사하는 근로자에게 건강장해가 발생하거나 발생할 현저한 우려가 있는 경우에는 업무의 일시적 중단 또는 전환 등 대통령령으로 정하는 조치를 하도록 함으로써 감정노동근로자의 건강권을 보장하려는 것이다.

◇ 주요내용

가. 사업주로 하여금 고객응대근로자에 대한 고객의 폭언등으로 인해 발생하는 건강장해를 예방하기 위한 조치를 의무화함(제26조의2제1항 신설).

나. 고객의 폭언등으로 인해 고객응대근로자에게 건강장해가 발생하거나 발생할 현저한 우려가 있는 경우에 업무의 일시적 중단 또는 전환 등 대통령령으로 정하는 필요한 조치를 의무화하고, 조치를 하지 아니할 경우 1천만원 이하의 과태료를 부과함(제26조의2제2항 및 제72조제4항제1호의2 신설).

다. 고객응대근로자는 사업주에게 고객의 폭언등으로 인해 고객응대근로자에게 건강장해가 발생하거나 발생할 현저한 우려가 있는 경우에 업무의 일시적 중단 또는 전환 등 대통령령으로 정하는 필요한 조치를 요구할 수 있고, 사업주는 근로자의 요구를 이유로 해고, 그 밖에 불리한 처우를 해서는 아니 되며, 이를 위반한 경우 1년 이하의 징역 또는 1천만원 이하의 벌금에 처하도록 함(제26조의2제3항 및 제68조제2호의2 신설).

[전부개정] [시행 2020. 1. 16] [법률 제16272호, 2019. 1. 15, 전부개정]

◇ 개정이유

산업재해로 인한 사고사망자 수가 연간 천 여명에 이르고 있고, 이는 주요 선진국보다 2배 이상 높은 수준으로서 산업재해로 인한 피해는 당사자뿐만 아니라 국가적으로도 큰 손실을 초래한다.

이에 산업재해를 획기적으로 줄이고 안전하고 건강하게 일할 수 있는 여건을 조성하기 위하여 이 법의 보호대상을 다양한 고용형태의 노무제공자가 포함될 수 있도록 넓히고, 근로자가 작업을 중지하고 긴급대피할 수 있음을 명확히 규정하여 근로자의 작업중지권 행사를 실효적으로 뒷받침하고자 한다..

또한, 근로자의 산업 안전 및 보건 증진을 위하여 도금작업 등 유해·위험성이 매우 높은 작업에 대해서는 원칙적으로 도급을 금지하고, 도급인의 관계수급인 근로자에 대한 산업재해 예방 책임을 강화하며, 근로자의 안전 및 건강에 유해하거나 위험한 화학물질을 국가가 직접 관리할 수 있도록 하고, 그 밖에 법의 장·절을 새롭게 구분하며 법 조문을 체계적으로 재배열하여 국민이 법 문장을 이해하기 쉽도록 하기 위하여 「산업안전보건법」을 전부개정하려는 것임.

◇ 주요내용

가. 법의 보호대상을 확대(제1조, 제77조부터 제79조까지 등)

1) 최근 변화된 노동력 사용실태에 맞게 법의 보호대상을 넓히려는 입법취지를 명확히 하기 위하여 이 법의 목적을 노무를 제공하는 자의 안전 및 보건을 유지·증진하는 것으로 확대함.

2) 특수형태근로종사자의 산업재해 예방을 위하여 그로부터 노무를 제공받는 자는 특수형태근로종사자에 대하여 필요한 안전조치 및 보건조치를 하도록 하고, 이동통신단말장치로 물건의 수거·배달 등을 중개하는 자는 물건을 수거·배달 등의 노무를 제공하는 자의 산업재해 예방을 위하여 필요한 안전조치 및 보건조치를 하도록 함.

3) 가맹본부는 가맹점사업자에게 가맹점의 설비나 기계, 원자재 또는 상품 등을 공급하는 경우에 가맹점사업자와 그 소속 근로자의 산업재해 예방을 위하여 가맹점의 안전 및 보건에 관한 프로그램을 마련·시행하도록 하는 등 일정한 조치를 하도록 함.

나. 근로자에게 작업중지권 부여와 실효성 확보수단 마련(제52조)

산업재해가 발생할 급박한 위험이 있는 경우에는 근로자가 작업을 중지하고 대피할 수 있음을 명확히 규정하고, 산업재해가 발생할 급박한 위험이 있다고 근로자가 믿을 만한 합리적인 이유가 있을 때에는 작업을 중지하고 대피한 근로자에 대하여 해고나 그 밖의 불리한 처우를 금지하도록 함.

다. 도금작업 등 유해·위험한 작업의 도급금지(제58조)

유해성·위험성이 매우 높은 작업의 사내도급 등 외주화로 인하여 대부분의 산업재해가 수급인의 근로자에게 발생되고 있는 문제점을 개선하기 위하여, 지금까지 사업주 자신의 사업장에서 도금작업 등 유해·위험성이 매우 높은 작업을 고용노동부장관의 인가를 받으면 도급할 수 있던 것을, 앞으로는 사업주 자신의 사업장에서 그 작업에 대한 도급을 원칙적으로 금지하되, 일시·간헐적으로 작업을 하는 등의 경우에만 도급할 수 있도록 함.

라. 도급인의 산업재해 예방 책임 강화(제63조 및 제65조제4항)

1) 관계수급인 근로자에 대하여 도급인이 안전조치 및 보건조치를 하여야 하는 장소를 도급인의 사업장뿐만 아니라 도급인이 제공하거나 지정한 장소로 확대하여 도급인의 관계수급인에 대한 산업재해 예방 책임을 강화함.

2) 도급인이 폭발성·발화성·인화성·독성 등의 유해성·위험성이 있는 화학물질을 제조·사용·운반·저장하는 저장탱크 등으로서 고용노동부령으로 정하는 설비를 개조·분해·해체 또는 철거하는 작업 등을 수행하는 수급인에게 관련 안전 및 보건에 관한 정보를 제공하지 아니하는 경우에는 수급인은 해당 도급 작업을 하지 아니할 수 있고, 계약의 이행 지체에 따른 책임을 지지 아니하도록 함.

마. 물질안전보건자료의 작성·제출 등(제110조 및 제112조 등)

1) 현재 화학물질 및 이를 함유한 혼합물을 양도하거나 제공하는 자가 이를 양도받거나 제공받는 자에게 물질안전보건자료를 작성하여 제공하도록 하였으나, 앞으로는 해당 화학물질 등을 제조하거나 수입하는 자가 물질안전보건자료를 해당 물질을 양도받거나 제공받는 자에게 제공하도록 하는 외에 고용노동부장관에게도 제출하도록 함으

로써 국가가 근로자의 건강장해를 유발하는 화학물질에 대한 관리를 강화하여 산업재해를 예방하고 건강장해를 유발하는 사고에 대하여 신속히 대응하도록 함.

2) 현재 화학물질 등을 양도하거나 제공하는 자는 영업비밀로서 보호할 가치가 있다고 인정되는 화학물질 등에 대하여 물질안전보건자료에 스스로 판단하여 적지 아니할 수 있었으나, 앞으로는 영업비밀과 관련되어 화학물질의 명칭 및 함유량을 적지 아니하려는 자는 고용노동부장관의 승인을 받아 그 화학물질의 명칭 및 함유량을 대체할 수 있는 자료를 적도록 함.

바. 법 위반에 대한 제재 강화(제167조)

안전조치 또는 보건조치 의무를 위반하여 근로자를 사망하게 한 자에 대하여 7년 이하의 징역 또는 1억원 이하의 벌금에 처하도록 하던 것을, 앞으로는 제1항의 죄로 형을 선고받고 그 형이 확정된 후 5년 이내에 다시 같은 죄를 범한 자는 그 형의 2분의 1까지 가중처벌을 할 수 있도록 함.

사. 그 밖에 법의 체계 정비

법의 장·절을 새롭게 구분하고, 위임근거가 필요한 경우 그 근거를 마련하며, 법 조문을 체계적으로 재배열하는 등 법 체계를 일괄적으로 정비함으로써 국민이 법 문장을 이해하기 쉽게 함.

[일부개정] [시행 2020. 3. 31] [법률 제17187호, 2020. 3. 31, 일부개정]

◇ 개정이유

국가전문자격증을 대여·알선 등을 통해 돈벌이 수단으로 악용하는 것을 방지하기 위하여 산업안전지도사와 산업보건지도사의 자격증의 대여·알선 등을 한 자에 대한 제재를 강화하고, 산업체에서 현장실습을 실시하고 있는 현장실습생의 안전도 근로자와 같은 수준으로 보호하기 위하여 「산업안전보건법」상의 안전·보호 관련 주요 규정을 현장실습생에 적용하도록 하는 한편, 이수명령의 실효성을 확보하기 위하여 이수명령 이행지시에 불응한 경우에 대한 벌칙을 신설하는 등 현행 제도의 운영상 나타난 일부 미비점을 개선·보완하려는 것임.

◇ 주요내용

가. 산업안전지도사와 산업보건지도사 자격증 · 등록증의 대여 · 알선 행위 등을 금지하고, 이를 위반한 경우 1년 이하의 징역 또는 1천만원 이하의 벌금을 부과하도록 함(제153조제2항 및 제170조제7호 · 제8호 신설).

나. 현장실습을 받기 위하여 현장실습산업체의 장과 현장실습계약을 체결한 직업교육훈련생에 대해서는 제5조(사업주 등의 의무), 제29조(근로자에 대한 안전보건교육) 등의 조항을 적용하도록 특례 규정을 신설함(제166조의2 신설).

다. 이수명령을 부과받은 사람이 보호관찰소의 장 등의 이수명령 이행에 관한 지시에 불응하여 경고를 받은 후 재차 정당한 사유 없이 이수명령 이행에 관한 지시에 불응한 경우에 대한 벌칙 조항을 신설함(제170조의2 신설).

라. 수강명령은 형의 집행을 유예하는 경우에 그 집행유예기간 내에서 병과하고, 이수명령은 벌금 이상의 형을 선고하거나 약식명령을 고지하는 경우에 병과하도록 함(제174조제2항 신설).

[일부개정] [시행 2020. 6. 9] [법률 제17433호, 2020. 6. 9, 일부개정]

◇ 개정이유 및 주요내용

산업재해를 예방하고 법률의 실효성을 확보하기 위하여 안전보건교육 대상이 되는 근로자의 범위를 명확히 하고, 중대재해 발생 시 해당 사업장에 대한 작업중지 명령 위반, 도급인의 사업장에 대한 작업환경측정 의무 위반에 대한 벌칙을 신설하는 등 현행 제도의 운영상 나타난 일부 미비점을 개선 · 보완하려는 것이다.

[일부개정] [시행 2021. 10. 14] [법률 제18039호, 2021. 4. 13, 일부개정]

◇ 개정이유 및 주요내용

현행법은 주로 고객을 직접 대면하거나 정보통신망을 통해 상품을 판매하거나 서비스를 제공하는 업무에 종사하는 고객응대근로자 보호에 한정하여 사업주 조치기준을 규정하고 있음.

이에 따라 주로 고객을 응대하는 근로자에 해당하지 않더라도 업무를 수행하는 과정에서 고객의 폭언, 폭행 등에 노출될 수 있는 근로자에 대해서는 보호장치가 미흡함.

이에 근로자가 업무와 관련하여 다른 사람의 폭언 등으로 인하여 건강장해가 발생하거나 발생할 현저한 우려가 있는 경우 사업주에게 업무 일시 중단 등 조치를 하도록 하고, 근로자는 사업주에게 관련 조치를 요구할 수 있도록 하는 한편, 근로자의 요구를 근거로 해고 또는 불리한 처우를 할 수 없도록 의무화하여 근로자가 안전하고 존중받는 근무환경에서 일할 수 있도록 하는 여건을 조성하려는 것임.

[일부개정] [시행 2021. 11. 19] [법률 제18180호, 2021. 5. 18, 일부개정]

◇ 개정이유

산업안전보건의 중요성에도 불구하고 현재 지방자치단체 차원에서 산업재해 예방을 위한 활동 수행의 근거가 없어 각 지역별 특성에 맞는 산업재해 예방 대책 수립 및 업무 수행이 어려운 문제점이 지적되고 있음. 이에 지방자치단체가 관할 지역의 산업재해 예방을 위한 대책을 수립·시행하도록 하고, 관련 교육, 홍보 및 사업장 지도 등 필요한 조치를 할 수 있는 근거를 마련한다.

아울러, 현재 건설업, 제조업 등의 사업장에서 관계수급인의 혼재작업으로 인한 안전사고가 발생하고 있는 만큼 이에 관한 도급인의 구체적인 역할이 필요하나, 현행법에서는 이에 관한 별도의 규정이 없음. 이에 도급인으로 하여금 관계수급인의 혼재작업으로 인한 위험을 최소화하기 위하여 작업 시기·내용 및 보건조치 등을 확인 또는 조정하도록 의무화하는 등 안전관리에 필요한 입법적 사항을 마련한다.

한편, 현재 산업안전보건 관리자의 전담규정은 하위법령에서 관련 내용을 정하고 있어 제재가 어려운 미비점 등이 있으므로 현행 제도상의 개선사항을 보완하여 산업안전 관리 강화에 필요한 기반을 구축하려는 것임이다.

◇ 주요내용

가. 지방자치단체에 관할 지역의 산업재해 예방을 위한 대책을 수립·시행하도록 책무를 부여하고, 지방자치단체의 장은 관할 지역 내에서의 산업재해 예방을 위하여 자체 계획의 수립, 교육, 홍보 및 안전한 작업환경 조성을 지원하기 위한 사업장 지도 등 필요한 조치를 할 수 있도록 근거를 마련함(제4조의2 및 제4조의3 신설).

나. 대통령령으로 정하는 규모에 해당하는 사업장의 사업주에게 안전관리자와 보건관리자가 그 업무만을 전담하도록 할 의무를 부여하고, 위반 시에는 500만원 이하의 과태료를 부과함(제17조제3항, 제18조제3항 신설 및 제175조제5항제1호).

다. 도급인은 같은 장소에서 이루어지는 도급인과 관계수급인 등의 작업에 있어서 관계수급인 등의 작업시기 · 내용, 안전 및 보건 조치 등을 확인하고, 작업 혼재로 인하여 화재 · 폭발 등 위험이 발생할 우려가 있는 경우 작업 시기 · 내용 등을 조정하도록 함(제64조제1항제7호 · 제8호 신설).

라. 건설공사발주자로 하여금 안전보건 분야 전문가에게 안전보건대장에 기재된 내용의 적정성 등을 확인받도록 하고, 설계자 및 건설공사를 최초로 도급받은 수급인이 건설현장의 안전을 고려하여 설계 · 시공 업무를 수행할 수 있도록 적정한 비용과 기간을 계상 · 설정하도록 함(제67조제2항 · 제3항 신설).

마. 산업재해 예방활동에 따른 보조금 · 지원금의 부정수급 관리를 강화하기 위하여 제재부가금의 상한을 지급받은 금액의 5배 이내로 상향하고, 지급제한 기간을 5년으로 상향함(제158조제3항 · 제4항).

바. 신규화학물질 유해성 · 위험성 조사보고서 미제출 시 과태료 부과 액수를 현행 300만원에서 500만원으로 상향함(제175조제5항제4호의2 신설).

[일부개정] [시행 2022. 8. 18.] [법률 제18426호, 2021. 8. 17., 일부개정]

◇ 개정이유

현행법령상 중 · 소규모 건설현장의 산업재해 예방을 위한 지도계약은 건설공사도급인이 지도기관과 직접 계약을 체결하고, 지도기관은 그 대가를 건설공사도급인으로부터 지급받게 됨으로써 적정 지도가 이루어지지 않는 등 독립성 확보가 어려운 상황임. 이에 건설 산업재해 예방 지도계약을 체결해야 하는 계약주체를 건설공사도급인에서 건설공사발주자 또는 건설공사의 시공을 주도하여 총괄 · 관리하는 자로 변경하여 산업재해 예방 지도가 보다 실효성 있게 이루어지도록 하려는 것임.

아울러, 현행법은 사업주의 휴게시설 설치 의무에 관한 별도의 규정을 두고 있지 않고, 고용노동부령인 「산업안전보건기준에 관한 규칙」에서 이를 정하고 있어 제재가 이루어지지 않는 등 근로자의 건강권 확보가 어려운 상황임. 이에 사업주의 휴게시설 설치 의무를 법에서 직접 규정하되, 사업의 종류 및 상시 근로자 수 등 대통령령으로 정하는 기준에 해당하는 사업장의 사업주는 설치 · 관리기준에 맞는 휴게시설을 갖추도록 의무화하려는 것임.

한편, 도급인이 수급인의 휴게시설 설치 등을 위해 필요한 장소를 제공하는 등 협조의무를 이행하지 않은 경우의 벌금 부과는 사업주의 휴게시설 설치 의무 위반에 따른 제재수준에 비하여 과도한 측면이 있어 과태료로 전환하는 등 현행법상의 미비점을 함께 보완함.

◇ 주요내용

가. 대통령령으로 정하는 건설공사의 건설공사발주자 또는 건설공사의 시공을 주도하여 총괄 · 관리하는 자가 건설재해예방전문지도기관과 건설 산업재해 예방 지도계약을 직접 체결하도록 하고, 계약을 체결한 건설재해예방전문지도기관에게는 지도 실시 의무를, 건설공사도급인에게는 지도에 따른 조치의무를 부과하며, 이를 위반한 경우 각각 300만원 이하의 과태료를 부과함(제73조제1항 · 제2항, 제175조제6항제6호 · 제6호의2).

나. 사업주는 근로자(관계수급인의 근로자를 포함)가 휴식시간에 이용할 수 있는 휴게시설을 갖추도록 하고, 사업의 종류 및 상시 근로자 수 등 대통령령으로 정하는 기준에 해당하는 사업장의 사업주는 고용노동부령으로 정하는 설치 · 관리기준에 맞는 휴게시설을 갖추도록 하며, 이를 위반한 경우 휴게시설 미설치에 대하여는 1천500만원 이하의 과태료를, 휴게시설 설치 · 관리기준 미준수에 대하여는 1천만원 이하의 과태료를 부과함(제128조의2, 제175조제3항제2호의3 및 제175조제4항제6호의2 신설).

다. 관계수급인 근로자가 도급인의 사업장에서 작업을 하는 경우로서 위생시설 등 고용노동부령으로 정하는 시설의 설치 등을 위하여 필요한 장소의 제공 또는 도급인이 설치한 위생시설 이용의 협조를 하지 않은 경우에는 1천500만원 이하의 과태료를 부과하도록 함(제172조, 제175조제3항제2호의2 신설).

CHAPTER 3

재해 이론

3.1 도미노 이론

3.2 수정 도미노 이론

3.3 재해비용

3.1 도미노 이론

산업재해가 발생하는 원인에 대해서 그간 많은 이론화 노력이 이루어져 왔다, 산업재해가 발생하기까지 어떤 물적·인적·환경적 요인들이 어떤 과정의 상호작용을 거쳐 어떤 영향을 초래하는지에 대해 학자들은 그간 다양한 이론을 발표해왔다, 그 가운데 대표적인 것중 가장 널리 알려진 산엽재해 발생이론은 하인리히(Herbert W. Heinrich)가 주창한 이른바 '도미노이론' (Domino Theory) 이다. 그에 따르면 사고는 단순히 돌발적으로 발생하는 것이 아니라, 사고에 이르기까지 관련된 여러 과정이 순차적으로 도미노 효과률 일으키기 때문에 발생한다. 그는 보험회사에 근무하면서 관찰한 사례들을 분석하고 유형화한 결과, 다음의 다섯 과정으로 도미노 효과가 발생한다고 주장하였다.

허버트 하인리히는 1931년에 발간된 자신의 책에서, 산업재해로 인해 중상자가 1명 나올 경우 그 전에 같은 원인으로 발생한 경상자가 29명 있었고, 부상을 당하지는 않았지만 같은 원인으로 경미한 사고를 겪었던 사람이 무려 300명 있었다는 사실을 밝혔다. 다시 말해 중상major injury과 경상minor injury, 그리고 부상이 발생하지 않은 사고no-injury accident의 발생 비율이 1 : 29 : 300이었다는 것이다. 오늘날 1 : 29 : 300 법칙은 그의 이름을 따서 '하인리히 법칙Heinrich's Law'이라 일컬어진다.

1 : 29 : 300 법칙으로 산업재해의 횟수를 '강도별'로 제시했던 허버트 하인리히는 산업재해 발생의 원인을 또 다른 숫자로 제시했다. 이른바 2 : 10 : 88 법칙이다. 사고가 발생하는 세 번째 요인 중에서 산업재해의 88퍼센트는 인간의 불안전한 행위 때문에 발생하고, 10퍼센트는 안전하지 못한 기계적? 신체적 상태 때문에, 나머지 2퍼센트는 아무리 노력해도 막을 수 없는 이유 때문에 발생한다는 것이다.

세계적인 물류기업 페덱스FedEx는 1990년에 서비스 부문에서 최초로 이 상을 수상했다. 페덱스는 최상의 서비스 수준을 유지하기 위해 1 : 10 : 100의 법칙을 철저히 적용하고 있다. 이 법칙의 의미는 간단하다. 불량이 생길 경우 즉시 고치는 데는 1의 원가가 들지만, 책임소재를 규명하거나 문책당할 것이 두려워 불량 사실을 숨기고 그대로 기업문을 나서면 10의 비용이 들며, 이것이 고객 손에 들어가 클레임 건이 되면 100의 비용이 든다는 것이다. 다시 말하면 작은 실수를 그대로 내버려뒀을 경우 그 비용이 작게는 10배, 크게는 100배까지 불어나는 큰 문제로 비화된다는 뜻이다. 이러한 페덱스의 1 : 10 : 100 법칙은 품질경영 부문에서 이미 교과서처럼 인식되고 있다.

타이타닉 호에 준비되어 있던 구명정은 총 20척으로, 여기에 정원대로 모두 태웠더라면 1,178명이 살 수 있었다. 그러나 첫 번째 구명정에는 정원 65명 중 28명만 탔으며, 두 번째 구명정에도 37명만이 탔을 뿐이었다. 선장이 여자와 아이들을 먼저 태우라는 명령을 내려 남성들은 일단 제외했는데, 여자와 아이들이 칠흑같은 어둠 속에서 구명정에 오르기를 두려워하여 빈자리가 생겨버린 것이다. 물론 여성과 아이를 배려한 것은 잘한 결정이었지만, 자리가 비어 있으면 당연히 남성을 더 태웠어야 했다. 결국 구명정은 정원에 훨씬 못 미치는 711명만을 구조하는 데 그쳤다.

물론 탑승 정원을 채우지 않고 먼저 떠난 구명정들이 생존자를 구하기 위해 타이타닉 호 쪽으로 다시 돌아올 수도 있었다. 실제로 이들은 다시 배로 돌아가 사람들을 구할지 말지에 대해 투표를 하기도 했다. 그러나 이들은 돌아가지 않기로 결정했다. 배로 돌아갈 경우, 너무 많은 사람들이 구명정으로 몰려들어 모두가 위험에 빠질 수 있었기 때문이다. 마지막에 떠났던 몇 척의 구명정만이 정원 65명을 모두 채웠다. 그중에는 70명이 탄 구명정도 있었다. 그런 상황에서도 두 척의 구명정은 여전히 배에 매달려 있었다.

이렇듯 하인리히의 사고 연쇄 반응 이론은 안전사고 및 산업 재해는 밀접한 관계를 가지는 5가지의 요인에 의해 연쇄적으로 발생 도미노와 같이 한 요소가 잘못되면 다음 단계가 순차적으로 연결, 발생 되며 최종적으로 재해 발생한다고 하였다.

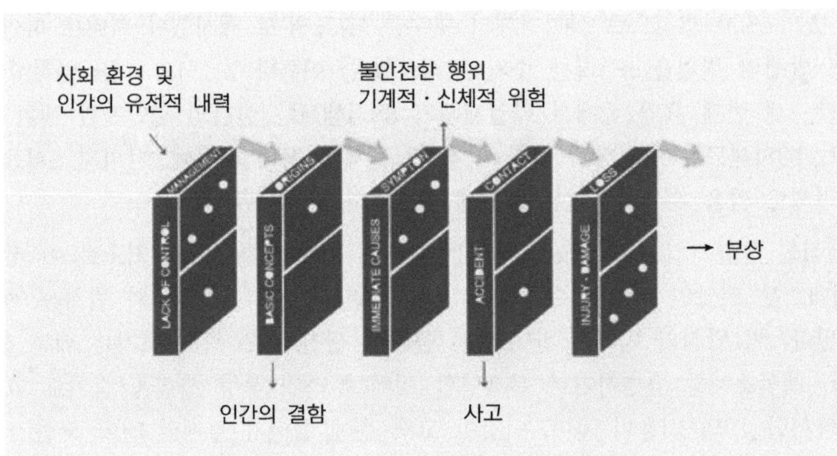

(1) 재해 발생 5단계

〈하인리히(W.H.Heinrich) 도미노 이론〉

(보험 분석 전문가인 Heinrich의 사고 연쇄 이론)

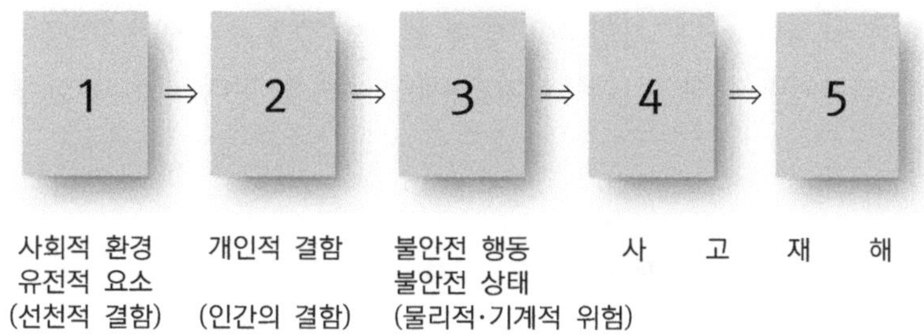

① **사회적 환경 및 유전적 요소** : 성장 환경 및 선천적이고 유전적인 특성, 개인의 성향과 특성에 영향을 미칠 수 있는 모든 영향 요소들

② **개인적인 결함** : 작업자 개인의 정서적, 신체적 결함은 직접적인 원인을 유발하는 요인이 됨

③ **불안전한 행동 및 상태**(인적 원인 & 물적원인) : 위험한행동 및 불안전한 작업 도구와 환경 〈직접원인〉

④ **사고** : 인간의 의도를 반하는 의도치 못한 사건

⑤ **재해** : 인명손실 및 재산손실과 같은 여러 형태의 상해 및 손실

(2) 상해재해구성비율 1 : 29 : 300 법칙

상해재해구성법칙은 330건 중 중상 1건, 경상 29건 무재해사고 300건► 중상 재해 저변에는 다수의 경상 및 무상해 사고 존재한다는 이론이다.

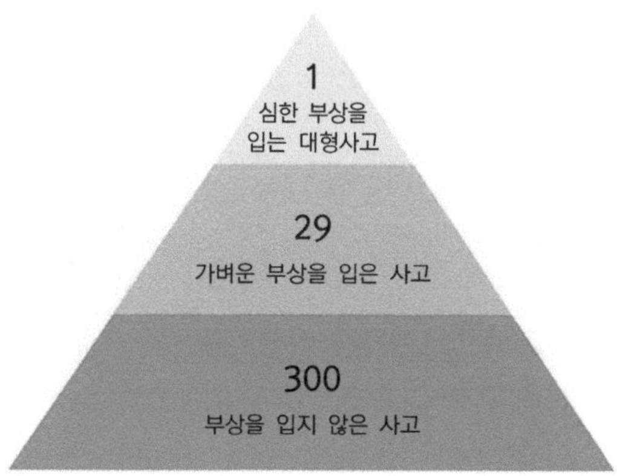

3.2 수정 도미노 이론

Frank Jr. Bird의 수정 도미노 이론을 제시하였다. 재해의 근본적인 원인은 작업자의 불안전한 행동 때문이 아닌, 사업주의 통제 관리의 부족으로 발생한다는 것이며, 사고의 직접 원인은 불안전한 상태 및 행동이지만 재해 예방을 위해 기본 원인 제거를 주장하는 이론이다.

유전, 사회적 결함 → 개인적 결함 → 직접원인 → 사고 → 재해

근본원인(관리상의 결함) → 기본원인(4M) → 직접원인 → 사고 → 재해

(1) 재해의 기본원인 4M

- Men(인적요인) : 작업자의 지식이나 기능의 부족, 육체적·정신적 결함
- Machine(기계적요인) : 설비 및 장비 결함
- Media(물질·환경적요인) : 작업자와 사용하는 설비사이의 불충분한 정보 및 부적합한 작업 환경
- Management(관리적요인) : 안전관리조직, 안전규정, 교육훈련, 관리감독 실패

(2) 재해 발생 5단계

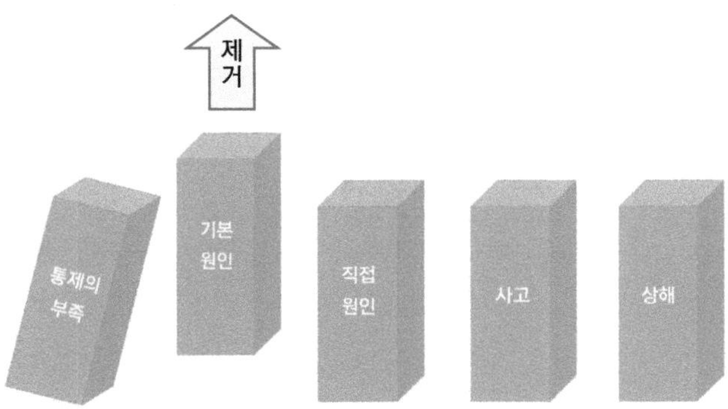

버드의 도미노 이론

① 제어 및 통제의 부족 : 경영자, 관리자의 안전 관리 실패

② 기본원인(기원) : 인적요인, 설비적요인, 작업적요인, 관리적요인 - 4M(Men, Machine, Media, Management)

③ 직접원인(징후) : 불안전한 행동 또는 불안전한 상태 (인적원인 & 물적요인)

④ 사고(접촉)

⑤ 상해(손실)

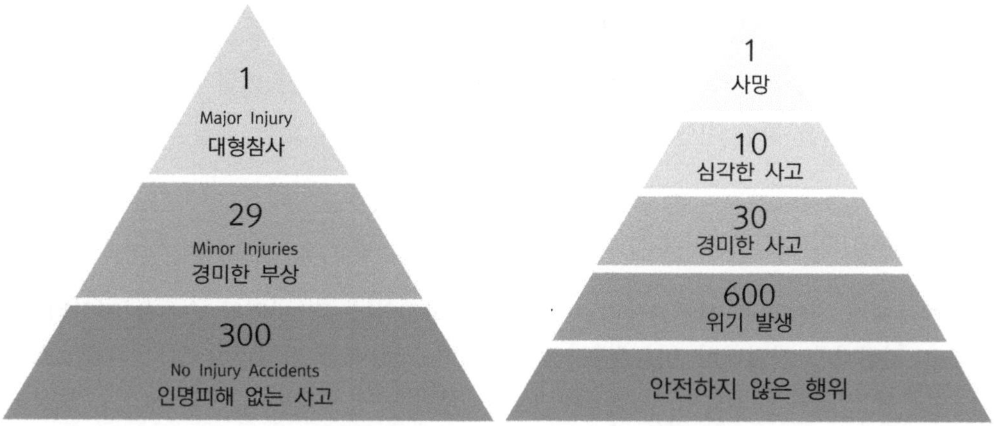

버드, 상해재해구성 비율 1 : 10 : 30 : 600 법칙으로 설명- 641건 중 사망 1건, 경상 29건, 물적 피해 사고 30건, 아차사고 600건 발생 vs 하인리히; 1(중상): 29(경상) : 300(부상 없는 사고)

3.3 재해비용

재해코스트란 재해로 인해 경영자가 입는 경제적 손실 비용을 뜻한다. 근로자의 경제적 피해는 재해코스트 범위에 포함되지 않으며, 동료나 친척 등의 제 3자의 경제적 손실도 포함하지 않는다.

재해가 기업 경영에 미치는 경제적 손실은 다음과 같다.

① 부상자의 요양, 휴업, 장해 등의 보상비 또는 사망했을 경우에 유족 보상비나 장제료 지불
② 부상 또는 사망자를 대신하여 새로운 작업자를 고용할 때 교육훈련을 위한 경비
③ 사고현장의 뒤처리 또는 처치 등을 위해 작업을 중단하는데 따른 작업진행의 정체 및 임금의 지불
④ 재해에 의한 건물, 기계, 기구 등의 파손이나 원재료, 설비품 등의 낭비
⑤ 재해에 의한 직장의 근로의욕 침체와 생산성 저하에 의한 손실
⑥ 재해에 의한 작업 지연으로 인한 거래처의 신용추락에 의한 손실

(1) 하인리히(H. W. Heinrich)방식

피해자에게 지불되는 산재보상비는 직접비로 구분하며 그 이외의 손실은 간접비로 구분하고 직접비와 간접비의 비율은 1 : 4가 되며 직접비와 간접비의 합이 재해코스트이다. 여기서 직접비는 치료비, 휴업급여, 장해보상비, 유족보상비 등 직접적으로 보상하는데 소모되는 비용을 뜻하며, 간접비는 직접비를 제외한 모든 비용을 뜻한다.

① 인적손실 : 부상자의 시간 손실, 작업 중단에 의한 인적 시간 손실
② 물적손실 : 기계/기구, 공구, 재료, 시설의 복구에 소비된 시간 손실 및 재산 손실
③ 생산손실 : 생산감소, 생산중단, 판매감소 등에 의한 손실
④ 특수손실 : 근로자의 신규채용, 교육 훈련비, 섭외비 등에 의한 손실
⑤ 기타손실 : 병상 위문금, 여비 및 통신비 등

총 재해비용 = 직접손실비(1) + 간접손실비(4)

(2) 하인리히 재해코스트 산정의 문제점

① 재해자가 소비한 시간손실보다 타인의 시간손실(동료 종업원이나 관리감독자 등)에 의한 비용이 더 많이 발생

② 사고로 인한 납기지연 및 공기지연에 따르는 위약금, 신뢰성의 상실에 따른 주문 취소에 의한 손실이 많이 나타남

③ 대부분의 간접비는 발생 횟수는 적으나 많은 손실을 가져오는 중상해보다는 건 수당 손실은 적더라도 발생 횟수가 많은 경상해로 이어짐

④ 직접비는 없고 간접비만 발생하는 특수한 사례가 많음

⑤ 하인리히의 1 : 4의 비율 연구는 1926년에 처음으로 행해졌으나, 산출방법의 정확성이 결여되어 있어 다른 산출방법들이 제시되었음

(3) 버드(F. E. Bird's)방식

재해코스트를 직접비와 간접비로 나누어 이 비율을 1 : 5로 측정한 것으로 간접비의 빙산 원리를 주장

① 하인리히 방식보다 간접비 비율이 더 높게 나타남

② 직접비는 보험비용으로 상해사고나 관련된 의료비, 보상비를 뜻함

③ 간접비는 비보험 재산손실비용과 비보험 기타손실비용의 합

④ 비보험 재산 손실비용 : 기구 및 장비손실, 제품 및 재료손실 등 측정 가능한 비용

⑤ 비보험 기타 손실비용 : 시간, 교육 등의 측정이 불가능한 비용

(4) 콤패스(Compes)방식

재해코스트를 개별비용비와 공용비용비의 합으로 계산한다. 여기서 개별비용비란 직접적으로 발생한 손실을 말하며, 공용비용비는 보험료, 기업명예비 등의 추상적 비용을 말한다.

(5) 시몬즈(R. H. Simonds)방식

1년간 발생한 전체 재해의 총계를 개산하여 구하며 코스트 전체를 보험코스트와 비보험코스트로 나누는 방식이다. 여기서 보험코스트란 재해보상비에 해당하는 것뿐만 아니라, 회사가 지불하는 보험금의 총액을 뜻한다. 비보험코스트는 재해를 4종으로 나눠 각 분류에 들어가는 재해사고를 수집하여 피재자, 동료의 임금손실 훈련코스트 등에 대해 조사하여 그 평균치를 1건당의 비보험코스트로하여 재해사고 건수를 곱해 합계하여 비보험코스트의 총계를 구한다.

① 휴업상해 × A

② 통원상해건수 × B

③ 구급상해건수 × C

④ 무상해건수 × D

※ A, B, C, D는 비보험 코스트의 평균치

CHAPTER 4

시스템안전

4

4.1 시스템안전이란?

인간은 도구를 만들고 이용할 줄 아는 동물이다. 이러한 특성을 일컬어 인류학자들은 Homo Faber 즉, 공작인(工作人)이라고 하였다. 이것은 다시 말해 인간이 끊임없이 새로운 기술을 개발하는 특성을 가지고 있다는 의미로 해석될 수 있는데, 우리는 새로운 기술들의 편리함과 긍정적인 면에만 집착한 나머지, 그 생산기술들의 부정적인 면을 간과하는 경향이 높다. 예를 들어, 스티븐슨이 증기기관을 개발하고 상업용 증기기관차를 운행하기 시작하였지만, 운행개시를 기념하는 첫날의 기념식에서 열차사고에 의한 최초의 사망자가 발생하였다는 것은 잊혀져 버린 좋은 예이다.

나날이 기술이 발전하고 살기 좋아진다고 하는데도 불구하고, 여전히 잠재적 위험이 존재하며 끊임없이 크고 작은 사고가 발생하는 이유는 무엇일까? 그 이유는 대체로 다음의 세 가지로 요약될 수 있다.

첫째, 기술개발에 따른 위험성 때문이다(기술· 환경· 관리적 조건). 보일러, 다이너마이트, 용접기술, 석유화학 등의 역사가 보여주는 것처럼 첨단기술의 개발에는 대형사고가 다발한다. 이것은 과거에 존재하지 않았던 새로운 과학기술을 개발하는 과정에서 해당분야 기술자의 전문지식으로도 예상할 수 없는 재해가 발생하는 경우로서, 기술이 고도화되고 전문화될수록 이러한 사고가 발생할 가능성은 더욱 높다.

둘째, 부식· 열화에 기인하는 사고이다(물적 요인). 부식에는 의외성이 있어 예상외로 부식속도가 빠른 경우는 고장이 발생할 수도 있다. 특히 수소침식 등과 같은 재료의 질적 열화는 현재의 비파괴검사로도 판별할 수 없는 경우가 많다. 비파괴검사에서 빠뜨리는 작은 결함 또는 부식이나 열화로부터 생기는 결함의 성장에 의해 치명적인 재해사고가 되는 경우가 있다.

셋째, 반복되는 인간과오로 인한 사고이다(인적 요인). 이제까지 보고된 바에 따르면, 아무리 자동화된 시스템이라 할지라도 인간의 손이 필요치 않은 시스템이란 있을 수 없다. 왜냐하면, 시스템의 고장을 수리한다든지, 정기적· 부정기적으로 보전활동을 한다든지, 더 나은 성능을 지닌 시스템으로 개수한다든지, 또는 예상치 못한 상황에 대처하는 것은 전적으로 인간의 역할이기 때문이다. 보고된 바에 따르면 석유화학 플랜트 등의 사고 중 54%가 오조작에 의한 것이라고 하고, 지난 40년간 발생한 항공기사고 중 76.5%가 인간의 판단을 가장 많이 요하는 이착륙시에 발생하였다고 하며, 전자장치의 경우 인간과오로 인한 기능장애가 50%~70%에 이른다고 하니 인간과오의 심각성을 충분히 짐작할 수 있다.

이러한 원인들로 인해 우리들이 사는 세상에는 끊임없이 크고 작은 사고가 발생하고 있다. 물론 사고나 위험을 원하는 사람은 없으므로, 스스로의 재산과 안전을 도모하기 위해 여러 가지 노력을 하고는 있다. 그러나 앞에서 살펴본 잠재적 위험성이 언제나 모두 사고나 재해로 발전하는 것은 아니다. 잠재적 재해 가능성은 시스템의 운용상황이나 기능 특성에 따라 중대재해로부터 무상해 사고에 이르기까지 다양한 형태의 재해로 발전할 수 있다.

더욱이 최근에는 생산기술이 날로 복잡해짐에 따라, 아주 작은 기계 부품의 고장이라든가, 작업자의 사소한 실수가 점차 확대되어 대형재해가 되는 경우가 적지 않다.

이와 같이 복잡하고 다양한 형태의 재해에 대해서는 단순히 개별적인 재해원인에 대한 대책을 세울 것이 아니라, 인간과 기계로 구성된 생산 시스템의 특성을 면밀히 파악하고 그 안에 상존하고 있는 잠재적 위험성을 발굴해 내서, 재해요인들간의 상호 관련성이나 재해 발생 메카니즘을 구명하는 방법을 통해 종합적인 안전대책을 강구해야 한다. 이러한 재해사고예방 노력을 시스템 안전공학(system safety engineering)이라고 한다.

그런데, 여기에서 말하는 시스템(system)이란 무엇일까? 시스템을 정의하는 데에는 여러 가지 주장이 있지만 대체로 다음과 같은 속성을 지니는 것이 일반적이다.

① 여러 개의 부품이나 구성요소로 구성되어 있어야 한다. 단 하나의 요소만 있다면 그것은 하나의 요소일 뿐이지, 시스템이 아니다.

② 두 개 이상의 요소들은 서로 공통적인 목적을 가지고 있어야 한다. 같은 목적을 가지지 못하는 요소들은 하나의 시스템이라고 볼 수 없다.

③ 구성요소들은 공통의 목적을 위해 서로 긴밀하고 유기적인 관계를 유지하고 있어야 한다. 긴밀한 상호작용이 없다면 그것은 별개의 요소들일뿐이다.

④ 시스템에는 반드시 운용환경과 운용조건이 전제되어야 한다. 어떤 목적에도 만능인 시스템이란 있을 수 없다.

그러면 안전(safety)이란 무엇인가? 안전이란 사람이 상해를 당하지도 않고, 사물도 손상· 손해를 입지 않으며, 더욱이 그러한 위해를 당할 염려가 없는 상태를 말한다. 다시 말해 사건(incident)· 사고(accident)가 없음은 물론 위험성(hazard) 조차 없는 상태를 말하는데, 위험성이 사건이나 사고로 발전하기 위해서는 반드시 자극(stimuli)을 필요로 한다.

결과적으로 이렇게 복잡한 특성을 갖는 시스템의 특성과 기능을 올바로 파악하여, 그에 상응하는 조치를 취함으로써 시스템에 발생할 수 있는 고장이나 재해사고를 예방하자는 노력이 바로 시스템 안전공학이다. 그러므로 시스템 안전공학은 시스템이 갖는 잠재적 위험성의 체계적 분석을 전제로 하며, 시스템을 구성하는 요소 요소의 안전을 도모하기보다는 시스템의 목적을 달성하기 위한 전반적인 기능을 균형적으로 확보하는 중점을 둔다.

따라서 시스템 안전(system safety)이란 시스템 구성 요소 개개의 재해 원인을 규명하고 대책을 수립하는 데 중점을 두었던 종래의 요소 안전(element safety)과는 대조적인 개념으로 시스템 전체에 대한 종합적이고 균형적인 안전성으로, 시스템 운용상의 효능, 시간, 비용, 기술적 요구, 인력, 기타 안전에 관련된 여러 가지 제약조건 하에서 시스템의 수명(lifetime)을 통하여 사람이나 설비가 입을 수 있는 피해를 최소화함으로써 달성될 수 있는 최적의 안전도를 말하며, 이를 달성하기 위한 공학적 노력을 시스템 안전공학이라 하는 것이다. 좀 더 광범위하게 말하자면 재해예방에 관한 기술적· 관리적 기법을 체계적이고도 적극적으로 적용하여 시스템 운용상의 잠재적 위험요인을 식별해내고 그 위험성을 최소화시키는 모든 노력이 포함된다. 앞에서 살펴 본 바와 같이 시스템 안전이란 시스템 전체의 종합적이고 균형적인 안전성을 확보하기 위한 노력이므로, 시스템의 전 수명기간을 통하여 검토되고 적절한 조치가 이루어지지 않으면 안 된다. 이 때 적절한 조치란 크게 두 가지로 나누어지는데, 첫째는 가능하다면 위험원 자체를 제거하는 일이고, 둘째는 위험원 자체의 제거가 불가능한 경우 잔존하게 되는 위험성 수준을 허용될 만큼 낮은 수준이 되도록 여러 가지 과학기술이나 공학적 기법을 응용하는 일이다.

중요한 것은 허용될 만큼 낮은 위험수준(acceptable level)을 어떻게 평가하고 결정하느냐 하는 것이다. 실제로 날로 복잡해지고 대형화되어 가는 시스템을 대상으로 생산현장은 물론, 생활현장에서 안전을 확보하려면, 항상 시간이라든가 비용, 자원, 그리고 기술적 제약 등의 한계에 부딪치게 마련이다. 이렇듯 중요한 관계요인들이 제한된 상황 하에서 소기의 목적을 달성하려면, 가지고 있는 투자비용이나 시간, 자원, 그리고 기술력을 중요한 부분에 집중시키지 않으면 안 될 것이다. 이러한 재해예방 노력을 안전의 최적화(optimization)라고 한다. 그런데 중요한 부분이란 어디일까. 어디에서부터 시스템의 안전을 확보해 나갈 것인가. 결론부터 말하자면, 가장 위험한 곳부터 찾아 해결해 나가야 한다고 할 수 있다. 여기에서 가장 위험한 곳이란 물론 피해액이 가장 많은 곳부터일 것이다.

애당초 시스템을 구성하는 데 있어서 초기투자비용을 줄이기 위해 시스템의 안전성을 등한시하거나 고장이 쉽게 날 수 있는 구조인데도 간과해 버린다면, 시스템에 고장이 발생하였을 경우 의도하는 시스템 기능이 정지한다거나, 시스템의 수리, 또는 피해복구를 위하여 소요되는 비용은 상대적으로 커질 것이다. 그러나 반대로 시스템의 성능을 높이기 위해 지나치게 노력한다면 초기투자비용이 상대적으로 커져서 경제적으로 부담이 높아질 수 있다. 따라서 초기투자비용과 수리비용의 균형을 맞추는 일이 매우 중요하다.

이러한 접근방법을 가리켜 앞의 것은 시행착오법(trial-and-error approach) 혹은 사후접근법(after-the-fact approach)이라고 하고, 뒤의 것을 시스템 안전 접근법(system safety approach) 혹은 사전접근법(before-the-fact approach)이라고 한다.

안전에 관한 초기 접근법은 시행착오법이었다. 즉, 시스템을 운용하는 도중, 시스템을 점검하고, 허용될 수 없을 만한 위험성을 초래할 사항에 대하여 수리를 하는 것이 보통이었다. 따라서 이미 발생한 사고 및 고장에 대한 면밀한 원인분석으로부터 시작되는 것이 보통이었다. 그러나 이 방법은 이미 대규모로 사용 중인 다수의 시스템에 대하여 안전성을 향상시키는 데 근본적인 한계가 있으며, 또 한편으로는 이미 상당기간 사용된 만큼 뒤늦게 잔여수명을 대상으로 안전성을 향상시키는 것이 결코 경제적이지 못하다는 문제점을 안고 있었다. 결과적으로, 장차 발생할 지도 모르는 손실과 재해를 예방하기 위하여 투자되는 비용이, 그 손실액보다 크다면 안전성의 향상을 위해 투자할 가치가 있다는 결론을 얻게 되었다. 물론 현대적 생산시스템과 같이 기술이 날로 복잡해지고 대규모화될수록 시스템 안전 접근법이 비용도 절감되며 고귀한 인명과 재산을 보호하는 데 효과적이다. 이러한 경제적인 이유 때문에 더욱 시스템 안전의 의의는 높아지고 있는 것이다.

4.2 시스템 안전의 역사

과학적·공학적 기법을 응용하여 시스템 내의 위험성을 적시(適時)에 확인하고, 그 예방 또는 제어에 필요한 조치를 체계적으로 도모하기 위한 노력, 즉 시스템 안전공학은 비교적 역사가 짧은 연구분야이다.

그 대강을 간략히 살펴보면 다음과 같다.

(1) 1950년대

1950년대 말 냉전체제 속에서 동서진영은 무기개발에 박차를 가하였다. 그 중에서도 특히 관심이 집중되었던 것은 대륙간 탄도 유도탄(Inter Continental Ballistic Missile ; ICBM)의 개발이었는데, 미국은 이에 대해 병기의 병렬개발방식을 이용하여 무기개발속도를 극대화하고자 하였다. 즉, 이 방법은 구상· 설계· 제조· 운용 등의 개발과정단계를 병행하여 추진함으로써 개발시간을 최소한으로 단축하고자한 것이었으나 불과 1년 반 사이에 대형사고가 4회나 발생하여 결국은 이 개발방식을 폐기하지 않으면 안 되었다.

(2) 1960년대

거듭된 시행착오를 통하여 시스템 안전의 중요성을 인식하게 된 무기개발 관련기관은 제품 및 시스템 개발에 시스템 안전에 관한 규격을 도입함으로써 시스템 안전기법 개발을 주도하였다.

- 1962. 4 미 공군(USAF)은 시스템 안전에 관한 최초의 군용규격 BSD Exhibit 62-41 출간

  'System Safety Engineering for the Development of Air Force Ballistic Missile'
- 1962. 9 시스템 안전에 입각한 Minute-Man Missile System의 개발

  최초의 공식적이고 체계화된 시스템 안전 프로그램을 가진 시스템 개발이라는 상징적 의미를 가짐

  WS 133 B 병기체계 안전기준 설정
- 1963. 9 미 공군규격 MIL-STD-38130 출간

  'General Requirement for Safety Engineering of Systems and

  Associated Subsystems and Equipment'
- 1963. 미국 Los Angeles에서 System Safety Society가 창립
- 1966. 6 미 국무성(Department of Defense)은 미 공군규격 MIL-STD-38130을 MIL-STD-38130A로 확장하고, 국무성의 요구사양(requirement)으로 설정하여 모든 미군 장비계약상의 필요조건화
- 1969. 7 MIL-STD-38180A의 개정판으로 MIL-STD-882'System Safety Program for Systems and Associated Subsystems and Equipment ; Requirements'출간

- 1968-1971 미 항공우주국(National Aeronautic and Space Administration, NASA)을 중심으로 미 정부와 산업체간에 시스템 안전에 관한 정기적 회의가 개최됨

(3) 1970년대

1960년대가 군용규격 설정의 시대이었다면, 1970년대는 시스템 안전기법이 관련 정부기관으로 이전되고, 그 중요성이 점차 널리 인식되어 민간단체에 필요한 기법들이 자체적으로 개발되기 시작한 시기였다.

- 1970 NASA가 시스템 안전관련 규정 NHB 1700.1 (V3)'System Safety' 출간
- 1973 미 원자력 에너지 위원회(Atomic Energy Commission)가, National Safety Council의 경영자이었던 W.G.Johnson을 고용하여 MORT(Management Oversight and Risk Tree) 기법을 개발
- 1974 미국 Idaho 주에 시스템 안전 개발센타(System Safety Development Center) 설립
- 1975 미 자원부(Department of Energy) 원자력 에너지 위원회(Atomic Energy Commission), 에너지 연구개발 공단(Energy Research and Development Administration) 등 여러 기관을 중심으로 MORT 기법교육이 활발하게 이루어짐
- 1977 MIL-STD-882 가 MIL-STD-882A로 개정됨

(4) 1980년대

1979년에 발생하였던 미국 Three Mile Island 원자력발전소의 사고를 시작으로, 1986년 소련 Chernobyl의 원자력발전소 사고, 같은 해 우주왕복선 Challenger호의 폭발사고 등은 시스템 안전의 중요성을 극명하게 부각시킨 충격적인 사건이었다.

이에 따라 1980년대에는 다양해지는 소비자들의 기호와 산업기술에도 시스템 안전의 중요성이 대두되었고, 여러 가지 기법들이 개발되어 여러 분야에 활발하게 적용되었으며, 소비자들의 제품안전을 확보하기 위한 움직임은 이후 제조물 책임법(Product Liability, PL)으로 구체화되었다.

- 1984 MIL-STD-882A가 MIL-STD-882B로 개정
- 1984 미 해군의 Naval Facilities Command(NAVFAC)에서 시스템 안전교육 후원 시작
- 1985 American Institute of Chemical Engineers(AIChE)에서 'Guidelines for Hazard Evaluations Procedures'(HazOp) 출간
- 1987 미군 고시(Notice) 1에 의해 MIL-STD-882B 수정판 출간
- 1988 미 육군 공병단(Army Corps of Engineers, USACE)이 후원하는 설비 시스템 안전에 관한 워크샵 시작

(5) 1990년대

시스템 안전에 관한 중요성은 국제적으로도 주목을 받게 되어, 국제 전기기술위원회(International Electrotechnical Commission, IEC)을 중심으로 국제규격화되기 시작하였고, 각 국가에서도 활발하게 이를 도입하고 있다.

- 1985 IEC 60812, Analysis Techniques for System Reliability - Procedure for Failure Mode and Effects Analysis (FMEA)
- 1990 IEC 61025, Fault Tree Analysis (FTA)
- 1991 IEC 61078, Analysis Techniques for Dependability - Reliability Block Diagram Method
- 1991 IEC 60300-3-1, Dependability Management - Part 3: Application Guide - Section 1: Analysis Techniques for Dependability: Guide on Methodology
- 1995 IEC 60300-3-9, Dependability Management - Part 3: Application Guide - Section 9: Risk Analysis of Technological Systems

4.3 안전보건경영시스템

안전보건경영시스템의 big picture에서 보는 바와 같이 우리나라도 2019년부터 ISO 45001을 본격적으로 도입하고 공공기관 등에서 시행을 권고하고 있다. ISO 45001은 ISO가 개발한 표준으로 안전보건 조직관리를 중점으로 작업과 관련한 부상과 질병 등을 예방하기 위한 작업환경안전의 지속경영과 관련한 표준을 제시하였다. 이는 ISO 9001과 ISO 14001의 통합 차원의 총체적인 안전보건경영시스템을 구축하기 위함이다.

4.3.1 산업안전보건경영시스템 개요

안전보건경영이란 사업주가 자율적으로 해당 사업장의 산업재해를 예방하기 위하여 안전보건관리체제를 구축하고 정기적으로 위험성 평가를 실시하여 잠재 유해 위험·요인을 지속적으로 개선하는 등 산업재해예방을 위한조치 사항을 체계적으로 관리하는 제반활동을 말한다(산업안전보건공단, 2018).

안전보건경영시스템(Occupational Health & Safety Management System, OHSMS)이란 산업재해 예방이라는 목표를 세우고, 이를 이루기 위하여 안전조직의 구축, 책임과 권한, 업무절차를 구축하고 기업의 물적 및 인적 자원을 효율적으로 배분하여 이를 체계적으로 관리하는 경영시스템이라고 볼 수 있다. 즉, 최고경영자는 자사의 경영방침에 안전보건방침을 선포하고, 이를 달성하기 위한 계획을 수립하며(plan), 계획을 실행·운영하며(do), 점검과 시정조치를 통해(check), 최고경영자가 결과를 검토하여, 지속적인 개선을 하는(action) 일련의 체계적인 활동이라 할 수 있다.

재해율을 감소시키기 위한 안전보건관리의 발전단계는 일반적으로, 그림 4-3에서와 같이 처음에는 법률에 의한 강제단계인 설비의 안전장치 등을 설치하는 기술적인 접근방법이고, 두 번째는 스스로 위험을 찾는 절차적 단계로, 안전보건경영시스템과 같이 시스템으로 접근하는 방법이며, 세 번째는 행동을 통한 안전문화를 정착하여 인적오류를 감소시키는 단계이다.

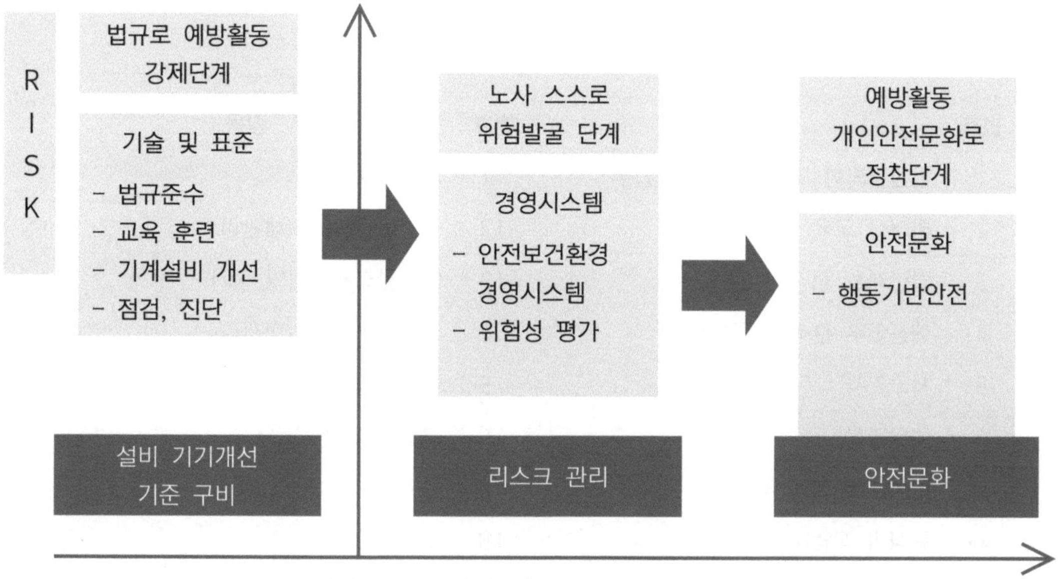

그림 4-3 산업안전보건경영 발전 단계

4.3.2 안전보건경영시스템 탄생 배경

주요 사건, 사고에 대한 정밀한 분석으로 인하여 사고와 행동, 문화 간의 관계에 대한 가설이 만들어진다고 주장하였다. 위험요인에 의한 사고발생은 실패에 취약한 시스템 때문이라고 하였다(Reason, 1990).7) 안전경영을 위한 방법이 바로 안전경영시스템을 구축하는 것이 중요하다.

국제안전등급시스템(ISRS, International Safety Rating System)은 많은 사고를 분석하여 효과적인 Loss 관리와 사고원인을 조사하기 위한 모델로서, 1978년에 Dr. Frank. E. Bird에 의해 개발되어 처음으로 사용하기 시작된 안전평가시스템이다. 그리고 국제적으로 요구되고 있는 안전경영체제 요건을 모두 갖춘 시스템이다. 사업장에서의 산업재해와 관련된 직업병, 안전사고 등의 각종 사고로 인해 생산활동의 중지 및 지연 등에 대한 예방과 관리를 통해 경영의 효율성을 높일 뿐 아니라 작업환경의 안전성까지도 보장하는 제도이며, 모든 업종에서 폭넓게 사용할 수 있는 특징을 가지며 안전관리 활동을 전체 취득점을 통해 수준을 평가한다.

평가항목은 다음과 같다.

번호	항목	번호	항목
1	안전관리의 리더십과 관련 업무	11	개인보호구
2	리더십 교육	12	산업보건 및 위생관리
3	일반계획 점검 및 계획	13	안전관리시스템의 평가
4	핵심업무 분석 및 절차	14	설계 및 변경사항관리
5	사고조사	15	개인의사소통
6	업무관찰	16	그룹의사소통
7	비상사태 대응 및 조치	17	동기부여
8	규정과 작업허가	18	고용 및 배치
9	사고분석	19	자재 및 용역, 구매관리
10	업무지식과 기술훈련	20	업무의 안전

ISRS가 개발된 이후 지속적인 업그레이드를 통해 현재 Version7에 이르고 있으며, ISRS7에 포함된 국제규격은 아래와 같다.

- 품질경영인증시스템(ISO 9000:2008)
- 환경경영인증시스템(ISO 14000:2004)
- 안전보건인증시스템(OHSAS 18001:2007)
- Global Reporting Initiative 2002

4.3.3 안전보건경영시스템 발전 흐름

국제표준화기구(이하 ISO)는 ISO 9000(품질경영시스템)을 1987년에, 1996년에는 ISO 14000(환경경영시스템)을 각각 제정하게 되었는데, 제정되는 과정을 통해 OHSMS 제정에 대해서도 준비를 진행하였으나, 환경경영 표준을 제정한 기술위원회(TC207)에서는 환

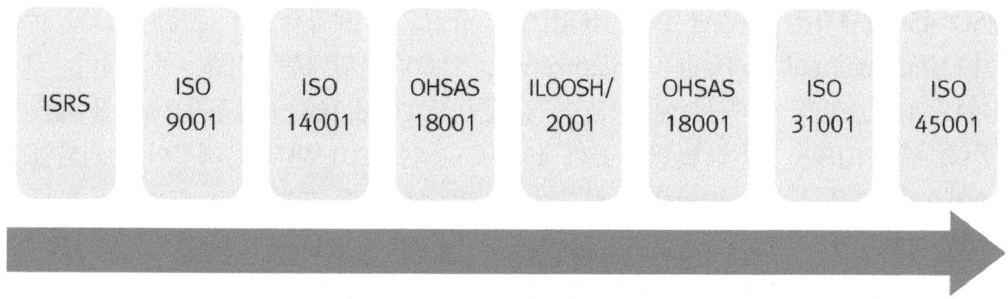

그림 4-4 안전보건경영시스템 발전 흐름(1978~2017)

경경영 표준의 개발이 완료된 1994년에 가칭 ISO 18000이라는 안전보건경영시스템의 표준 제정을 안건으로 상정하고 다양한 이해관계자의 의견을 수렴하기 시작하였는데, 1996년 9월 스위스 제네바에서 열린 워크숍에서 규격화 필요여부에 대한 일련의 논의를 거친 끝에 OHSMS 시스템의 필요성은 인정하였으나, "안전보건 국제규격은 현시점에서는 제정활동을 하지 않는다"는 내용으로 1997년 1월 규격화(표준화)에 대해 보류를 결정하였다. 이후 지속적인 개정과 발전을 통해 ISO 45001로 제정 활용하고 있다(그림 4-4 안전보건경영시스템 발전 흐름(1978~2017) 참조).

우리나라에서도 21세기 초반부터 많은 사업장에서 안전보건경영시스템을 구축하여 운영하고 있다. 이러한 안전보건경영시스템은 새롭게 관리하는 방안이기보다는 문제를 바로 보는 관점을 경영의 관점에서 보고, 이를 체계적으로 접근하는 접근방법론이라고 할 수 있다. 이러한 차원에서 우리나라도 사업장의 안전보건에 관한 문제를 경영의 범주 내에서 접근하지 않으면 결코 해결할 수 없다고 보았으며, 이에 따라 고용노동부는 1999년초 산업안전보건법에 정부의 책무로써 안전보건경영시스템을 명시하였고, 이를 안전보건공단으로 하여금 KOSHA 18001 인증제도를 운영하도록 하여 건설업 및 건설업외 업종으로 구분하여 운영하고 있다.

안전보건시스템을 효과적으로 운영하게 되면 그 기대효과로는 안전보건의 체계적 관리를 통해 재해손실비용을 감소하여 경제적 효과를 극대화할 수 있으며, 노사 스스로 위험을 발굴하여 예방활동으로 연계함으로써 안전문화로 정착할 수 있는 것이라 할 수 있다.

이러한 안전보건경영시스템은 기존 KOSHA(Korea Occupational Safety and Health Agency) 18001외에도 OHSAS(Occupational Health and Safety Assessment Series) 18001, K-OHSMS 18001이란 명칭으로 각각 안전보건경영시스템 체제인증으로 유지되어 왔다.

ISO 45001규격은 1999년 ISO 18001이란 규격으로 제정작업이 진행되었으나 국제노동기구(International Labour Organization, ILO)의 반대로 최종 부결되어 그동안 OHSAS 18001이란 단체규격에 머물러 있었지만, 2018년에 국제규격으로 결실을 얻게 되었다. 즉, 2018년 3월에 발행된 ISO 45001 규격은 2013년부터 제정이 논의되었으며, 최종적으로 2018년 3월 12일에 국제규격으로 발간되었다. 또한 ISO 45001은 다른 ISO 표준과 마찬가지로 상위 레벨구조(high level structure, HLS)를 적용함으로써 ISO 프레임워크 내에서 안전보건에 대한 새로운 표준을 적용한다는 것은 ISO 9001 및 ISO14001 등 다른 경영시스템과 쉽게 호환되어 다른 ISO 인증을 받은 기업에 큰 이점이 될 수 있다고 할 수 있다.

이에 따라 그동안 OHSAS 18001과 K-OHSMS 18001 인증을 유지하고 있는 기업은 국제규격 발간 후 3년 내 인증전환 심사를 진행해야 하며, 각 인증기관은 심사원 자격에 대한 전환교육도 이루어져야 한다. 또한 안전보건공단에서 시행하는 KOSHA 18001 안전보건경영시스템도 ISO 45001 인증기준을 토대로 KOSHA-MS 명칭으로, 새로운 인증기준으로 규격전환을 하기에 이르렀으며, 2019년 7월 1일부터는 KOSHA-MS 안전보건경영시스템으로 새롭게 인증기준을 제정하게 되었다.

이와 같이 새로운 국제인증의 제정에 따른 변화는 기존 KOSHA-MS 인증 및 OHSAS 18001 인증사업장에 새로운 큰 변화를 불러오게 되었으며, 이에 대한 대응도 절실히 요구되고 있는 상황이다. 따라서 ISO 45001의 국제표준 제정에 따라 현재의 안전보건경영시스템(KOSHA-MS/OHSAS 18001) 인증사업장의 성공적인 인증전환 등을 위한 안전보건경영시스템의 구축 활성화 방안과 발전방향을 모색할 필요가 있다.

한편, 지금까지 살펴본 사고, 재난을 감소시키고 안전경영을 위한 전반적인 산업안전경영시스템에 대한 Big Picture를 살펴보면 다음 그림과 같다(그림 4-5 참조).

안전과 재난	재해조사/안전진단	안전대책/예방	안전경영시스템
안전 → 위험 → 사고 → 재해 재해원인 1차 : 물질, 인적, 불가항력 * 4M : Man, Machine, Media, Management 2차 : 기술, 교육, 신체, 정신 관리적 원인 기초 : 학교교육, 사회, 역사적 원인 안전관련이론 - 도미노이론 - 사고원인기여인자, 시스템모델 등	재해조사 제1단계 : 사실확인 - 직접원인, 간접원인 - 원인과 배경, 관리상 결함 - 재해원인분석 : 퍼레이드, 파레토, 특성 요인도 등 제2단계 : 재해원인파악 제3단계 : 재해원인결정 제4단계 : 대책수립 위험성 평가 - 중대성, 가능성, 빈도 안전성평가	4M의 안전대책 - 인간대책, 설비대책, 작업대책, 관리대책 예방대책 안전관리조직 사실발견 : 관찰, 점검 등 분석과 평가 : 원인, 빈도 개선대책선정 : 공학, 관리 등 개선대책적용 및 모니터링 PDCA	안전경영시스템구축 - OHSAS, ISO14001, ISO45001 안전문화 활성화

그림 4-5 산업안전경영시스템 Big Picture

4.4 위험성 평가

산업재해는 장기적으로는 감소하고 있지만, 여전히 많은 근로자가 산업재해를 입고 있고, 한 번에 2명 이상 사망하는 대형재해도 빈번하게 발생하고 있다. 그리고 우리나라를 대표하는 기업에서도 누출, 폭발, 화재 등의 중대재해가 지속적으로 발생하고 있다. 이들 재해의 요인으로서는 위험성 평가(Risk Assessment)의 불충분, 최고경영자의 노력 부족, 이 지적되고 있다.

생산공정의 다양화, 복잡화가 진전되는 한편 새로운 기계설비·화학물질이 도입되고 있고, 사업장 내 유해위험요인이 다양화되며 그 파악이 곤란해지고 있는 상황에서는, 단순히 법령에 규정된 세부적·기술적인 안전보건기준을 준수할 뿐만 아니라, 자율적인 노력에 의한 안전보건관리 수준의 향상이 불가결하다. 위험성 평가는 산업재해 감소 및 안전보건 수준의 향상을 위한 유력한 방법이다.

이러한 필요에 따라 기업이 자율적으로 안전보건 수준을 향상시키기 위하여 유해위험요인을 파악하고 각각의 리스크를 추정·결정하며, 이것에 근거하여 리스크 감소조치를 실시하는 방법으로 위험성 평가를 도입하게 되었다.

우리나라에서는 2013년 6월 산업안전보건법을 개정하여 제41조의2(위험성 평가)를 구체적 의무의 형태로 신설하고, 건설물, 기계·기구, 설비, 원재료, 가스, 작업 등의 유해위험요인(hazard)을 파악하는 한편, 그 결과에 따라 필요한 안전보건조치를 하도록 규정하였다.

위험성 평가란

- 첫째, 사업장의 모든 유해위험요인을 적출하고,
- 둘째, 리스크(위험성)를 추정하고,
- 셋째, 리스크가 큰 것부터 감소조치를 강구하는

일련의 조치를 체계적으로 추진하는 자율적이고 선제적인 안전보건관리방법을 말한다.

위험성 평가는 대략적으로 다음과 같은 5가지 단계(step)로 진행된다.

① 1단계: 사업장의 유해위험요인을 적출(파악)한다(유해위험요인 파악)

② 2단계: 유해위험요인별로 리스크를 추정한다(위험성 추정)

③ 3단계: 리스크의 허용 여부를 판단하고 우선도 설정 및 리스크 감소조치 검토를 한다(위험성 결정)

④ 4단계: 리스크 감소조치를 실시한다(위험성 감소대책)

⑤ 5단계: 위험성 평가 실시내용을 기록한다(기록)

위험성평기를 3단계까지로 보는 관점도 있지만, 5단계까지의 일련의 작업을 합하여 위험성 평가로 파악하는 관점이 직장에서 이해되기 쉽고 수용되기도 쉽다. 산업안전보건법에서도 5단계까지를 위험성 평가로 보고 있다.

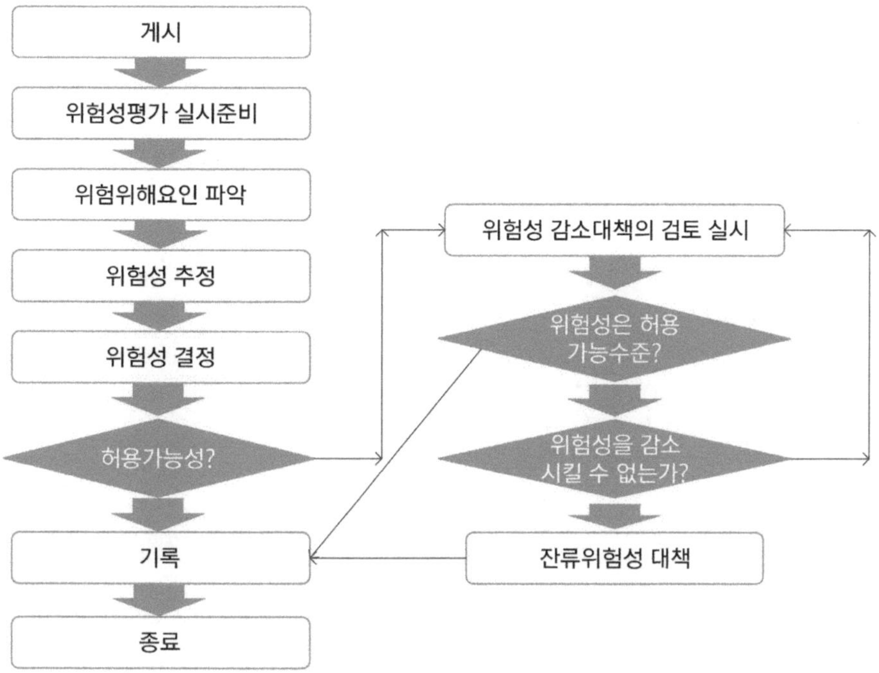

그림 4-6 위험성 평가 기본 흐름

위험성 평가의 원형은 1980년대에 유럽에서 많이 발생한 화학플랜트 등의 중대재해를 방지하기 위한 방안으로 고안되었다. 위험성 평가의 정의 역시 1980년에 확립되었는데, 대체로 "잠재하는 유해위험요인의 체계적인 사전 리스크 추정(중대성과 가능성이라는 측면에서 평가) 및 이에 근거한 우선도의 합리적인 뒷받침"이라고 말할 수 있다.

그 후 EC(당시 1993년 이후에는 EU)의 가맹국이 가맹국들의 안전보건 확보와 그 수준 향상을 위하여 '직장에서의 근로자의 안전과 보건의 개선을 촉진하는 조치(위험성 평가를 포함한다)'를 채택하였다. 이것에 의해 가맹국들은 1992년 중에 필요한 법률, 규칙 등을 정비하고, 1996년까지 시행하게 되었다. 그리고 EU의 통일규격인 EN(Europaische Norm, European Standards)에 위험성 평가가 추가됨으로써 위험성 평가가 EU 각국에 보급되어 갔다.

CHAPTER 5

기계 재해

5.1 기계설비의 안전화

5.1.1 기계 설비에 의한 재해

기계 설비에 기인하는 산업 재해는 매우 많이 발생하고 모든 산업을 통해 산업 재해 총수의 30%를 넘는다. 특히 제조업에 있어서는 총 재해의 40% 이상이 기계 설비에 기인한다.

기계 설비에 의한 재해는 끼임·말려듦에 의한 것이 가장 많다. 특히 작업점에 협착부나 회전부를 가지는 기계류에 많은데, 동력 전달 기구, 전단 기계, 종이 가공기계, 인쇄·제본 기계 등에서 발생하는 재해 대부분이 끼임·말려듦에 의한 것이다.

다음으로 잘림·스침·까짐 등의 재해가 많이 발생되고 있다. 작업점에 회전 부분, 특히 회전하는 칼날 또는 이를 가지는 기계류에 많이 발생하는데 금속공작기계, 목공기계, 식품 기계, 동력 공구 등에 의해 발생하기 쉽다.

기계 설비 재해의 직접원인인 불안전 상태는 다음과 같은 상황이 자주 발생되고 있다.

① 위험 방호 조치가 적절하지 않았다.

② 재료 등 물건을 놓는 방법, 작업 장소가 부적절하다.

③ 기계 설비 자체에 결함이 있었다.

또 작업자의 불안전 행동으로서는 다음과 같은 상황이 자주 발생되고 있다.

① 오조작 등 잘못된 동작을 하였다.

② 위험 장소에 접근했다.

③ 운전 정지를 하지 않은 채 청소, 주유, 수리, 점검 등을 실시하였다.

④ 정해진 안전 조치를 이행하지 않았다.

이와 같이 기계 설비의 재해 위험은 매우 종류가 많고, 그 발생원인도 다양·복잡하지만 사업장의 안전 달성을 위해서는 먼저 기계 설비의 안전화를 꾀하지 않으면 안 된다.

5.1.2 기계 설비 위험성

기계 설비 안전화에 대해 설명하기에 앞서 기계 설비의 위험성에 대해 살펴보자. 이것에는 BS 5304 Safeguarding of Machinery(1975)에서 다음과 같이 분류하고 있다.

(1) 기계적 위험

1) 회전운동

단독으로 회전하는 기계 부분에서 말려드는 위험으로 체크, 이송 나사 등의 기계부분이나 연삭숫돌, 플라이스 커터 등의 가공 용구에서 많이 보인다.

운동중인 2부품 또는 회전 부분과 고정 부분과의 사이에 일어나는 말려들기 위험이며, 역회전하여 접점하는 2롤사이, 벨트와 풀리, 체인과 스플로켓 사이, 숫돌과 워크 레스트 사이, 컨베이어와 프레임 사이가 해당된다.

2) 직선 운동과 미끄럼 운동

직접왕복 운동 또는 미끄럼 운전 부분과 고정 부분 간에 생기는 협착 위험이며 금속가공프레스의 펀치와 다이 사이가 해당된다. 또 셔링나이프 등과 프레임 사이의 전단위험도 이것에 속한다.

3) 회전 운동 부분과 미끄럼 운동 부분간의 협착 위험

4) 전동 운동체의 끼임 위험

격자 구조의 문짝 등이 이것에 속한다.

5) 처리중의 소재에 의한 위험

아이롱기로 세탁물과 함께 말려드는 경우 등이다.

6) 기계 부품의 튀어나옴

강도 부족 때문에 일어나는 숫돌의 파손이나 프레스 파손 시에 튀어나오는 파편은 작업자에게 치명적 피해를 줄 우려가 있다.

7) 재료의 튀어나옴

절삭가루의 튀어나옴, 단조 중의 가공물이 튀어나올 때의 위험이 포함된다. 가공물의 유지 수단이나 비산물의 방호 방법이 문제가 된다.

(2) 비기계적 위험

최근에 사용되는 기계에는 기계적 위험 외에 여러 가지 위험성을 내재하고 있다.

1) 전기적 위험

감전, 누전 또는 부품 고장이나 오통전에 의한 기계의 오작동, 정전기에 의한 관련 위험 등 기계의 위험성 평가에서 전기가 차지하는 중요성은 크다.

2) 이온 방사

방사성 물질, 뢴트겐 촬영 장치나 정전기 제거 장치 등에서 방사되는 이온의 위험성이 이것에 속한다.

3) 바이온 방사

고주파 가열 장치나 레이저 가공기계에서 발생되는 비이온 방사선의 위험성이다.

4) 화학적 위험물

특히 문제가 되는 것으로 다음을 들 수 있다.

- 독물 : 가공제나 절삭액 등에서 발생하는 독물에 의한 위험이 문제가 된다.
- 가연물 : 가연가스, 용제 및 연료 등의 가연성 물질에 의한 위험이다.
- 산 등의 부식성 물질 : 산 처리를 할 때 생기는 부식 위험이다.

5) 폭약

금속 성형 시 등에 문제가 된다.

6) 소음과 진동

금속 가공에서의 금속 프레스의 소음과 진동, 연삭 가공 중에 생기는 소음이나 진동은 작업자의 건강 장해를 일으키는 것 외에 환경을 악화시켜 재해의 원인이 된다.

7) 압력

과압에 의한 기기의 파열 위험 외에 저압에 의한 기계의 오작동이 문제가 된다.

8) 온도

환경 악화 외에 주로 고온부와의 접촉에 의한 화상 위험이 대상이 된다.

9) 분진

작업 중 발생하는 분진은 자주 건강 장해를 가져오고, 또 때로는 폭발 재해를 일으킬 우려가 있다.

5.1.3 본질 안전화

기계 기구의 재해 위험성은 다양하여 어느 재해에 대해서는 위험성이 없어도 다른 종류의 재해에 대한 위험성은 존재할 수 있다. 작업 순서를 생략하거나 착각하거나 무심코 지나쳐 순서를 잘못 조작하는 등의 조작 오류나, 운전 중 트러블이나 고장 때문에 위험한 상태를 부르는 일이 없도록 구조나 기능에 특별한 연구를 하는 것이 안전화의 목표이다. 본질 안전화를 기계 설비에 적용하고자 할 경우 우선 다음의 내용을 포함하고 있어야 한다.

① 안전 기능이 기계 설비에 내장되거나 또는 내장되어 있을 것
② 기계 설비 조작이나 취급 시, 실수로 인하여 사고·재해로 이어지지 않도록 소위 풀프루프(fool proof) 기능을 가지고 있을 것
③ 기계 설비나 그 부품이 파손, 고장이 일어나도 안전한 쪽으로 작동하도록 이른바 페일 세이프(fail safe) 기능을 가지고 있을 것

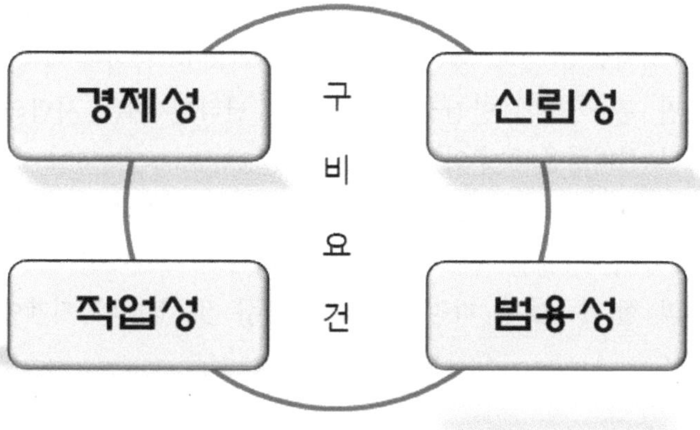

그림 5-1 안전장치의 구비요건

그러나 기계 설비가 가지는 위험성은 앞에서 설명했듯이 반드시 단순한 것은 아니다. 예를 들면 기계의 작업점에서 접촉 위험성에 대한 본질적 안전화가 취해져도 다른 운동 부분, 충전 부분, 고온 부분 등에 대한 방호나 가공재료에 의한 위험의 배제, 사용 장소 주변에 존재하는 가스, 증기, 분진 등에 대한 안전 배려도 고려되어야 한다.

또 배치나 설치 등에 따른 위험성과 절차나 보수에 따른 여러 가지 문제점을 해결할 필요가 있고 취급자의 작업 능력이나 인간 특성을 고려한 설계를 하여야만 비로소 완전한 본진 안전 기계라 말할 수 있다.

현재의 본질 안전 기계 설비는 전부 채택하기에는 여러 가지 문제가 있지만, 기계 설비 주요 위험에 대한 안전 기능으로서, 또는 예상되는 중대 사고를 방지하기 위한 대책으로 본질 안전화의 선택은 적극적으로 추진되어야 한다.

산업현장에서 사용되는 다양한 종류의 기계에 사용되는 안전장치는 그림 5-1에서 나타낸 바와 같이 경제성, 작업성, 신뢰성 및 범용성을 반드시 갖추어야 한다.

안전장치의 구비요건 중 첫 번째인 경제성의 경우 아무리 안전이 중요하다 하더라도 기업을 운영하는 목적 중에 하나인 이윤창출을 위해서는 안전장치의 가격이 너무 높게 책정되어서 안될 것이다.

두 번째 구비요건인 작업성의 경우 안전장치가 근로자가 작업하거나 기계가 작동을 하는데 있어서 어떠한 방해가 되어서는 안될 것이다. 안전장치로 인하여 근로자 또는 기계의 작업효율(생산속도) 올라가지는 못하더라도 절대 방해가 되어서 안될 것이다.

세 번째 구비요건인 신뢰성의 경우 대부분의 작업자들은 자신의 실수나 기계의 오류가 있더라도 재해로 연결되지 않을 것이라는 확신을 가지고 작업을 수행한다. 하지만 정해진 사용빈도, 시간 등 이내에 안전장치가 고장이 난다면 이는 사람의 생명과 직결되는 사안이므로 반드시 신뢰성을 갖추어야 할 것이다.

네 번째로 전용성의 경우 하나의 안전장치를 개발하기 위해 적게는 수백만 원 많게는 수억 원을 투자해서 연구·개발하게 되는데 이를 하나의 기계에만 사용할 수 밖에 없다면 매우 비효율적이라 할 수 있다. 따라서 다양한 종류 및 형태의 기계에 적용이 가능해야 할 것이다.

표 5-1 안전조치 방법의 분류

	기법	원리
1	**페일 세이프**	설비 또는 장치의 일부에 고장이 있는 경우 안전측으로 동작하는 방법
2	**백업**	주요한 기능의 뒤쪽에서 대기하고 주요한 기능의 고장시 그 기능을 대행하는 방법
3	**페일소프트**	설비 또는 장치의 일부가 고장난 경우 기능의 저하를 초래해도 전체적으로 기능을 정지시키지 않는 방법
4	**다중계화**	동일한 또는 같은 종류의 기능인 것을 다중으로 설비하고 교체 또는 선택적 또는 병렬적으로 사용하는 방법
5	**고장진단, 회복**	설비 또는 장치가 고장난 경우 고장을 검출하고 가급적 신속하게 기능을 회복할 수 있도록 하는 방법
6	**풀프루프**	사람이 취급하는 시스템에서 사람이 잘못하기 어렵거나 또는 잘못하여 조작하여 안전하게 되도록 하는 방법
7	**디레이딩**	정격 값보다 낮은 값으로 사용하는 등 안전여유를 갖게 하여 설계하고 사용하는 방법
8	**위험측 고장의 저감**	위험측의 출력에 연결되는 고장의 발생확률을 작게 하려는 방법

5.1.4 KRAS

산업안전보건법에서는 사업장의 유해·위험요인을 파악하고 해당 유해·위험요인에 의한 부상 또는 질병의 발생 가능성(빈도)과 중대성(강도)을 추정·결정하여 사전에 유해·위험요인을 제거 및 감소하기 위한 대책을 수립하는 위험성평가를 실시하도록 하고 있다. 이러한 위험성평가에는 주로 4M 기법을 많이 활용하고 있으며, 더불어 안전보건공단에서는 전문 안전팀을 보유하지 못한 업체에서 스스로 위험성평가를 실시할 수 있도록 'KRAS(Korea Risk Assessment System)'를 운영하고 있다. 'KRAS'란 위험성평가지원시스템으로 기존 또는 현재 위험성평가에 많이 활용되고 있는 4M 기법과 달리 표 5-2에서 나타낸 바와 같이 KRAS 기법을 활용하고 있다.

4M기법에서는 인적, 기계적, 물질·환경적 그리고 관리적 요인이라는 4가지의 측면에서 위험성평가를 실시하고 있으며, 이와 달리 KRAS 기법에서는 기계적, 전기적, 화학(물질)적, 작업특성 그리고 작업환경 요인이라는 6가지 측면에서 유해·위험요인을 분석하고 평가하도록 하고 있다. 4M 기법과 KRAS 기법 이외에도 체크리스트(Checklis) 기법, 작업안전분석 기법(JSA : Job Safety Analysis) 등 다양한 위험성평가 기법들이 존재하고 있으나, 각 사업장 마다 다른 특성과 작업환경을 가지고 있기 때문에 하나의 방식으로 모든 사업장의 위험성평가를 실시하는 것은 비효율적이며, 정해진 평가방식이 적용되기 어려운 사업장도 있을 수 있다. 따라서 각 사업장의 특성 및 작업환경에 맞는 기법을 선택하여 위험성평가를 실시하는 것이 산업재해예방에 보다 효율적일 수 있다.

표 5-2 4M기법과 KRAS기법의 차이

4M 기법	KRAS
Man(인적)	기계적 요인
Machine(기계적)	전기적 요인
Media(물질, 환경적)	화학(물질)적 요인
Management(관리적)	생물학적 요인
	작업특성 요인
	작업환경 요인

표 5-3 KRAS기법 요인별 유해·위험요인

구분	유해·위험요인 파악
기계적 요인	- 협착위험(감김, 끼임) - 위험한 표면(절단, 베임, 긁힘) - 기계(설비)의 낙하, 비래, 전복, 붕괴, 전도 위험 부분 - 충돌위험 부분 - 넘어짐(미끄러짐, 걸림, 헛디딤) - 추락위험 부분(개구부 등)
전기적 요인	- 감전(안전전압 초과) - 아크 - 정전기 - 화재/폭발 위험
화학(물질)적 요인	- 가스, 증기, 에어로졸, 흄 - 액체, 미스트, 고체(분진) - 반응성 물질, 방사선 - 동물, 식물
생물학적 요인	- 병원성 미생물, 바이러스에 의한 감염 - 유전자 변형물질(GMO) - 알러지 및 미생물 - 동물, 식물
작업특성 요인	- 소음, 초음파, 초저주파음, 진동 - 근로자 실수(휴먼에러 - 저압 또는 고압상태, 질식위험, 산소결핍 - 중량물 취급작업, 반복작업 - 불안정한 작업자세, 작업(조작) 도구
작업환경 요인	- 기후/고온/한랭 - 조명, 공간 및 이동통로 - 주변 근로자, 작업시간 - 조직 안전문화 - 화상, 작업도구

표 5-4 KRAS 예시

작업공정명:			위 험 성 평 가								평가일시: '16-04-15		
세부 작업 내용	유해 위험요인 파악		관련근거 (법적기준)	현재의 안전보건 조치	위험성			위험성 감소대책	개선 후 위험성	개선 예정일	완료일	담당자
	위험분류	위험발생 상황 및 결과			기능성 (빈도)	중대성 (강도)	위험성					
원료 입고	기계적 요인	무자격자가 지게차를 임의 운전하여 근로자와 부딪힐 위험	안전보건규칙 제99조 [운전위치 이탈시의 조치]	유자격자 운전 시동키 분리보관	1	2	2(낮음)	-	-	-	-	-
원료 입고	전기적 요인	인화성액체(유기용제) 주입 중 정전기에 의한 화재폭발 위험	안전보건규칙 제325조 [정전기로 인한 화재 폭발 등 방지]	-	3	2	6(높음)	정전기의 발생 억제 또는 제거 조치 (배관 Bonding/Grounding)	2(낮음)	16-05 -30	16-05 -15	홍길동
원료 입고	화학(물질)적 요인	외부에서 탱크로 불씨가 유입 시 화재·폭발 위험	안전보건규칙 제269조 [화염방지기의 설치 등]	-	2	3	6(높음)	1. 안전작업허가 절차 준수 2. 화염방지기 설치	3(보통)	16-05 -30	16-05 -15	서비스
원료 입고	화학(물질)적 요인	인화성 액체의 증기가 점화되어 화재·폭발 위험	안전보건규칙 제230조 [폭발의 위험이 있는 장소의 설정 및 관리]	작업자 교육	2	3	6(높음)	폭발 위험장소 설정/관리 (폭발위험장소 구분도 작성)	3(보통)	16-06 -30	16-06 -15	황건설
원료 입고	화학(물질)적 요인	주입구 주변 유증기 흡입으로 인한 건강장해 발생 우려	안전보건규칙 제450조 [호흡용 보호구의 지급 등]	보호구 미착용	2	2	4(보통)	개인보호구 사용 (방독마스크)	2(낮음)	16-05 -30	16-05 -15	이보건

5.2 기계 재해사례 및 예방대책

재해사례 1

사업장 내에서 업무 수행차 도로를 횡단하던 보행자가 운반물에 가려 전방 시야 확보가 미흡한 상태로 운행 중이던 지게차에 부딪혀 사망

☑ 재해예방대책

① 지게차의 전방 시야 확보

- 지게차 운행 시 운전자의 전방 시야 확보가 어려울 경우 유도자를 배치해 유도자의 지시에 따라 지게차가 운행하도록 하는 등의 적절한 안전조치를 취해야 함

② 지게차 충돌 방지조치 실시

- 근로자에게 위험이 미칠 우려가 있는 장소에는 근로자가 안전하게 출입할 수 있는 전용통로 (횡단보도)를 확보하고, 통제가 어려운 경우 작업지휘자 또는 지게차 유도자를 배치해 지게차가 근로자와 부딪히지 않도록 해야 함

③ 작업계획서 작성 및 작성된 계획에 따른 작업 실시

- 지게차 등의 차량계 하역운반기계를 사용하여 작업을 할 때에는 위험을 예방할 수 있는 안전대책에 관한 작업 계획서를 작성하고 그 작업계획에 따라 작업을 실시해야 함

재해사례 2

자동차 부품제작을 위해 프레스 금형을 교체한 후 시험 운전을 실시하는 과정에서 재해자가 프레스 금형사이에 상체를 위치시킨 후 금형설치상태 등을 확인하던 중 이를 인지하지 못한 동료작업자가 양수조작식 스위치를 조작하여 재해자의 상체가 금형 사이에 끼여 사망한 재해임

☑ 재해예방대책

① 프레스 정비 보수 등의 작업 시 전원차단

- 금형조정 등 작업을 위해 위험한계내 출입시 오작동, 오조작 및 신호체계 미흡으로 타작업자의 가동으로 인한 위험을 방지하기 위해 프레스 전원을 차단한 후 잠금장치 및 표지판 설치

② 프레스 금형조정 등 작업 시 안전블록 사용

- 작업자의 신체가 위험한계 내에 위치할 수 있는 금형조정 등의 작업 시 슬라이드가 작동하거나 금형낙하에 의한 위험을 방지하기 위하여 슬라이드 및 상부 금형 등의 무게를 지탱할 수 있는 강도를 가진 안전블록을 설치

③ 작업지휘자 배치

- 프레스 수리·조정 등의 작업 시 기계가 갑자기 가동될 우려가 있는 경우 작업지휘자를 배치하는 등 필요한 조치 실시

재해사례 3

폐목재 이송용 컨베이어 하부에서 재해자가 청소작업 중에 청소도구가 컨베이어벨트와 이송롤러 사이로 말려 들어가면서 재해자의 목과 가슴 부위가 압박되어 사망한 재해임

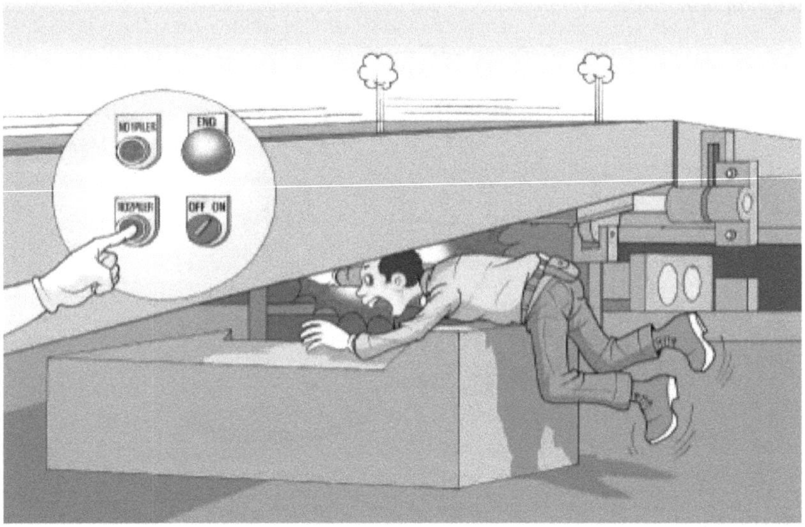

☑ 재해예방대책

① 컨베이어 청소 등의 작업 시의 전원차단 실시

- 컨베이어의 정비·청소·수리 작업 또는 유사한 작업을 할 때에는 해당 기계의 운전을 반드시 정지시킨 상태에서 작업을 실시하여야 함

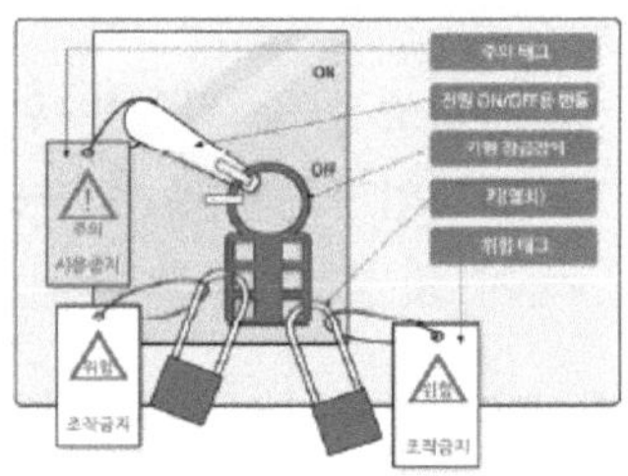

전원차단 후 잠금장치 설치

② 컨베이어 작동 중 위험 상황 발생장소 비상정지장치 설치

- 컨베이어는 근로자의 신체 일부가 말려드는 등 근로자가 위험해질 우려가 있는 경우, 즉시 컨베이어의 운전을 정지시킬 수 있는 비상정지장치를 설치하여야 함

재해사례 4

재해자가 혼합기 내부에 들어가 청소 작업을 하던 중 상황을 인지하지 못한 동료 작업자가 혼합기 전원 스위치를 작동시켜 회전날(임펠러)에 끼여 현장에서 사망

☑ 재해예방대책

① 혼합기 작업 시 전원차단

- 혼합기의 청소 등 작업 시 반드시 운전을 정지하고, 다른 사람이 그 기계를 운전하는 것을 방지하기 위하여 기동장치에 잠금장치(Lock Out)를 하고, 그 열쇠를 별도 관리하거나 표지판(Tag Out)을 설치하는 등 필요한 방호조치를 해야 함

② 방호장치의 해제 금지

- 혼합기로 청소 등의 작업을 하는 때에는 회전날이 정지되도록 연동시스템을 설치해야 하고, 덮개가 닫힌 후 기동스위치를 조작해야 만 회전날의 운동이 시작되도록 제작되어야 함

③ 위험기계기구 자율안전확인신고 필한 제품 사용

- 혼합기를 제조하는 자는 해당 제품의 안전에 관한 성능이 자율안전기준에 맞는지 확인하여 신고하고, 사용자는 신고된 기계·기구를 사용해야 함

재해사례 5

프레스 자동화 라인에 들어가 이상이 발생된 소재를 제거하는 과정에서 갑자기 소재 이송용 로봇이 작동되어 재해자의 가슴을 타격하면서 로봇과 적치대 구조부 사이에 몸이 끼여 사망한 재해임

☑ 재해예방대책

① 수리 등 작업 시 안전조치 실시

- 산업용 로봇의 작동범위에서 로봇의 수리·검사·조정 작업을 할 경우에는 로봇의 운전을 정지시키고 로봇의 기동스위치를 열쇠로 잠근 후 열쇠를 별도 관리하고 "작업중" 표지판을 부착하고 작업 실시

② 출입문 연동장치 기능해제 금지

- 충돌 위험이 있는 산업용 로봇의 가동범위를 방호하는 방책의 출입문을 열거나 안전플러그를 분리할 경우에 로봇의 전원이 차단되도록 연동(인터록) 시켜야 하며, 연동기능을 임의로 해제하지 못하도록 관리하여야 함

재해사례 6

재해자가 철판을 천장크레인으로 운반하여 작업장내 적재하던 중 크레인에 매달린 철판이 흔들리면서 옆에 적재되어 있던 철판시트와 매달린 철판 사이에 가슴이 끼여 사망한 재해임

☑ 재해예방대책

① 위험지역내 근로자 출입금지 조치 실시

- 크레인을 사용하여 중량물 운반시 낙하 및 맞음 위험이 있는 지역내에서는 근로자 출입금지조치를 실시하고, 충분한 작업 공간과 통로를 확보하는 등 작업자 안전거리 유지

② 중량물 취급 작업 안전작업절차 준수

- 중량물의 취급작업을 하는 경우에는 근로자의 위험을 방지하기 위하여 취급하는 중량물 작업으로 인한 안전대책 등에 대한 작업계획서를 작성하고 그 계획에 따라 작업하도록 하여야 하고, 작업지휘자를 지정하여 작업계획서에 따라 작업을 지휘하여야 함

재해사례 7

차량 탑재형 크레인을 이용하여 H빔을 화물차에 상차하던 중 재해자 머리위로 통과하던 H빔(1.15톤)이 크레인 와이어로프가 파단되면서 떨어져 화물차 적재함에 적재되어 있던 H빔과 떨어진 H빔 사이에 재해자 몸이 끼어 사망한 재해임

☑ 재해예방대책

① 이음매가 있는 와이어로프 등의 사용 금지

- 와이어로프 한 꼬임에서 끊어진 소선의 수가 10프로이상(비자전 와이어로프의 경우 호칭지름의 6배 길이 이내에서 4개 이상 호칭지름의 30배 이내에서 8개 이상)인 경우 사용을 금지하여야 함(비자전 와이어로프 : 장력이 발생하면 회전하는 와이어로프의 성질(자전성)을 줄이기 위해 소선 또는 스트렌드 꼬임에 변화를 준 와이어로프)

② 크레인 작업 시의 위험지역내 근로자 출입 통제

- 크레인 작업 시에는 인양 중인 하물이 작업자의 머리 위를 통과하지 않도록 미리 근로자 출입 통제를 실시하여야 함

③ 작업 시작 전 안전점검 실시

- 이동식크레인을 이용한 중량물 하역작업 시에는 와이어로프 등의 이상 유무를 작업 전에 점검하여야 함

재해사례 8

선박블럭 제조공장 내에서 협력업체 소속 재해자가 T-bar 용접부위 수정을 위한 사상작업 중 파손된 연삭숫돌의 파편이 재해자의 가슴을 타격하여 사망한 재해임(사상작업 : 용접부위를 그라인더로 매끈하게 깎아 내는 작업)

☑ 재해예방대책

① 연산숫돌 안전덮개의 임의 해체 금지

- 연삭기를 사용하여 작업하는 경우 연삭숫돌의 안전덮개의 임의 해체를 금지하고, 해당 기계에 적합한 종류 및 구조를 갖춘 안전덮개를 사용하여야 함

  ※ 연삭기 등 기계·기구 사용 시 적정사용압력 초과, 제품의 구조변경 등 제조사에서 제시하는 환경 외의 변경·사용을 금지하여야 함

② 연삭숫돌의 작업시작 전 점검 실시

- 작업시작 전 연삭숫돌의 결함 유무를 확인하고 작업시작 전 1분 이상, 연삭숫돌 교체 후 3분 이상 시험운전을 실시 하는 등 기계의 이상여부를 확인하여야 함

재해사례 9

2층 자재창고에서 원단 적재작업 중이던 재해자가 산업용 리프트를 조작하는 순간 리프트의 구동부 체인이 파단되면서 운반구가 낙하하여 2층 자재창고 바닥과 리프트의 운반구 상부틀 사이에 끼인 후 운반구와 함께 6미터 아래 1층으로 떨어져 사망한 재해임

☑ 재해예방대책

① 산업용 리프트 안전인증 및 방호장치 설치 후 사용

- 산업용 리프트는 안전인증 대상이므로 안전인증 기준에 적합하게 이전·설치하고 안전인증을 받은 후에 사용하여야 하며, 출입문 형태의 안전문 및 화물반입구의 안전문이 열리는 경우 리프트 운행을 자동으로 정지시킬 수 있도록 연동장치(Interlock), 권과방지장치, 과부하방지장치, 비상정지장치 등 방호장치 설치 후 사용하여야 함

② 볼트·너트 풀림 방지 조치 실시

- 볼트·너트를 사용하여 체결한 기계설비를 사용 시에는 볼트·너트의 풀림을 방지하기 위하여 적정하게 조여 있는지 수시로 확인하여야 하며, 록 너트(Lock nut), 자동 죔너트(Self locking nut), 세트 스크(Set screw), 와셔(Washer), 핀(Pin), 나일론너트 등 적절한 풀림방지장치를 선택하고 토크렌치 등을 사용하여 규정된 힘을 가해 풀림을 방지하여야 함

③ 산업용 리프트에 대한 탑승제한 실시

- 화물의 운반이 목적인 산업용 리프트를 사용 시에는 운반구에 근로자의 탑승을 금지하여야 하며, 탑승금지 표시는 운반구의 전면 등 쉽게 볼 수 있는 곳에 견고하게 부착하여야 함

④ **작업시작 전 점검사항 확인**

- 산업용 리프트를 사용한 작업을 시작하기 전에 유해·위험을 방지할 수 있도록 관리감독자로 하여금 필요한 사항을 점검하도록 하여야 함

재해사례 10

스티로폼 재활용 제품을 생산하기 위해 재해자가 폐스티로폼을 분쇄기에 손으로 투입하는 작업을 하던 도중, 분쇄기 회전날에 팔과 머리 부분이 끼이면서 사망한 재해임

☑ 재해예방대책

① **분쇄기 회전날의 가동부 접촉방지조치 실시**

- 사업주는 근로자가 분쇄기 회전날 부분에 접촉함으로써 위해를 입을 우려가 있는 경우 덮개 또는 울을 설치하여야 하며, 투입부 개구부를 통하여 위험구역에 신체의 일부가 도달할 수 없도록 충분한 안전거리를 확보하여야 함

② **분쇄기에 비상정지장치 설치**

- 사업주는 분쇄기에 해당 근로자의 신체의 일부가 말려드는 등 근로자가 위험해질 우려가 있는 경우 및 비상시에는 근로자가 바로 도달할 수 있는 범위 내에 비상정지 장치를 설치하여 즉시 분쇄기의 운전을 정지시킬 수 있는 장치를 설치하여야 함

③ 분쇄기 취급 시 장갑의 사용 금지

- 사업주는 근로자가 분쇄기의 회전날과 같이 날 또는 축이 회전하는 기계를 취급하는경우 그 근로자의 손에 밀착이 잘 되는 가죽 장갑 등과 같이 손이 말려 들어갈 위험이 없는 장갑을 사용하도록 하여야 함

CHAPTER 6

전기 재해

6

6.1 전기재해란?

전기는 인간 생활하는데 있어서 없어서는 안 될 필수품으로 거의 평생을 같이 한다고 해도 과언이 아닌 것이다. 하지만 전기는 필요악의 존재로 전기사고는 끊임없이 발생되고 있다. 현재 우리나라는 한국남부발전(주), 한국남동발전(주), 한국동서발전(주), 한국서부발전(주), 한국중부발전(주) 및 한국수력원자력 등에서 석탄, 가스, 기름, 신재생에너지 및 원자력 등을 이용하여 전기를 생산하고 있다. 여기에서 생산된 전기는 송전케이블을 통해 변전소로 보내지며, 변전소에서 154,000 V 이상의 초고압으로 배전용 변전소로 송전한다. 배전용 변전소에서 22,900 V로 공장 등으로 공급되지만 대규모 공장의 경우 초고압으로 송전되는 경우가 많으며, 가정에서는 변압기를 통해 220 V로 공급된다. 이러한 전기에너지는 존재하는 형태에 따라 다음과 같이 구분할 수 있다.

① 동전기 : 일반적으로 전선로를 따라 흐르는 전기에너지로 보통 그냥 전기라고 한다.

② 정전기 : 절연된 금속체나 절연체에 존재하는 전기에너지로 회로를 구성하여 주지 않으면 대전된 상태를 유지한다.

③ 낙뢰 : 대전된 뇌운과 대지와의 사이에서 방전현상이 발생하여 방전통로를 통해 흐르게 되는 막대한 전기에너지를 말한다.

④ 전자파 : 시변전류에 의해 공간에 발생하는 전자파가 가지고 있는 에너지를 말한다.

6.1.1 전기감전의 형태

감전(electric shock)이란 인체의 일부 또는 전체에 전류가 흐르는 현상을 말하며, 감전에 의해 인체가 받게 되는 충격을 전격(electric shock)이라고 하는데, 영문으로는 구분이 되지 않지만 통상 감전은 사고의 형태로 보아 그냥 감전사고라고 부르며, 전격은 사고의 결과로 일어나는 현상이기 때문에 전기적인 재해의 일종으로 통칭하는 경우가 많다. 전격은 간단한 충격으로부터 심한 고통을 받는 충격, 근육의 수축, 호흡의 곤란, 때로는 심실세동에 의한 사망까지도 발생한다. 산업안전보건법에서 감전은 전기접촉이나 방전에 의해 충격을 받는 것으로 정의되고 있다. 이는 주로 저압의 경우는 인체가 충전전로 등에 직접 접촉함으로 인해 감전이 되며, 고압의 경우는 접촉하기 이전의 충전전로 등으로부터 이격거리 내에 접근하여 공기 중 절연파괴 현상과 같은 방전에 의해 감전이 되기 때문이다.

6.1.2 감전사고의 종류

감전에 의해 전격, 심실세동, 화상, 2차 재해로 연결되며, 감전사고의 과정은 다음과 같다.

① 전선 등의 전기통로에 인체 등이 접촉되어 인체를 통해 지락전류가 흘러서 감전되는 경우로서, 전기작업이나 일반작업 중에 발생하는 대부분의 감전사고가 여기에 속한다.

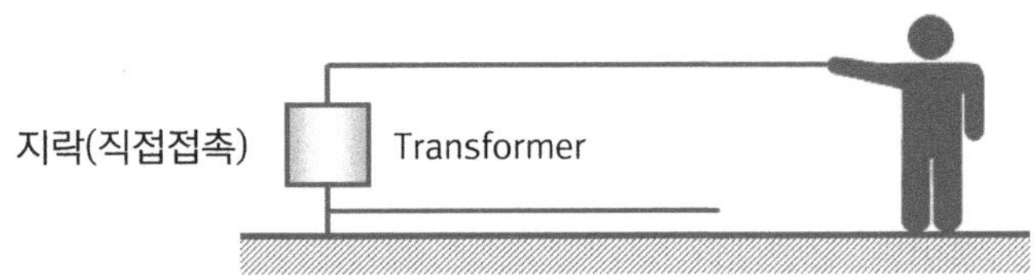

그림 6.1 충전된 전선로에 인체가 접촉하는 경우

② 누전상태에 있는 전기기기에 인체 등의 접촉되어 인체를 통해 지락전류가 흘러서 감전되는 경우로서, 절연불량의 전기기기 등에 인체가 접촉되어 발생하는 경우가 많다. 이렇게 부실한 전기설비로 시설된 철구조물 등에 인체가 접촉되어 발생하는 경우 등이 있다.

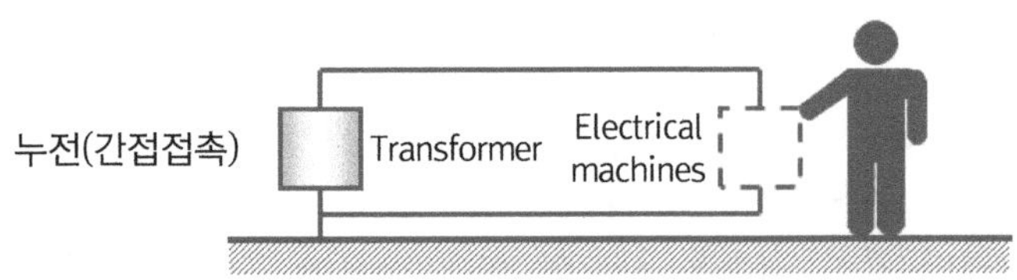

그림 6.2 누전된 전기기기에 인체가 접촉하는 경우

③ 전기 통로에 인체 등이 접촉되어 인체가 단락되거나 혹은 단락회로의 일부를 구성하여 감전되는 것으로, 전압이 걸려있는 두 전선 사이에 인체가 직접적으로나 도전

성이 있는 물체를 통하여 접촉된 경우로서, 아크용접기에 의한 작업 중 발생하는 감전사고 등이 있다.

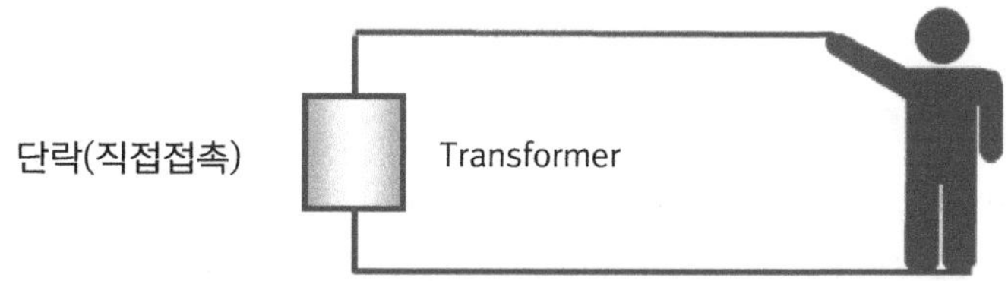

그림 6.3 전기회로에 인체가 단락회로의 일부를 형성하는 경우

④ 고전압의 전선로에 인체 등이 너무 가깝게 접근하여 공기의 절연파괴현상이 일어나서 아크가 발생하여 화상을 입거나 인체에 전류가 흐르게 되는 감전사고가 여기에 속한다.

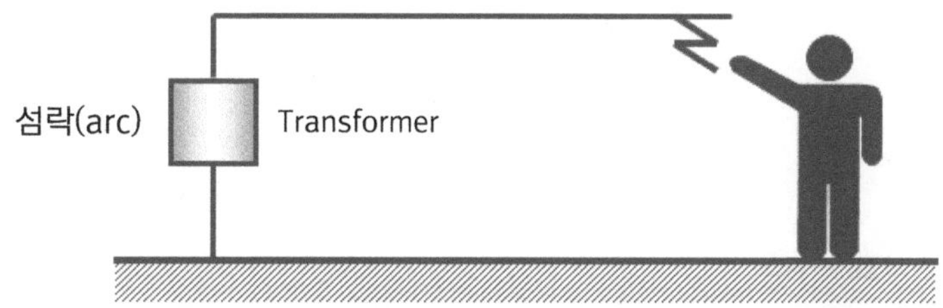

그림 6.4 고전압의 전선로에 인체가 근접하여 섬락이 발생한 경우

⑤ 전기의 유도현상으로 인해 인체를 통과하는 전류가 발생하여 감전되는 경우이다. 이것은 인체가 초고압의 전선로에 근접하는 경우 인체에 유도대전된 전하가 접지된 물체로 흘러서 감전되는 것으로, 주로 정전유도작용에 의해 발생하며 초고압의 전선로 주변에서 흔히 일어나는 현상이다. 이 결과는 적게는 짜릿한 느낌에서 크게는 전격에 의한 사망재해까지도 발생시킨다.

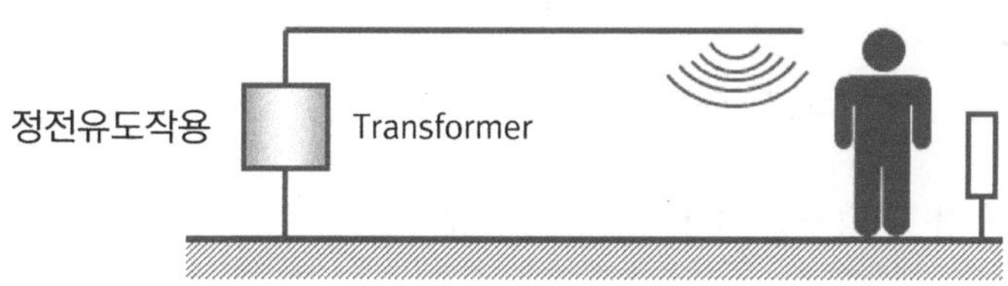

그림 6.5 초고압의 전선로에 인체가 근접하여 정전유도작용에 의해 대전된 전하가 접지된 금속체를 통해 방전되는 경우

6.2 전기가 인체에 미치는 영향

6.2.1 전격의 위험을 결정하는 요인

전격의 위험을 결정하는 주된 인자는 ① 통전전류의 크기, ② 통전경로(전류가 신체의 어느 부분을 흘렀는가), ③ 전원의 종류(교류, 직류별), ④ 통전시간과 전격인가위상(심장 맥동주기의 어느 위상에서 통전했는가), ⑤ 주파수 및 파형에 따라 결정되며, 기타 간접적으로 인체저항과 전압의 크기 등이 관계하고 있다. 즉 통전전류가 크거나 또는 전류가 인체의 중요한 부분을 포함하는 경로를 따라 흐르는 교류에 의해 장시간 동안 흐를수록 위험도가 높아진다.

6.2.2 통전경로별 위험도

표 6-1 통전경로별 위험도

통전경로	위험도	통전경로	위험도
왼손 → 가슴	1.5	왼손 → 등	0.7
오른손 → 가슴	1.3	한손 또는 양손 → 앉아 있는 자리	0.7
왼손 → 한손 또는 양발	1.0	왼손 → 오른손	0.4
양손 → 양발	1.0	오른손 → 등	0.3
오른손 → 한발 또는 양발	0.8		

6.2.3 통전전류와 인체반응

전격의 위험을 결정하는 주된 인자를 자세히 설펴보면 다음과 같다.

(1) 전류의 값(통전전류의 크기)

① 최소감지전류 : 인체에 전압을 인가하여 통과하는 전류의 값을 서서히 증가시키면 고통을 느끼지 않으면서 전기가 흐르는 것을 감지(통전)되는 것을 느낄 수 있는 전류치이다. 최소감지전류는 전원의 종류, 성별, 건강상태, 나이 등에 따라 다라지며, 교류인 경우 상용주파수가 60 Hz에서 건강한 남자의 경우 약 1 mA 정도이다.

② 고통한계전류 : 통전전류가 최소감지전류보다 커지면 어느 순간부터는 고통을 느끼게 되는데, 이것을 참을 수 있는 한계는 실험적으로 명확하게 밝혀진 것은 없지만 보통 약 7~8 mA정도가 되는 것으로 여러 문헌에서 기술하고 있다.

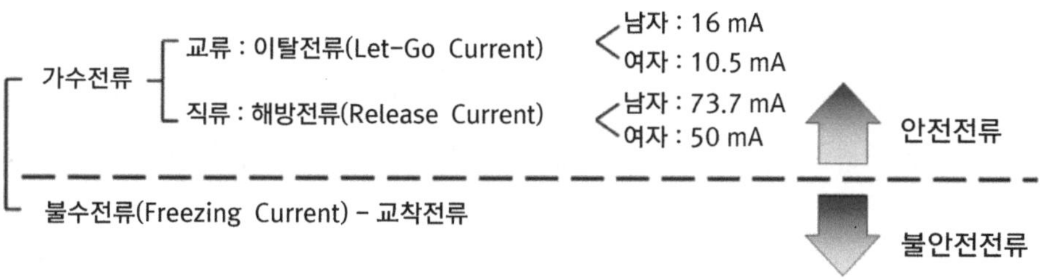

그림 6.6 가수전류와 불수전류

③ 심실세동전류 : 인체에 통전되는 전류가 증가되어 전류의 일부가 심장부분을 흐르게 된다. 이러한 경우 심장이 정상적인 맥동을 하지 못하며 불규칙적으로 세동을 하게 되어 결국 혈액순환의 큰 장애를 가져오게 되며, 이에 따라 산소의 공급 중지로 인해 뇌에 치명적 손상을 입히게 된다. 이와 같이 심근의 미세한 진동으로 혈액을 송출하는 펌프의 기능이 장애를 받는 현상을 심실세동(Venticular Fibrilation)이라 부르며, 이때의 전류를 심실세동전류라 한다.

④ 심실세동전류와 통전시간의 관계 : 심실세동전류값 (I) 은 통전시간 (T) 에 관계되며, 전류값과 통전시간과의 관계식은 여러 사람에 의하여 주장되고 있으나 달지엘(C. F. Dalziel)에 의한 다음의 관계식이 널리 인정되고 있다.

$$I = \frac{165}{\sqrt{T}} \text{(mA)}$$

여기서 전류 I는 1,000명 중 5명 정도가 심실세동을 일으키는 전류값 (mA) 이며, T는 통전시간 (sec) 이다.

옴의 법칙

1826년 독일 학자 옴은 실험적으로 전위차(전압)와 전류와의 관계를 다음과 같이 설명하였다.

도체 내에 전계가 존재할 때, 전류는 전계의 방향으로 흐른다. 도체 내의 두 점 사이에 전위차 V가 있을 때, 고전위로부터 저전위로 전류 I가 흐른다고 하면, 전위는 전위차에 비례하며 그 비례상수를 R이라 하면 다음과 같은 관계가 있다.

$$I(A) = \frac{V(V)}{R(\Omega)}$$

이것을 옴의 법칙이라 한다. R은 전류의 흐름을 방해하는 것을 나타내므로 이것을 도체의 전기저항 또는 저항이라 하며 그 단위는 옴이라 읽고 (Ω)로 표시한다.

(2) 심실세동에 미치는 전격인가위상의 영향

심실세동의 발생에 있어서는 심장 맥동주기의 어느 위상에서 전격이 인가되는가가 중요한 인자로 되어 있다. 심장의 맥동주기를 심전도에서 보면 그림 6.7과 같이 R-R간의 간격을 심장의 맥동주기라 하면 P파, Q-R-S파 및 T파로 구성된다. 여기서 P파는 심방의 수축에 따른 파형이고, Q-R-S파는 심실의 수축에 따른 파형이며, T파는 심실의 수축 종료 후 휴식 시 발생되는 파형이다. Ferris, King은 심실이 수축종료하는 T파 부분에서 전격이 인가되면 심실세동을 일으키는 확률이 가장 크고 위험한 것으로 되어 있다.

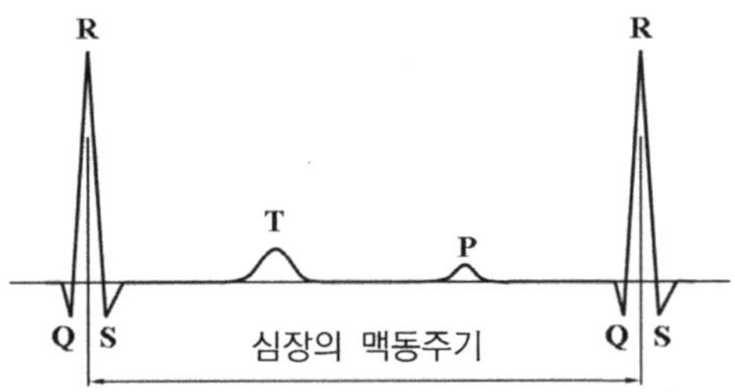

그림 6.7 심장의 맥동주기

(3) 통전전류에 따른 인체의 반응

코펜(S. Koeppen) 등은 과거 1,000건의 전기사고를 조사하여 분석하고, 동물실험을 통한 결과로부터 50 Hz 전류에서 통전경로가 손-몸통-다리이고 통전시간이 1초인 경우의 생리적 반응을 관찰하여 표 6-2의 결과를 얻었으며, 생리적 반응에 따라 전류범위를 4가지 영역으로 나누었다.

표 6-2 4가지 전류범위에 있어서의 생리적 반응

전류범위	생 리 작 용	전류[mA]
I	전류를 감지하는 상태에서 자발적으로 이탈이 가능하게 된 상태	약 25이하
II	아직 참을 수 있는 전류로서 혈압상승, 심장맥동의 불규칙, 회복성 심장정지, 50 mA이상에서는 실신한다.	25~80
III	실신, 심실세동	80~3000
IV	혈압상승, 불회복성 심장정지, 부정맥 폐기종	약 3000이상

독일의 코펜(Koeppen)에 의한 기준 : 통전전류가 세로로 흐른 경우(50 Hz)

① Ⅰ : 0~25 mA
- 1 mA 이하 : 거의 느끼지 못함
- 5 mA 이하 : 가벼운 경직 또는 마비 현상
- 15 mA 이하 : 이탈 가능한 경련현상
- 25 mA 이하 : 경련현상

② Ⅱ : 25~80 mA
- 혈압이 상승하고 심장의 불규칙적인 박동, 50 mA 이상에는 실신

③ Ⅲ : 80 mA이상 3~8 A이하
- 약 0.3초 이상에서 심실세동으로 인한 사망

④ Ⅳ : 3~8 A이상
- 고전압 감전의 경우로 피부의 내·외부화상과 통전 중 심장마비
- 화상 또는 탄화로 인한 사망

6.2.4 전압의 구분

우리나라에서는 1974년부터 전압의 크기에 따라 저압, 고압, 특별고압 등 3단계로 구분하고 있으며, 2021년 1월 1일부터 표 6-3과 같이 전압의 크기에 대한 구분이 변경되어 시행되었다. 전압의 크기에 대한 변경은 그동안 발전설비, 기자재 등이 기존의 전압의 크기 분류에서는 고압 이상이기 때문에 그에 맞는 시험 및 인증 등을 별도로 받아야 하고 계약 조건도 까다롭다는 단점이 있었다. 또한 국내 전압체계가 IEC와 달랐기 때문에 외국산 제품을 도입하려면 별도 시험성적서도 필요하고 이에 따른 추가적인 비용과 시간이 소모되는 결과를 낳았다. 하지만, 전압크기 구분에 대한 변경으로 인해 저압설비(변경 전 고압설비)를 통해서도 발전효율을 올릴 수 있고, 시설과 중복시험 관련 비용이 감소함에 따라 국내 신재생에너지 발전사업의 활성화 및 해외시장 진출 확대의 기회를 가질 수 있게 되었다.

표 6-3 전압의 구분

구분	변경 전		변경 후	
	교류	직류	교류	직류
저압	600 V 이하	750 V 이하	1,000 V 이하	1,500 V 이하
고압	600 V 초과 7,000 V 이하	750 V 초과 7,000 V 이하	1,000 V 초과 7,000 V 이하	1,500 V 초과 7,000 V 이하
특별고압	7,000 V를 초과하는 것			

6.2.5 허용접촉전압

지락이 생긴 경우의 접촉전압은 사람이 접촉하는 상태에 따라서 인체저항이 변화하고 통전전류도 변화함으로 접촉상태에 따라 접촉전압을 제한할 필요가 있다. 인체의 접촉상태에 따른 허용접촉전압을 표 6-4에 나타내었다.

표 6-4 허용접촉전압

종 별	허용접촉전압	비 고
제1종	2.5(V) 이하	• 인체의 대부분이 수중에 있는 상태
제2종	25(V) 이하	• 인체가 현저하게 젖어 있는 상태 • 금속성의 전기기계장치나 구조물에 인체의 일부가 상시 접촉되어 있는 상태
제3종	50(V) 이하	• 제1, 2종 이외의 경우로서 통상의 인체상태로서 접촉전압이 가해지면 위험성이 높을 때
제4종	제한 없음	• 제1, 2종 이외의 경우로서 통상의 인체상태에 있어서 접촉전압이 가해지더라도 위험성이 낮을 때 • 접촉전압이 가해질 우려가 없을 때

6.2.6 인체저항

인체의 전기저항 중에서 피부의 전기저항이 가장 큰 값을 가지고 있지만, 공구를 가지고 작업하는 근로자의 손은 약 10,000 Ω, 사무 근로자의 손처럼 부드러운 피부는 약 1,000 Ω으로 사람에 따라서 피부저항은 상당히 큰 폭으로 변동한다.

보통 인체의 전기저항은 피부저항이 약 2,500 Ω, 내부조직저항이 약 300 Ω, 발과 신발사이의 저항을 1,500 Ω, 신발과 대지 사이를 700 Ω으로 보아 전체 저항을 약 5,000으로 보고 있다. 하지만 피부저항은 Gilbert와 Dalziel의 실험결과 피부가 젖은 있는 경우가 건조한 경우에 비하여 1/10 이상, 피부에 땀이 나 있는 경우에는 건조 시의 약 1/12로 감소하며, 물에 젖어 있을 경우는 1/25로 감소하는 것으로 알려져 있다.

6.3 누전과 합선

6.3.1 누전과 합선의 개념

누전은 옥내배선이나 전기기계·기구의 전선피복이 손상되어 건물의 철근이나 전기기계·기구 외함 등의 금속부분을 통해 전기가 흐르는 현상이다. 즉 전기는 완전한 회로를 구성하고 있을 때 전기는 흘러간다. 하지만 피복 손상 등으로 회로 밖으로 빠져나가는 전기를 누전이라고 한다.

단락의 경우는 보통 합선으로 알려져 있다. 단락은 전선이 낡아 (+)선과 (-)선이 맞닿은 상태로, 이때 아크와 동시에 고열이 발생하는 경우를 말한다.

6.3.2 전기화재

화재는 사람의 의도에 반하여 여러 원인으로 인해 발생·확대되고 소화를 요하는 연소현상으로, 이것을 소화하는데 소화시설이나 같은 정도의 효과가 있는 것의 이용을 필요로 하는 것이라고 정의할 수 있다.

전기화재의 원인을 보면, 주로 합선(단락), 누전, 과부하, 전기 스파크, 정전기, 접촉부과열, 기기발열, 발연전도, 원인불명, 기타로 분류된다.

(1) 단락

전기회로나 전기기기에 있어서 절연체가 전기적 또는 기계적 원인으로 파괴 또는 열화되어 합선에 의하여 발화하는 것을 말한다. 단락순간의 단락전류는 배선의 조건에 따라 다르나 대개 1,000~1,500(A) 정도이고 이로 인한 스파크(spark)에 의해 발화한다. 발화형태는 단락점에서 발생한 스파크가 주위의 인화성 가스 또는 물질에 연소한 경우, 단락순간의 가열된 전선이 주위의 인화성 물질 또는 인화성 물질에 접촉할 경우, 단락점 이외의 전선피복이 연소하는 경우 등이 있다.

(2) 누전

누전은 전류의 통로로 설계된 이외의 곳으로 전류가 흐르는 현상이다. 따라서 누전화재는 전류가 통로로 설계된 부분으로부터 새서 건물 및 부대설비(빨래줄·물받이·굴뚝·간판·가스·수도관 등과 같이 원칙적으로 건물에 고정시킨 설치물) 또는 공작물(담장·굴뚝·간판탑 등)의 일부로 흘러 이것을 발열시켜 발생되는 화재라고 정의한다.

면적이 넓은 함석판은 전기 저항이 작아 20 A 정도의 전류가 흐른다 해도 판자체가 발열되지 않는다. 하지만 함석판을 연결하는 이음매는 접속이 불완전한 경우가 많기 때문에 이 부분에 20 A 정도의 전류가 집중된다면, 연결부에서 열을 받아 이곳에 접하고 있는 나무 등의 인화성 부분에서 타게 된다. 보통 발화까지 이룰 수 있는 누전전류의 최소치는 300~500 mA이다.

누전재해의 경우 어디에서 전기가 누설(누전점)되어 어디에서 접지물(접지점)에 흘러 출화개소(출화점)가 그 경로를 구성하는 것을 분명히 함으로서 출하원인을 판정한다.

(3) 과열(과전류)

전선에 전류가 흐르면 Joule 법칙(W = I2RT)에 의해 열이 발생한다. 이 열은 안전 허용 전류 범위 내에서는 발열과 방열이 평형이 되어 있으나, 과부하가 걸리면 평형이 깨지면 과열이 된다. 여기서 과열이란 전기기기, 배선 등이 설계된 정상동작 상태의 온도 이상으로 온도상승을 일으키는 일 및 피가열체를 위험온도 이상으로 가열하는 일을 말한다.

(4) 전기불꽃(spark)

화재원인으로서 전기불꽃은 개폐기나 콘센트를 조작할 때에 발생하는 불꽃이 문제가 된다. 전기설비에서 발생하는 전기불꽃은 모두가 점화원이 될 수 있으며 다음과 같은 것이 있다.

① 개폐기는 단로기(Disconnecting Switch, DS)를 제외한 전부가 어떤 일정한 전압 이상의 전압이 가해진 회로의 차단 때에 불꽃을 낸다.

② 개폐할 때 접촉저항으로 접촉부분의 금속이 과열되어 불꽃을 내는 일도 있다.

③ 전기불꽃은 아니지만 전등도 유리가 파손되면 필라멘트가 노출되어 전기불꽃과 같은 위험이 있다.

④ 기타 전기설비에서 발생하는 전기불꽃은 모두가 점화원이 될 수 있다.

(5) 접촉부발열

전선과 전선, 전선과 단자 및 접속면 등의 도체에 있어서 접촉상태가 불완전하면 특별한 접촉저항을 나타내어 발열하게 된다. 이 발열은 국부적이고 특히 접촉면이 거칠어지면 접촉저항은 더욱 증가되어 적열상태에 이르게 됨으로써 주위의 절연물을 발화시킨다.

(6) 절연열화, 절연파괴

전기적으로 절연된 물질 상호간에 전기저항이 감소하여 많은 전류를 흐르게 하는 현상을 절연파괴라 한다. 절연파괴의 원인은 기계적 성질의 저하, 취급불량으로 인한 절연피복의 손상, 이상전압 발생에서 오는 절연파괴나 허용전류를 넘는 전류에서는 과열 및 시간의 경과에 따른 절연성의 열화 등으로 인하여 절연내력이 점차 감소에 의한 절연피복의 변질 등이 있다.

(7) 지락

지락이란 전류가 정상적인 전기회로에서 벗어나 대지로 통하는 경우이다.

(8) 열적경과

전등, 전열기 등을 인화물 주위에서 사용하거나 열의 발산이 잘 안되는 상태에서 사용할 경우 인화물에 열이 축적되어 발화되는 경우이다. 예를 들면, 전등을 담요로 감싸 방치하면 전구의 열에 의하여 담요에 착화한 경우 등을 들 수 있다.

(9) 정전기

정전기는 물질의 마찰에 의하여 발생되는 것으로서 대전된 도체 사이에서 방전이 생길 경우 주위에 있던 인화성 가스 및 증기에 인화되는 경우로, 다음 조건이 만족되어야 한다.

① 인화성 가스 및 증기가 폭발한계 내에 있을 것

② 정전기 스파크의 에너지가 인화성 가스 및 증기의 최소착화에너지 이상일 것.

③ 방전하기 충분한 전위차가 있을 것

(10) 낙뢰

낙뢰는 일종의 정전기로서 구름과 대지 사이의 방전현상인데, 낙뢰가 발생하면 전기회로에 이상전압이 유기되어 절연을 파괴시킬 뿐만 아니라, 이 때 흐르는 대전류가 화재원인이 된다.

6.3.3 발화원에 의한 전기화재

(1) 이동 가능한 전열기

전기난로, 전기풍로, 전기다리미, 전기담요, 소독기, 살균기, 용접기 등

(2) 고정된 전열기

전기항온기, 전기정화기, 오븐, 전기건조기, 전기로 등

(3) 전기기기 및 전기장치

배전용 변압기, 전동기, 발전기, 정류기, 충전기, 계기용 변성기, 유입차단기, 단권변압기 등

(4) 전등, 전화 등의 배선

배전선, 인입선, 옥내배선, 옥외선, 코드선, 교통기관내 배선, 배전접속부 등

(5) 배선기구

스위치, 칼형 개폐기, 자동개폐기, 접속기, 전기측정기 등

6.3.4 전기화재의 예방

전기화재를 예방하기 위한 일반적인 대책은 다음과 같다.

① 발화원의 관리

② 옥내배선, 전기기구 등 전기설비의 품질향상

③ 옥내배선, 전기기구 등 전기설비의 점검 철저

④ 전기공사자의 안전의식 및 기술수준의 향상

⑤ 규정된 규격품 등 형식승인을 받은 전기용품 사용 및 관련 법규·기준 준수

⑥ 퓨즈 등은 설비의 용량을 초과하지 말 것

배선과 배선기구, 전열기, 전기기기, 전기장치에 대해서는 사용자의 주의와 관리가 요구되며 이에 대한 안전관리 항목은 다음과 같다.

(1) 배선에 대한 안전관리 항목

① 전선의 종류와 규격이 안전기준에 적합한가

② 전선이 조영재, 수도관, 약전선 등에 접근 또는 접촉되어 있지 않은가

③ 전선에 기계적으로 손상된 부분은 없는가

④ 절연전선의 피복이 손상되거나 파손 또는 절연열화된 부분은 없는가

⑤ 전선의 접속부분이 완전하게 되어 있는가

⑥ 전선이 과부하 상태로 동작될 가능성은 없는가

⑦ 퓨즈의 용량은 접합한가

⑧ 과부하 차단기는 이상이 없는가

(2) 배선기구에 대한 안전관리 항목

① 배선기구 중에 불량한 전기용품을 사용한 곳은 없는가

② 각종 스위치나 콘센트 등에 동작이 이상하거나 접촉이 불량한 부분은 없는가

③ 각종 스위치나 콘센트 등의 연결 부분에 조임나사가 풀려있지는 않는가

④ 배선기구의 절연체가 기계적으로 손상되었거나 절연열화된 부분은 없는가

(3) 전열기에 대한 안전관리 항목

① 전열기에 인화성 물질이 접촉될 우려는 없는가

② 온도조절기 또는 과열방지용 퓨즈에 이상은 없는가

③ 전열기의 코드에 손상된 부분은 없는가

(4) 전기기기, 전기장치에 대한 안전관리 항목

① 전기기기, 전기장치의 설치와 사용이 사용법이 맞는가

② 전기기기, 전기장치의 동작에 이상이 있지는 않은가

③ 부분적인 과열 또는 이상한 소음이 일어나고 있는 곳은 없는가

감전사고를 예방하기 위한 일반적인 기준은 다음과 같다.

① 누전차단기 등 안전설비 설치

② 전기설비의 점검 철저

③ 전기기기 및 설비의 정비

④ 전기기기 및 설비의 위험부에 위험표시

⑤ 설비의 필요한 부분에는 보호접지를 시설

⑥ 충전부가 노출된 부분에는 절연용 방호구를 사용

⑦ 고전압 선로 및 충전부에 근접하여 작업하는 작업자에게는 보호구를 착용

⑧ 유자격자 이외는 전기 기계 및 기구에 전기적인 접촉을 금지

⑨ 관리감독자는 작업에 대한 전기안전교육을 실시

⑩ 사고 발생 시의 처리순서를 미리 작성하여 둘 것

6.4 전기 재해사례 및 예방대책

재해사례 1

노후화 된 버킷 엘리베이터(높이 약 4.5 m) 해체작업을 하던 중, 산소절단 작업 시 발생되는 연기(흄)를 제거하기 위해 설치한 송풍기를 근로자 1명이 드는 순간, 감전으로 '악'하는 비명 소리를 내며 약 2 m 아래의 작업 발판으로 떨어져 사망(국과수 부검 결과 두부 등 외상이 없음)

☑ 재해예방대책

① 감전방지를 위한 송풍기 외함 접지 실시

- 이동형 전기기계·기구의 누전에 의한 감전재해를 예방하기 위해 송풍기 외함은 반드시 접지선을 연결하여 사용

② 송풍기 등 전기기구 사용 시 누전차단기 설치

- 전기기계기구 누전시 신속하게 전원을 차단하여 작업자를 보호 할 수 있도록 이동형 또는 휴대형의 전기기계기구의 전원측에는 감전방지용 누전차단기(정격감도전류 : 30 mA, 동작시간 : 0.03초이내)를 설치

재해사례 2

근로자 1명이 폐수펌프를 정지시키기 위해 땀 등으로 젖은 손으로 꽂음접속기(콘센트)를 잡던 중 파손되어 있던 절연 케이스 내부 충전부에 접촉하여 감전으로 사망

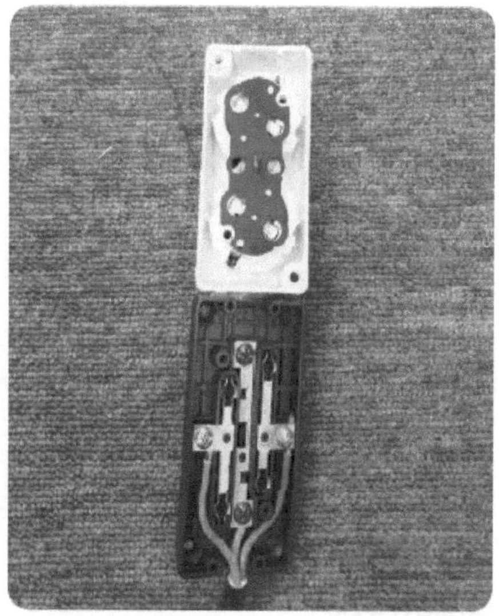

☑ 재해예방대책

① 충전부에 대한 방호조치 실시

- 작업이나 통행 등으로 인해 전기기계·기구 또는 전로 등의 충전부분에 접촉하거나 접근함으로써 감전위험이 있는 충전부분에 대하여 감전을 방지하기 위하여 내구성이 있는 절연물로 완전히 덮어 감싸는 등 충전부에 대한 방호조치를 하여야 함
- 파손되어 절연성능이 확보되지 않는 꽂음접속기 등은 교체하여 사용하여야 함

② 꽂음접속기 사용 시 주의사항 준수

- 작업자는 꽂음접속기를 사용할 경우에는 젖은 손으로 취급하지 않도록 하여야 함

재해사례 3

변전실에서 근로자 1명이 열화상 카메라로 수전용 변압기(22.9 KV/6.6 KV)의 온도측정 중, 아크가 발생하여 그 화염에 화상을 입고 치료 중 사망

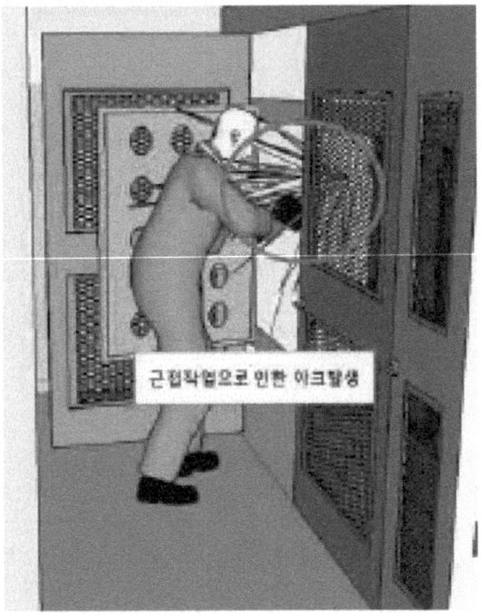

☑ 재해예방대책

① 접근한계거리 준수

- 22.9 KV 충전전로에서 전기작업 유자격자가 작업하는 경우 접근한계거리(90 cm 이상) 준수전기기계기구의 점검, 보수 시 전기작업용 보호구 착용
- 전기적 아크에 의한 화상의 우려가 있는 특고압 작업 시, 방염 또는 난연 성능을 가진 작업복을 지급하여 착용

② 전기작업(열화상카메라 측정작업)에 따른 사전조사 및 작업계획서 작성

- 감전 등의 위험이 있는 전기기계기구 점검 작업 시 접근한계거리 등 작업 시작 전 필요한 사항이 포함된 작업계획서를 작성하여 보관

재해사례 4

가로등 보수공사 현장에서 피재자가 철제 전신주에 알루미늄 사다리를 걸쳐놓고 올라가 가로등 전원선 연결 작업 중 활선 상태인 저압 전선에 접촉되어 감전 사망

☑ 재해예방대책

① 절연용 방호구 설치 및 절연용 보호구 착용

- 근로자가 충전전로를 취급하거나 근접한 장소에서 작업하는 경우에는 해당 전압에 적합한 절연용 방호구를 설치하고, 절연용 보호구를 착용시킨 후 작업

② 작업계획서 작성 및 교육 실시

- 전기작업을 하는 경우 근로자의 위험을 방지하기 위하여 작업방법, 절연용 방호구 설치, 절연용 보호구 착용 등의 내용을 포함한 작업계획서를 작성하고, 해당 작업 근로자에게 교육을 실시

재해사례 5

주상복합 신축공사 현장에서 지하 주차장 천장에 설치한 가설 조명등 연결전선의 접속부 과열 및 열 축적에 의한 절연파괴로 발생한 단락 불꽃이 천장 단열재와 하부에 쌓아둔 단열재 더미 등에 튀어 착화되면서 대형 화재가 발생하여 근로자 3명이 유독가스에 질식되어 사망하고, 37명이 질식 또는 화상으로 부상당한 재해

☑ 재해예방대책

① 가설전선 접속방법 개선

- 서로 다른 전선의 상호접속을 박스, 커플링, 커넥터 등의 접속 기구를 사용하여 장력이 걸리지 않는 구조로하고, 가설전등 설치 상세도를 작성하여 가설전등 설치위치, 바닥으로 부터의 높이, 화재위험이 있는 가연성 단열재 등과의 안전거리 등을 준수

② 작업장 내 화재예방 및 관리체계 개선

- 가연성자재는 실외 환기가 충분한 장소에 별도의 저장소를 설치하여 보관
- 부득이하게 지하 또는 밀폐된 실내에 보관하여야 할 경우, 보관장소 인근 화기작업 금지, 화재확산을 지연시킬 수 있는 불연재질의 (임시)방호벽을 설치 및 화재감지·경보기와 자동 확산 소화장치를 설치

③ 화재 확산방지 및 대피시간 확보 방안 마련

- 화재확산을 지연시킬 수 있는 방호벽(제연판 등)을 설치하고 구역별로 화재감지 및 경보기를 설치하여 조기에 화재발생 감지 및 경보음을 발생시켜 작업자들의 신속한 대피 유도

재해사례 6

저압용 클램프미터(최대측정 전압 : 교류/직류 600 V, 최대측정 전류 : AC 2,000 A)를 사용하여 전류 테스트를 실시하기 위해 진공차단기(VCB) 후면 부스바에 테스트 리드선을 접촉시키는 순간, 클램프미터가 압(3,300 V)에 의한 과전류를 견디지 못하고 절연이 파괴되면서 아크(Arc)가 발생하여 VCB 판넬 후면부에서 테스트를 진행하던 근로자와 바로 뒤에서 테스트를 지켜보던 동료 근로자 2명이 전기 화상을 입은 재해

☑ 재해예방대책

① 적정한 전기·기계 기구 사용

- 클램프 미터 등 전기·기계 기구를 사용할 경우에는 제품설명서등에서 정하는 조건에 따라 고압(3,300 V)에서 사용가능한 전기·기계 기구인지 여부를 확인한 후 사용하여야 함

② 방염 또는 난연성 작업복 착용 후 작업 실시

- 전기적 불꽃 또는 아크에 의한 화상의 우려가 있는 고압 이상의 충전전로 작업 시 근로자에게 방염 처리된 작업복 또는 난연 성능을 가진 작업복을 지급하고 착용토록 하여야 함

③ 전기 관련 작업 시 작업계획서 작성 후 작업 실시

- 감전의 위험이 있는 고압(3,300 V)이 흐르는 전기기기(전기 판넬 등) 점검 등의 작업 시 전격, 아크폭발 등 위험 요인을 파악하여 작업계획서를 작성하고, 작업 시작 전 작성한 작업계획서의 내용을 근로자에게 교육을 실시한 후 작업을 실시하여야 함

재해사례 7

작업장 내 배합실에서 재해 근로자가 이형지에 도포하는 실리콘 이형제 배합을 위해 원료인 톨루엔을 지하 저장탱크로부터 배합용기에 주입하던 중 배합용기에서 정전기 방전에 의한 화재가 발생하여 전신 3도 화상을 입고 병원에 입원하여 치료 중 사망

☑ 재해예방대책

① 도전성 재질의 호스 사용

- 정전기가 축적되지 않는 도전성 재질의 호스로 교체

② 등전위 본딩 실시

- 배합용기와 주입배관 사이에 정전기 방전이 일어나지 않도록 주입배관과 배합용기 사이를 직접 본딩
- 배합용기에 전용 접지편 설치
- 각 도전체를 접지

③ 톨루엔 주입방식 개선

- 용기 상부 주입방식(Splash filling)에서 용기 하부 주입방식으로 개선
- 주입배관을 용기 하부까지 확장(Dip pipe)하고 끝단에 45도 컷팁 또는 티(Tee) 사용
- 초기 배관 내 유속을 1m/sec 이하로 유지

재해사례 8

설비 내부에서 근로자 1명이 용접작업을 하던 중 용접 홀더의 노출된 충전부에 접촉·감전된 사고로, 병원으로 이송하여 치료 중 사망

☑ 재해예방대책

① 도전성이 높은 장소에서 교류아크용접기를 사용하는 경우에는 자동전격방지기를 설치하고 정상작동 상태에서 사용

- 도전체에 둘러싸인 장소 내부
- 근로자가 물·땀 등으로 인하여 도전성이 높은 습윤상태에서 작업하는 장소

② 절연이 파괴된 홀더의 사용금지

- 작업자가 손으로 잡고 작업을 실시하는 홀더의 절연덮개(애자)를 포함하여 피복이 손상된 홀더는 사용하지 않아야 함

③ 적절한 보호구 착용

- 작업환경으로 인해 작업자가 습기와 땀으로 젖을 경우 물에 젖지 않는 절연장갑 또는 절연장화를 착용하여 통전경로가 형성되는 것을 예방하여야 함

재해사례 9

345 KV 송전선로 철탑 활선애자 청소 작업현장에서 근로자(송전 활선전공) 1명이 동료 작업자와 함께 송전선로 철탑 NO.3호 활선애자 청소작업을 진행하던 중 몸의 균형을 잃고 높이 35 m 아래 지상으로 떨어져 사망

☑ 재해예방대책

① 안전대 부착설비 설치 및 안전대 사용 여부 관리·감독 철저

- 떨어짐 위험이 있는 철탑 상부(암)에서 이동할 때에는 안전대를 사용할 수 있도록 안전대 부착설비를 사전에 설치하고 안전대 보조로프(보조죔줄)를 사용하여 이동할 수 있도록 조치
- 안전대 사용 시에는 작업근로자가 작업의 편의상 보조로프(보조죔줄)를 임의로 해제하지 못하도록 사전 관리·감독 철저

CHAPTER 7

화학 재해

7.1 폭발 화재의 방지

7.2 화학 재해사례 및 예방대책

7.1 폭발 화재의 방지

7.1.1 최근의 폭발, 화재 재해 발생형태

폭발·화재 재해의 발생건수는 전체적으로 감소해 오고 있지만 피해의 중대성, 다양화 등 재해방지 대책의 필요성은 여전히 높다. 폭발·화재 발생형태의 특징은 다음과 같다.

(1) 폭넓은 업종에서 발생

전형적인 화학공업에서는 이상반응에 의한 폭발, 배관 등에서의 가스누출 및 가연성 물질에 의한 화재 등이 있다. 이 외에 음식점, 레저시설의 연료 가스 누설에 의한 화재·폭발, 건축공사현장에서 도장중의 유기 용제 증기 폭발까지 모든 업종에서 발생하며 그 범위는 계속해서 증가하고 있는 추세이다.

(2) 화학 플랜트에 숨어 있는 위험

안전관리가 철저히 관리되고 있는 대규모 사업장일수록 취급하는 위험물의 분량이 많고 화학 플랜트도 대형화, 다양화하고 있으므로 기존의 방식보다 운전관리 방법에 변화를 보이는 등 보다 충실한 안전 대책이 필요하다.

(3) 각종 공사 용접, 용단의 위험

가스에 의한 용접, 용단 및 아크용접은 수선선박공사, 건축공사, 설비공사 등으로 폭넓게 사용되고 있다. 근접 작업 장소에서 다수의 근로자가 작업을 하고, 가연성 물질도 다양하게 사용하는 경우가 많기 때문에 용접, 용단의 불꽃, 불티가 착화원이 되어 화재를 발생시키는 등 중대 재해가 될 위험성이 크다.

(4) 금속 등 분진 폭발

가스, 증기에 의한 폭발 외에 금속분진 폭발 예도 많고, 특히 분진 폭발은 발생원리나 이해 부족으로 인해 대비책이 미비한 상태이다.

(5) 신기술 분야에서 특수 가스에 의한 재해의 발생

반도체 제조공장 등에서는 위험성 및 독성이 모두 높은 실란(SiH4) 등의 특수 가스가 사용되고 있으며, 봄베 및 가스 공급설비 등에서는 특수 가스를 소비하는 설비와 배기 설비에 이르기까지 이에 대한 충분한 누설방지 대책이 필요하다.

7.1.2 연소

(1) 연소의 요건

연소란 빛과 열을 동반하는 산화반응이며, 연소에 의해 사람이나 사회적 재산에 피해를 줄 수 있는 것을 화재라고 한다. 연소에는 세 가지 요건이 필요하다.

① 산화되기 쉬운 물질, 즉 가연성 물질이 있을 것
② 산화성 물질, 즉 공기 중에 산소나 산화제 등이 있을 것
③ 열에너지의 공급원, 즉 착화원이 있을 것

가연성 물질이 연소하기 위해서는 공기 중에서 가연성 물질이 연소를 개시할 수 있는 온도까지 높아야 한다. 표 7-1에 제시된 자료와 같이 목재라면 250~260℃의 발화온도가 되었을 때 비로소 발화한다. 이 온도를 발화온도라고 한다.

표 7-1 각종 가연물의 발화온도

가연물	발화온도(℃)	가연물	발화온도(℃)
목재	250~260	황인	30
목탄	300	중유	260
역청탄	360	등유	210
갈탄	300	가솔린	257
무연탄	490	에틸알콜	363
코크스	500	메탄	537
파라핀왁스	400	수소	500
유황	232	일산화탄소	609
적인	260	아세틸렌	305

발화온도에 차이가 있는 것은 물질의 산화력, 표면 활성 상태, 열전도성 등에 관련되기 때문이다. 그러나 가연성 물질 전체가 발화 온도까지 오를 필요는 없고 일부분만 타기 시작해도 그 주위는 곧 발화 온도 이상이 되어 산소의 공급이 있는 한 연소는 확대된다. 일반적으로 어두운 곳에서 겨울 볼 수 있는 불은 반드시 500℃ 이상의 온도이며 성냥의 불길은 아무리 작아도 1,200℃ 정도, 전기 불꽃은 2,000℃ 이상이 된다.

물질의 연소는 산화반응이며, 화학반응에서 나타나는 이상 반응속도는 온도가 100℃ 상승할 때마다 약 2배가 되기 때문에 연소와 같은 발열 반응은 일단 반응이 개시되면 그 발열에서 온도가 급상승하고 그 때문에 반응속도가 촉진되고 온도 상승을 초래하여 연소 속도는 지수곡선을 그려 상승하게 된다.

또한 고온도에 의해 급격한 가스 팽창을 가져오고 파괴가 행해지는 것이 폭발이다. 그러나 보통의 연료의 연소나 일반 화재에서 폭발이 되지 않는 것은 공기에 의해 공급되는 산소의 공급속도가 일정하기 때문이다.

하지만 가연성의 가스·증기나 분진은 공기 속으로 확산하여 산소와 분자끼리 결합하는데 산소는 이러한 연료 분자와 용이하게 화합할 수 있으므로 이와 같은 상태에서 연소가 시작되면 폭발을 일으킨다.

(2) 자연 발열과 자연 발화

공기 속에서 연소를 일으키는 경우 물질의 종류에 따라 착화나 연소의 성질에 현저한 차이가 있다. 화재에 관하여 가장 중요한 문제는 가연성 물질의 자연 발화에 관한 성질이다.

자연발화는 자연 발열에 의해 열이 축적되고, 물질의 자연 발화온도(발화점)에 도달하여 연소에 이르는 현상이다. 그러므로 자연 발열을 일으키는 물질은 다른 열원이 없어도 연소한다. 자연 발화 현상은 진기한 현상으로 생각되기 쉽지만, 공장에서는 깻물이나 기름 헝겊이 자연 발화해 화재를 일으키는 예가 있다. 그러나 자연 발열을 일으키지 않는 물질에서도 고온도가 되면 자연 발화를 일으킨다. 예를 들면 황인이 30℃에서 발화하는 것은 앞서 설명한 것과 같다(표 7-1).

자연 발열을 하기 위해서는 화학 반응에 의해 발생하는 반응열이 반응 물질 자체 중에 축적될 필요가 있다. 일반적으로 반응열이 발생하는 데 따라 그 열이 방출하면 반응물질의 온도는 오르지 않지만, 반응열의 발생 속도가 그 방출 속도보다 크게 되면 반응

물질의 온도는 상승하여 자연 발열이 일어난다. 자연 발열에 의해 반응 물질의 온도가 상승하면 반응의 활성화 에너지가 생기기 때문에 더욱더 반응열의 발생 속도가 증대하고 드디어 급격한 온도상승이 일어나게 되는 것이다.

자연 발열을 일으키는 물질의 대부분은 강한 환원성을 가지고 공기속의 산소를 흡수하여 자연히 산화하고 이때 산화열이 축적하여 온도의 상승을 초래하고 드디어 자연발화 온도에 이르러 연소를 시작한다. 따라서 산화성 물질과 환원성 물질이 접촉하면 화재를 일으키거나 폭발을 일으킬 위험이 있다.

7.1.3 폭발

(1) 폭발 현상

폭발은 화학변화에 따른 압력의 급격한 발생 또는 개방의 결과로서 폭음을 동반한 가스 팽창 등이 일어나는 현상이다. 일반적으로 재해나 사고가 발생한 경우 폭발과 연소가 연쇄적으로 발생하는 일이 많다. 폭발 종류는 일반적으로 다음과 같이 분류된다.

① 가연성 가스, 증기의 폭발(아세틸렌, 수소, 가솔린 등)

② 분해 폭발성 가스의 폭발(아세틸렌, 산화에틸렌 등)

③ 가연성 미스트의 폭발(분출한 작동유, 디젤기관 내의 경유 등)

④ 가연성 분진의 폭발(플라스틱 분말, 곡분, 탄진, 금속 분말 등)

⑤ 고체, 액체의 분해 폭발(화학류, 유기과산화물 등)

⑥ 수증기 폭발(용융금속, 용융염과 물의 접촉이나 보일러 폭발과 같은 급격한 물의 비등)

⑦ 반응 폭주

폭발의 전파속도는 음속 이하지만 음속을 넘는 거센 폭발을 폭굉(detonation)이라고 한다. 또 폭발에서 압력 상승은 초압의 약 10배이지만 폭굉에서는 수십 배에 달하기도 한다.

(2) 폭발 한계

가연성 가스나 분진은 공기 또는 산소의 혼합기체 속에서 제한된 농도범위일 경우에만 폭발한다. 이것은 그 농도 이내가 아니면 화염이 전파되지 않기 때문이다. 이 농도를 폭발 한계라고 하고, 공기와의 혼합기체 속의 가연성 가스, 증기의 용량 %, 분진에서는 공기속의 단위 체적 당 중량으로 표현되고, 농도범위 가운데 최고 농도를 폭발상한계, 최저 농도를 폭발하한계라고 부르고 있다.

표 7-2 1기압, 25℃, 상향 전파일 때의 공기 중 폭발 한계

물질	하한계	상한계	물질	하한계	상한계
수소	4.0	75	사이클로헥산	1.3	7.8
일산화탄소(습)	12.5	74	메틸사이클로헥산	1.1	6.7
메탄	5.0	15.0	메틸알콜	6.7	36(60℃)
에탄	3.0	12.4	에틸알콜	3.3	19(60℃)
프로판	2.1	9.5	디메틸에테르	3.4	27
부탄	1.8	8.4	디비닐에테르	1.7	27
헥산	1.2	7.4	아세토알데이드	4.0	36
에틸렌	2.7	36	아세톤	2.6	13
아세틸렌	2.5	100(81)	메틸에틸케톤	1.9	10
프로필렌	2.0	11	황하수소	4.0	44
부텐-1	1.6	10	이황화탄소	1.3	50
부텐-2	1.7	9.7	암모니아	15	28
1,3-부타디엔	2.0	12	히드라진	4.7	100
벤젠	1.3	7.9	(가솔린)	1.3	7.1
톨루엔	1.2	7.1	염화비닐모노머	4	21.7
자일렌(o, m-)	1.1	6.4	산화에틸렌	3	100(80)
자일렌(p-)	1.1	6.6			

(3) 착화원

자연 발열을 일으키는 물질은 자신의 반응열이 축적하여 자연 발화를 일으키는 경우가 있다. 그러나 가연성 가스, 증기나 분진의 경우에 공기를 혼합하는 것만으로 발화 폭발하는 것은 아니다. 반드시 발화에 필요한 에너지를 가지는 착화원이 주어져야 한다. 이 착화원은 표 7-3과 같이 많은 종류가 있다.

가연성 가스나 분진이 존재하는 작업장에서 화기의 사용은 안되며, 사용전기설비도 방폭형의 것이 아니면 위험하다.

정전기 스파크에 관해서는 수소나 용해 아세틸렌 등이 분출한 경우에 용기가 대전하고 방전하여 점화원이 된다. 또 고압산소용기내의 고압 산소가 조정기내에 유입하면 조정기내의 대기압의 공기는 순간적으로 50기압까지 상승하여 고온이 된다. 이 때문에 조정기내에 기름 등의 가연성 물질이 있으면 발화하고 폭발하는 경우가 있다.

표 7-3 착화원

분류	성상	
전기적 착화원	전기불꽃	정전기 불꽃
고온 착화원	고온표면	열복사
충격적 착화원	충격, 마찰	단열압축
화학적 착화원	화염	자연발화

7.2 화학 재해사례 및 예방대책

재해사례 1

00년 0월 00일 XX시 소재 OO㈜ 1공장 내 폴리프로필렌사일로 내부에서 폭발이 발생한 후 사일로 내부에 저장 중이던 폴리프로필렌에 화재가 발생하여 알루미늄 재질의 사일로 1기가 소손된 사고

☑ 재해예방대책

① 사일로 내부 가스측정 신뢰성 확보 및 안전상태 유지

- 사일로 내부의 가스 측정에 있어 당초 설계된 대로 각 사일로의 인화성 가스를 순차적으로 측정하도록 하고, 농도 측정결과 측정 수준별 조치기준을 설정하여 안전한 수준으로 낮출 수 있도록 사일로 내부 공기를 치환하여야 한다.

② 폭발 가능성에 대한 위험성 검토

- 제품 저장 기간이 길어지는 경우 사일로 내 인화성 가스 축적 가능성과 폭발 가능성에 대한 위험성을 검토하여 적절한 안전조치를 실행하여야 한다.

재해사례 2

00년 0월 00일 XX시 소재 ㈜OO내 32% 과산화수소 농축공정운전 중 과산화수소에 포함된 불순물을 제거하는 TOC BED(Total Organic Carbon Bed)가 과산화수소 이상분해 반응으로 인한 압력상승으로 파열된 사고

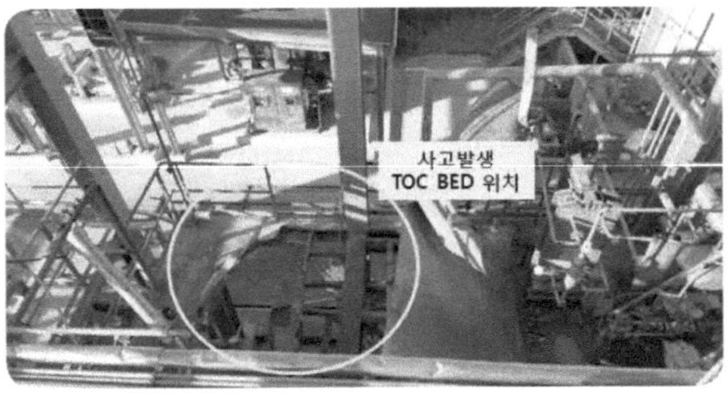

☑ 재해예방대책

① 휴지상태 설비 재가동 시 가동전 점검 철저

- 일정기간 이상의 미사용 상태인 TOC BED를 재가동할 때에는 가동전 점검을 철저히 실시하고, 내부에 충진되어 있는 수지를 신규제품으로 교체하여 운전하여야 한다.

② 충분한 용량의 파열판 설치

- 파열판의 배출용량 산출시 최악의 상황인 이상분해반응 등 폭주반응으로 진행될 경우를 대비하여 배출용량을 산출하고 그 결과에 따라 파열판 크기를 선정하여야 한다.

③ 위험성평가 실시

- 휴지설비 재가동 전에 위험성평가를 통해 TOC BED내에서 발생할 수 있는 이상분해 반응을 충분히 고려하여 안전조치를 검토하고 개선대책을 마련하여야 한다.

재해사례 3

00년 0월 00일 XX시 소재 ㈜OO 외층회로 형성공정의 35% 과산화수소 탱크에서 월류(Overflow)된 과산화수소가 35% 염산 탱크로 유입되어 물질 혼합에 따른 반응 및 염소가스 발생으로 근로자 34명이 현장에서 대피한 사고

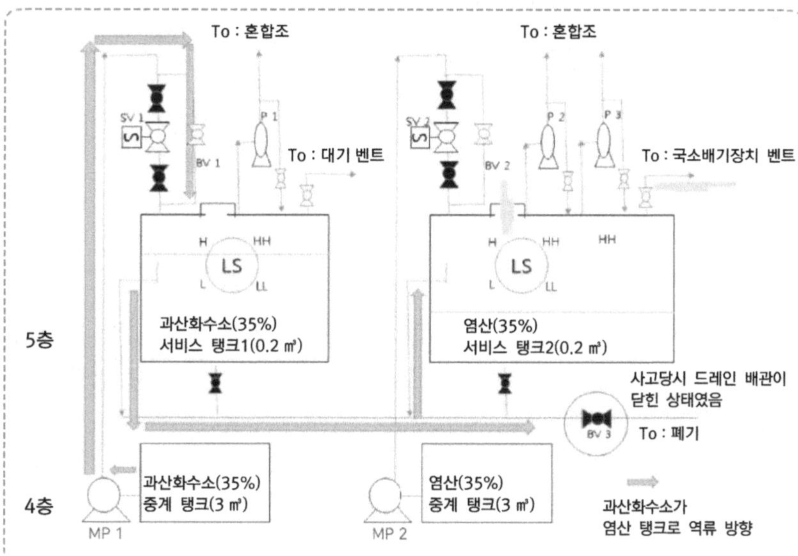

☑ 재해예방대책

① 취급 물질 변경 시 위험성평가 실시

- 기존의 염화철과 염산의 월류 드레인 배관은 상호반응성이 없는 물질의 취급으로 문제가 없지만, 염화철 탱크에서 과산화수소 탱크로의 변경은 취급 물질의 변경에 해당되므로 사전 위험성평가를 통해 공정안전을 위한 조치를 실시하여야 한다.

② 위험성평가를 통한 설계 변경

- 과산화수소와 염산은 상호 반응으로 급성독성물질인 염소가스가 반응부산물로 발생하므로 드레인 배관은 상호 분리하여야 하며, 월류용 드레인 배관의 차단밸브는 항상 열림 상태로 유지되어야 한다.

③ 작업자 교육 및 도급 관리 강화

- 도급자 근로자에게 안전교육을 강화하여 작업자가 해당 공정을 완벽히 숙지하고 작업을 수행할 수 있도록 하여야 한다.

④ 공정 설계 시 안정성 확보

- 액위센서 등에 따른 경보가 현장을 포함한 제어실에 지시되도록 하고, 제한 수위를 결정하여 펌프가 정지될 수 있도록 설비에 인터록을 구성하는 것이 바람직하다. 또한 물질의 반응으로 인해 인체 또는 설비에 영향을 미칠 가능성이 있는 경우, 물질의 접촉이 발생되지 않도록 체크밸브 설치 또는 설비 이동을 고려해야 한다.

재해사례 4

00년 0월 00일 XX시 소재 ㈜OO에서 니트로셀룰로오스 폐산 저장 탱크의 내부 온도 상승으로 탱크 상부의 기상물질이 과압방산구를 통하여 대기 중으로 배출된 사고

☑ 재해예방대책

① 폐산저장탱크 살수설비 개선

- 탱크의 온도를 직접 측정할 수 있도록 온도측정 방법을 개선하고 살수설비와 연동설비를 설치하여 자동으로 살수설비가 작동하도록 개선하여야 한다.

② 폐산 여과공정 개선

- 폐산저장탱크에 유입되는 니트로셀룰로오스는 반응열 발생에 주요한 인자이므로 여과기의 거름망의 눈(Mesh)을 개선하거나 여과기를 추가로 설치하는 등 가급적 많은 니트로셀룰로오스를 여과하여 제거할 수 있도록 설비를 개선하여야 한다.

③ 탱크 저장유체 주기적인 순환 실시

- 폐산저장탱크 내부의 온도, 불균일한 불순물에 의한 이상반응 및 과압 형성을 방지하기 위해 주기적으로 내부유체 순환을 실시하여야 한다. 또한, 순환주기·시간·방법 등을 탱크설비 운전절차서에 구체적으로 반영하여야 한다.

④ 공정 설계 시 안정성 확보

- 액위센서 등에 따른 경보가 현장을 포함한 제어실에 지시되도록 하고, 제한 수위를 결정하여 펌프가 정지될 수 있도록 설비에 인터록을 구성하는 것이 바람직하다. 또한 물질의 반응으로 인해 인체 또는 설비에 영향을 미칠 가능성이 있는 경우, 물질의 접촉이 발생되지 않도록 체크밸브 설치 또는 설비 이동을 고려해야 한다.

재해사례 5

00년 0월 00일 OO㈜ 폴리실리콘 제조공정 사염화규소 회수탑 배관의 1/2인치 노즐에 설치된 2인치 볼밸브 접속 니플(Nipple)에서 균열이 발생하여 사염화규소 혼합물이 누출된 사고

☑ 재해예방대책

① 밸브 연결부 접속방법 개선

- 나사산 연결부의 경우 반복적인 진동조건에 취약함에 따라 상대적으로 피로강도 측면에서 양호한 용접 연결방법으로 변경하는 것이 바람직하다.

② 볼밸브 및 노즐 크기 변경

- 볼밸브 크기를 2인치에서 1인치로 변경하고, 밸브 하부 1/2인치 노즐을 3/4인치로 변경하여야 한다.

③ 설비 구매 및 검사체계 개선을 위한 절차서 보완

- 배관 부품과 같은 대량 구매자재의 경우 구매 후 입고 시 전수검사 실시, 장치 및 배관설비 두께측정을 실시하여 잔여두께가 최소 요구두께에 미달하는 경우 교체하는 정량적 설비 교체기준을 절차서에 반영하여야 한다.

④ 배관 부품(노즐, 니플, 밸브 등)의 검사 강화

- 진동 발생 등 상대적으로 결함 발생 위험도가 높은 설비 부품의 경우 전수조사 후 목록화하여 관리하고 등급을 부여하여 등급별 차등관리를 실시하여야 한다.

재해사례 6

00년 0월 00일 XX시 소재 OO㈜ 염소 하역장에서 염소 하역 작업 중 질소 퍼지를 위해 설치된 플렉시블 호스 일부가 파손되어 염소가스 누출로 인해 근로자 3명 및 인근지역 근로자 25명이 호흡계통에 불편함을 느껴 병원 진료를 받는 사고

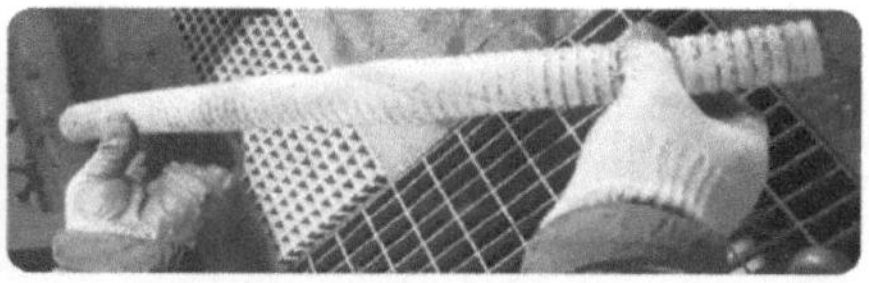

☑ 재해예방대책

① 설계도면과 일치하도록 현장설비 설치

- 설계도면에 표현된 설비 및 계기 등은 빠짐없이 현장에 설치되어야 하며, 도면과 현장이 일치되도록 지속적으로 관리되어야 한다.

② 염소에 적합한 호스 재질 선정

- 염소용 플렉시블 호스는 염소에 대한 내화학성을 가지는 PVDF(Poly Vinylidene Fluoride) 또는 Hastelloy C-276등을 사용하여야 하며, 외부의 충격으로부터 호스를 보호하기 위해 Spiral Guard로 에워싸는 구조의 호스를 사용하여야 한다.

③ 독성가스 누출 시 피해 최소화 대책 강화

- 염소 하역설비 긴급차단밸브를 플렉시블 호스에 최대한 근접하게 설치하고 하역장 출입구 등에 수막설비를 설치하여 사고 발생 시 누출량을 최소화하여야 한다. 또한 사업장 외곽 지역에도 염소가스 감지기 및 경보장치를 추가로 설치하여 신속한 대피 및 비상대응이 가능하도록 조치하여야 한다.

재해사례 7

00년 0월 00일 XX시 OO㈜ 1,3-부타디엔 공장에서 열교환기 세척 후 크레인으로 열교환기 덮개를 설치하던 중 증류탑의 공기구동밸브 조작기 오조작으로 밸브가 열려 증류탑 내부의 인화성가스 및 추출용매가 누출된 사고

☑ 재해예방대책

① 공기구동밸브 작동원 차단

- 공기 등의 작동원에 의해 조작되는 밸브는 조작 후 불시 작동을 방지하기 위해 반드시 작동원을 차단하고, 위험꼬리표를 부착하여 다른 작업자의 오조작을 방지하여야 한다.

② 공기구동밸브 조작 절차 준수

- 수동 선택 시 안전핀 결속 여부를 확인하도록 절차서에 추가하고, 절차서 내용이 현장에서 준수되어야 한다.

③ 정비작업에 적합하도록 작업발판 설치

- 정비작업 시 작업에 필요한 작업자의 이동 경로, 장애물 간섭 등을 고려한 작업발판을 설치하여 작업자가 현장 조작스위치 등을 잡고 이동하는 경우가 발생하지 않도록 조치하여야 한다.

재해사례 8

00년 0월 00일 OO㈜ 내 광학필름 제조공정에서 필터 세정작업 중 용제저장탱크 상부의 벤트 배관의 플랜지 부위로 용제(염화메틸렌)가 누출되어, 근로자 5명이 누출된 염화메틸렌 증기에 중독 및 화상을 입은 사고

☑ 재해예방대책

① 저장탱크 액위 관리시스템 개선

- 저장탱크는 설계용량 대비 충분한 여유율을 고려하여 정상운전 시의 레벨을 설정하고, 각 저장탱크 별로 고액위를 감지할 수 있는 액위전송기를 설치하고 설정치 도달 시, 용제 이송펌프, 용제 공급·회수배관상의 차단밸브와 연동하여 탱크 내부로의 용제 유입을 차단할 수 있도록 관련 인터록 시스템을 구성해야 한다.

② 화학설비 또는 그 배관의 접합부 누출방지 조치

- 누출 시 화학물질 중독, 화재·폭발 등의 피해가 우려되는 화학물질을 취급하는 설비 또는 그 배관의 플랜지 등의 접합부는 누출이 발생하지 않도록 접합부의 볼트를 완벽히 체결하고 적합한 재질, 내구성을 지닌 개스킷을 사용하여 접합면을 밀착시켜야 하며 주기적인 설비점검을 실시하여야 한다.

③ 적합한 호흡용 보호구 착용

- 용제 취급 또는 사용 작업 시, 염화메틸렌 증기에 의한 중독을 방지하기 위해 방독 마스크를 착용하는 등 적합한 호흡용 보호구를 착용해야 하며, 사고 발생 시, 구조 작업을 하기 위해 사고 현장에 들어가는구조자는 자급식 공기호흡기(SCBA)를 착용한 채 구조 활동을 하여야 한다.

④ 비상대피로 확보

- 사고 발생 시 작업자가 신속히 대피하기 위하여 출입구 이외에 안전한 장소로 대피할 수 있는 1개 이상의 비상대피로를 확보하여야 한다.

CHAPTER 8

건설 재해

8

8.1 건설재해특성

건설(建設)이란 사전적 의미로 '건물이나 시설 등을 새로 세우는 것' 또는 '새로 이룩하는 것'을 의미한다. 보통 건설을 '건물이나 시설을 세우는 것'이라고 알고 있는 경우가 많은데, 건설은 그림 8-1에서 나타난 바와 같이 건축, 토목, 플랜트, 조경 등을 모두 아우르는 말이라 할 수 있다. 대한건설협회의 주요 건설통계에 따르면 2020년도 우리나라 건설기성액은 1,940,750억원이다. 여기서 '건설기성액'이란 말 그대로 금액을 뜻하는 것으로 기성, 즉 '이미(基), 이루어진(成) 공사가 얼마인지 조사를 한 것'을 뜻한다. 2020년도 총 건설기성액 가운데 건축공사가 차지하는 기성액은 1,494,158억 원으로 전체의 77%를 차지하고 토목 및 기타공사(산업환경설비, 조경공사 등)는 446,592억 원으로 23%를 차지하는 것으로 나타났다. 즉, 우리나라 건설업의 공종에 따른 금액별 비율로 비추어 보아 건축공사와 토목공사가 많은 부분을 차지하고 있음을 알 수 있다.

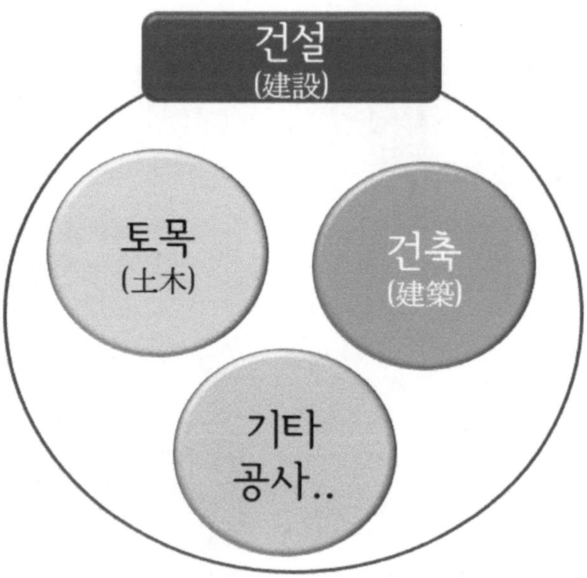

그림 8-1 건설업의 종류

건설업의 대부분을 차지하는 건축과 토목은 어떤 차이가 있는 것인가? 앞서 언급한 바와 같이 건축과 토목은 건설업에 포함되는 것으로 해석에 따라 조금씩 의견차이가 있으나, 저자는 건축공사를 통해 만들어진 건설물 즉, 건축건설물과 토목공사를 통해 만들어진 건설물인 토목건설물로 구분하여 그 차이를 설명하고자 한다.

먼저, 건축건설물의 종류에는 아파트, 학교, 연구소, 체육관, 오피스텔, 빌딩 등이 있고, 토목건설물에는 도로, 교량, 항만, 댐, 철도, 상하수도, 공항 등이 있다.

건축건설물과 토목건설물의 종류에 따른 차이는 그 건설물만으로 알 수 있으나, 다른 측면에서의 차이를 좀 더 살펴보면 사용상의 차이와 시공상의 차이로 어느 정도 설명이 가능하다. 사용상의 차이로는 건축건설물의 경우 본인이 소유한 것 이외에는 정당한 사용절차나 허가 없이는 사용 또는 활용이 불가능하다. 그에 반해 토목건설물은 사용 시 일정 사용금액을 지불해야하는 경우가 있으나, 대부분 국민들이 원할 때 언제, 어디서든 사용할 수 있는 건설물을 뜻한다. 시공상의 차이를 살펴보면 일반적으로 건축건설물은 수직방향으로 진행되고 토목건설물은 대부분 수평방향으로 공사가 진행되는 차이가 있다.

그림 8-2 건축건설물의 종류

이러한 이유로 건축건설물은 공사가 진행될수록 근로자의 작업점이 높아지는 특성을 갖게 되어 추락사고의 위험성을 높이는 하나의 원인이 될 수 있다. 고용노동부 2021년도 산업재해통계자료에 의하면 우리나라 산업현장에서 발생된 사고사망자수 828명 가운데 417명이 건설업에서 발생되었으며, 이는 전체 사망자 수의 50.34%를 차지하는 수치이다. 이러한 통계결과로 알 수 있듯이 건설업은 타 산업에 비해 재해의 강도가 매우 높은 업종이며, 건설업에서 발생되는 재해를 예방하기 위해서는 건설업의 특성을 잘 파악하고 이에 대한 대책을 세우는 것이 무엇보다 중요하다.

그림 8-3 토목건설물의 종류

8.1.1 건설공사의 안전성

부실공사로 인한 현장붕괴로 인하여 인적 및 물적 손실이 제일 큰 분야가 건설공사로서 기술적인 면과 안전시공이 가장 중요한 문제로 인식되어진다.

건설공사는 그 규모나 내용이 거대화되고 다양하게 됨에 따라 시공기술이나 공법도 복잡하고 어렵게 되며, 고성능 기계화 시공에 따라 재래에 없었던 위험성이 증대하고 재해가 자주 일어나게 되었다. 과거의 건설공사는 건설물의 기능과 경제성, 공기 등을 중요한 과제로 생각하였지만, 오늘날에는 안전관리가 가장 중요한 것으로 대두되고 있다.

건설공사는 대부분 야외작업으로 이루어지기 때문에 대자연의 현상에 좌우되는 것이 보통이다. 따라서 자연 속에 건축물을 건립하기 위해서는 자연의 여러 현상을 충분히 고려하여 이에 대비해야 한다. 자연현상, 즉 풍우, 설한 등의 주기적인 변화는 물론, 불의의 태풍, 홍수, 극한, 폭설 등에도 안전하도록 대비하면서 공사는 추진되어야 하고 또한 충분한 안전예방책이 강구되어야 한다. 또한 도시 내의 공해로서 가스, 분진, 소음, 수질오염 등을 들 수 있으나 건설공사로 인한 문제점도 증가되고 있다. 따라서 도시에 있어서의 공사방법도 이러한 공해의 원인 또는 매개체가 되는 경우는 피해야 한다.

8.1.2 건설업 재해의 요인

건설업에서 산업재해가 가장 많이 발생하고 있는 이유를 다른 산업과 비교하여 보면, 재해의 다양성, 재해의 중대성, 재해의 연속성, 고용의 불안성, 공정의 다양성, 하도급 문제성, 공기단축과 같은 특성이 있기 때문이면 문제점은 다음과 같다.

(1) 재해의 다양성

건설공사는 옥외 공사가 많고 각종 공정이 복합되어 있으며, 시공방법도 다양할 뿐만 아니라 동시에 각종 건설기계나 장비 등이 사용되고 있고 이러한 특수성 때문에 발생하는 재해의 형태도 매우 다양하게 나타난다. 기계를 많이 사용하는 제조업에서는 협착에 의한 재해발생이 빈번히 발생하지만, 건설업에서는 일반적으로 추락, 전도, 충돌, 낙하, 비래, 협착, 무리한 동작 등 각종의 원인에 의한 재해가 고르게 나타나 재해발생의 복잡성을 보이고 있어 재해방지의 어려움을 시사해주고 있다.

(2) 재해의 중대성

건설현장은 일반적으로 장소가 높은 곳이든지 지하든지 사용되는 기계, 기구, 차량들이 대부분 중장비이기 때문에 재해발생 요소가 도처에 잠재되어 있으며 일단 재해가 발생하면 사망하거나 심한 부상을 초래하고 사고 자체가 커지는 경향이 있다.

(3) 재해의 연속성

건설현장은 공사의 진척에 따라 공정별로 나뉘어져 연속적·복합적으로 진행된다. 따라서 앞의 공정이 부실하게 되면 다음 공정이 즉각 영향을 받게 되며, 재해발생의 연속적인 위험성이 잠재되어 재해발생 요소로 남게 된다.

(4) 고용의 불안성

건설업에 종사하는 노동자들은 대부분이 일용직 근로자들로 회사에 대한 소속감이 적고, 노동자의 수 또한 계절에 따라 변동과 기복이 심하다. 그리고 건설현장의 노동자의 공급은 어려운 가운데서 이루어져 대부분 1차산업 부분에서 나오는 노동력이 주를 이루는데, 이들 노동력의 대부분은 경험이 없거나 고령자이기 때문에 추락 등 건설재해의 주요 요인이 되고 있다.

(5) 공정의 다양성

건설공사가 대형화, 고층화되면서 이에 따른 작업자의 안전에 대한 위험성도 심각한 현실이며 가설물의 조립 및 해체, 중량물의 취급 운반, 건설장비의 운용 등 종합적인 작업이 동시에 동일 장소에서 짧은 공기 내에 끝마쳐야 하는 것이 건설현장이므로 재해의 형태도 단순한 추락, 도괴 및 전도, 토사붕괴나 감전재해는 물론이고 진동공구 사용 등에 의한 청력 손실과 진동병, 레이노드현상, 그리고 압기공법으로 인한 고기압 장해, 분진작업에서의 직업병 등 노동자의 안전과 건강을 위협하는 많은 요인들이 잠재하고 있다.

(6) 하도급 문제성

하도급의 문제는 계약시부터 불균등 여건으로 발주시기, 공기의 설정, 공사비의 산정 등에서 안전관리를 어렵게 하는 잠재적인 요인을 내포하고 있으며 이와 같은 불평등계약 아래 또다시 하도급 업체와 계약이 이루어지고 이렇게 연속적인 하도급 관계가 이어지는 건설업의 특성이 하도급자의 불성실 시공으로 연결되어 현장붕괴와 건설 재해의 요인이 된다.

8.1.3 건설공사의 특성

건설산업은 국가의 사회간접자본 시설과 국토개발 등 실물자본의 형성과정을 담당하는 경기조정정책의 중요한 수단이 되며 수주를 중심으로 한 서비스산업이면서도 타산업에 비하여 생산고용 부가가치 등의 유발효과가 높다. 이러한 건설산업은 일반제조업과는 달리 생산 대상물을 창출해 내는 과정 또는 단계가 매우 복잡 다양한 특성을 지니고 있다.

즉, 목적물을 요구하는 설계자의 개념을 종합하여 설계를 구체화하기 위한 준비, 그러한 준비를 통해 획득한 정보 및 자료를 제도나 모형 등과 같은 보편적인 언어로 표현하는 생산단계, 그리고 그 이후의 유지 관리, 해체에 이르기까지 건설산업의 각각의 과정은 매우 복잡 다양할 뿐 아니라 대상물의 관리 측면에서도 장기간을 요구하는 산업적 특성이 있다.

일반제조업에서의 안전관리는 계획적이고 안정된 수주에 의해 규격화된 제품을 생산하는 설비작업으로 조직 내에서 안전관리가 용이한 정적 특성을 갖고 있는 반면, 건설업은 주문 수요로서 작업현장이 대부분 옥외에서 이루어지고 있을 뿐 아니라 작업환경, 작업성격과 공사계약, 고용, 공법기술, 하도급체계 및 공정상에서의 다른 산업과 다른 독특한 특성이 있기 때문에 안전관리가 어려운 상태에 있으며, 건설산업과 일반제조업을 비교해 보면 다음 표와 같은 특징이 있다.

표 8-1 산업적 특성 비교

구분	일반제조업	건설업
산업형태	농경 민족적	수렵 민족적
조직	종적 직계조직(기능별 조직)	점조직(matrix조직)
수주	사전계획 수주	불특정 수주
생산물	규격화 제품	현장 제작구조
회계(원가 계산)	1년(부분별 원가계산)	대규모 사업 시작~완료(총체적 원가계산)
영업	수요 창출 가능	수요 창출의 어려움
투자	시설투자(초기 투자가 크다)	인적 능력투자(초기투자가 적다)

건설재해는 다양한 위험요소가 상호 연관된 복합적인 상태에서 발생하는 것이므로 이를 관리하는 건설안전관리는 단순한 기술분야로 평가되거나 단시일 내에 체계적으로 정립될 수 있는 분야가 아니며 이는 장기간에 걸친 각종 건설에 관련된 기술자료의 수집과 분석결과를 토대로 종합적인 과학기술이 필요한 지식 집약적인 분야이다. 따라서 건설안전관리 분야는 그 자체의 기술개발 뿐만 아니라 이와 관련된 타분야의 영역까지도 다루어야 하는 광범위한 지식을 활용해야 하는 특성을 가진 분야라 할 수 있다. 그러므로 건설안전관리는 건설재해의 특성에 따라 정립되어야 하며 아울러 역사의 흐름, 즉 시간성과 경제적 특성까지도 고려해야 한다. 다음 표는 안전관리의 3E, 즉 기술, 교육, 독려에 따라 일반제조업과 건설업의 특성을 나타내는 비교표이다.

표 8-2 3E에 따른 제조업과 건설업의 비교

구분	일반제조업	건설업
기술 (Engineering)	• 고용기간, 인원 수준 확실 • 데이터 수집, 정리 및 대책수립 가능 • 안전관리 대상의 단순 • 소규모 재해	• 고용기간, 인원 수준 불확실 • 데이터수집, 정리 및 대책수립 어려움 • 공정의 복잡 및 다양 • 대규모 중대 재해 가능성
교육 (Education)	• 소속감, 교육의 전달 및 파급효과 극대 • 노동조합의 구성 가능 • 안전에 대한 의식 고취 능동적	• 소속감, 교육의 전달 및 파급효과 적음 • 노동조합의 구성 어려움 • 안전에 대한 의식 고취 수동적
독려 (Enforcement)	• 명령계통이 1라인으로 관리용이 • 규제 가능, 자체조직 • 방호물 내 작업	• 하도급체제의 명령계통 관리 난점 • 하도급체제로 규제 약화 • 자연에 노출된 상태 자체가 안전의 대상물

8.2 건설재해 형태별 분류

8.2.1 추락[떨어짐]재해 및 대책

추락(떨어짐)재해사례[해운대 아이파크 건설현장]

1) 사고일시

2010년 7월 27일 11:15경

2) 사고장소

부산 해운대구 우동 마린시티에 위치한 초고층 주상복합아파트(해운대 아이파크) 공사장에서 두 번째 건물 62-64층(지상 190m 높이) 사이

3) 피해현황

① 인명 : 사망 3명

4) 사고내용

① 초고층 주상복합아파트 건설현장 62-64층(지상 190 m 높이) 사이에서 외주업체 안전과장 이모(35세)씨, 안전대리 손모(30세)씨 그리고 건축반장 박모(54세)씨가 외벽에 붙어 있는 나뭇조각 등 이물질 제거 작업을 하고 있었다.

② 이들 3명은 외벽의 이물질 제거를 위해 외벽작업발판 위에서 작업을 하고 있었으나, 외벽작업발판을 안전하게 고정하기 위한 안전핀 6개가 모두 풀려 있었고 결국 외벽작업발판과 함께 그 위에서 작업하던 3명의 근로자가 추락하여 사망하게 되었다.

사람이나 건축물이나 비계, 기계, 사다리, 계단, 경사면 등에서 떨어지는 것을 추락이라고 한다. 추락 재해는 다른 재해에 비해 중상이나 사망 등 중대재해가 될 가능성이 크다. 특히 건설안전부분에서 중요한 관리요소 중 하나이다.

(1) 추락재해 원인

1) 고소에서 추락

① 고소작업장위의 정리·정돈이 나빴다.

② 고소작업장의 내력(耐力)이 부족함을 알면서도 작업을 실시했다.

③ 고소작업 때에는 착용한 신발이 나빠서 미끄러지기 쉬웠다.

④ 발판 그 밖의 발디딜 곳이 되는 시설의 결함 및 시설의 사용방법이 나빴다.

⑤ 근로자가 수면부족, 숙취, 고·저혈압자였다.

2) 개구부 및 작업대 끝에서의 추락

① 보호난간이 시설이 없었다.

② 추락방지용 방호망이 설치되어 있지 않았다.

③ 덮개가 없었다.

④ 개구부의 위험표지판이 없었다.

⑤ 보호손잡이·추락방지용 방호망·보호덮개를 제거하고 작업을 실시했다.

⑥ 안전대를 부착하지 않고 작업을 했다.

3) 비계로부터의 추락

① 안전난간 시설이 없었다.

② 안전난간을 제거하고 작업을 했다.

③ 작업발판의 폭이 좁았다.

④ 작업발판의 걸침방법이 나쁘고 어긋났다.

⑤ 비계에 매달려 올라갔다.

⑥ 잠재위험이 있는 외부 비계 위에서 안전대를 부착하기 않고 작업을 했다.

4) 사다리 및 작업대에서의 추락

① 사다리에 고정장치가 없어 벌어져 넘어졌다.

② 사다리가 바닥면에서 미끄러지며 넘어졌다.

③ 사다리상부의 걸침상태가 나빴다.

④ 사다리구조가 나빴다.

⑤ 사다리재료가 흠이 있어 부서졌다.

5) 이동식 비계로부터의 추락

① 비계바퀴에 정지장치가 없었다.

② 상부작업발판에 보호손잡이가 없었다.

③ 승강설비가 없었다.

④ 근로자가 탑승한 채로 이동했다.

6) 철골비계 등의 조립작업시의 추락

① 안전대를 착용하지 않았다.

② 안전대의 부착상태가 나빴다.

③ 추락방지용 방호망의 설치방법이 나빴다.

④ 불안전한 자세로 철골재를 취급했다.

7) 슬레이트 지붕에서의 추락

① 작업발판이나 비계를 설치하지 않았다.

② 안전대 부착설비가 없었다.

③ 작업자세나 작업방법이 나빴다.

8) 해체작업의 추락

① 야간작업용 조명이 불충분했다.

② 강풍하에서 작업이 행해졌다.

③ 승강설비를 사용하지 않았다.

④ 철골 위를 이동 중 빗물·이슬 등 물기 때문에 미끄러졌다.

⑤ 상부에서 공구 등이 낙하하여 신체에 맞았다.

⑥ 크레인 인양작업 시 화물이 흔들려 신체에 부딪쳐 추락했다.

⑦ 해체작업순서가 잘못 행해졌다.

⑧ 해체작업 전에 협의가 충분하게 이루어지지 않았다.

(2) 추락재해 방지

사업주는 높이가 2 m 이상인 장소(작업발판의 끝·개구부 등을 제외한다)에서 작업을 함에 있어서 추락에 의하여 근로자에게 위험을 미칠 우려가 있는 때에는

① 비계를 조립하는 등의 방법에 의하여 작업발판을 설치

② ①에 의한 작업발판을 설치하기 곤란한 때에는 안전방망 설치

③ 근로자에게 안전대를 착용하도록 한다.

(3) 개구부 등의 방호조치

높이 2 m이상인 작업발판의 끝이나 개구부로서 추락에 의하여 근로자에게 위험을 미칠 우려가 있는 장소에는

① 안전난간·울 및 손잡이 등으로 방호조치

② 뒤집히거나 떨어지지 아니하도록 충분한 강도를 가진 구조의 덮개를 설치

③ 어두운 장소에서도 식별이 가능하도록 개구부임을 표시

④ ①에 의한 난간 등을 설치하는 것이 심히 곤란하거나 작업의 필요상 임시로 난간 등을 해체하여야 하는 때에는 안전방망을 치거나 근로자에게 안전대를 착용하도록 한다.

(4) 안전대의 부착설비

① 높이 2 m이상인 장소에서 근로자에게 안전대를 착용시킨 때에는 안전대를 안전하게 걸어 사용할 수 있는 설비 등을 설치하여야 한다. 이 경우 안전대 부착설비로서 지지로프 등을 설치할 때에는 처짐 또는 풀림을 방지하기 위하여 필요한 조치를 하여야 한다.

② ①에 의한 안전대 및 부속설비의 이상유무를 작업시작 전에 점검하여야 한다.

(5) 악천후시의 작업금지

높이 2 m이상인 장소에서 비·눈 그 밖의 기상상태의 불안정으로 인하여 날씨가 몹시 나쁠 때에는 그 작업을 중지시켜야 한다.

(6) 조명의 유지

높이 2 m이상인 장소에서 작업을 하는 때에는 당해 작업을 안전하게 하는데 필요한 조명을 유지하여야 한다.

(7) 지붕위에서의 위험방지

슬레이트, 선라이트 등 강도가 약한 재료로 덮은 지붕위에서 작업을 함에 있어서 발이 빠지는 등 근로자에게 위험을 미칠 우려가 있는 때에는 폭 30cm 이상의 발판을 설치하거나 안전방망을 치는 등 근로자의 위험을 방지하기 위하여 필요한 조치를 하여야 한다.

(8) 승강설비의 설치

높이 또는 깊이가 2 m를 초과하는 장소에서 작업을 하는 때에는 당해 작업에 종사하는 근로자가 안전하게 승강하기 위한 건설용 리프트 등의 설비를 설치하여야 한다. 다만, 승강설비를 설치하는 것이 작업의 성질상 곤란한 때에는 그러하지 아니한다.

8.2.2 붕괴[무너짐]재해 및 대책

붕괴(무너짐)재해사례[삼풍백화점 붕괴사고]

1) 사고일시

1995년 6월 29일 17:52경

2) 사고장소

서울특별시 서초구 서초동에 위치했던 지하 4층, 지상 5층 그리고 옥상의 부대시설로 이루어진 철근 콘크리트 무량판 구조의 삼풍백화점

3) 피해현황

① 인명 : 사망 501명, 실종 6명, 부상 937명

② 재산 : 약 2,700억원으로 추정

4) 사고내용

① 1987년 7월에 착공하여 1989년 12월 1일 가사용 승인을 얻어 개점한 이후 5년여 간을 사용한 삼풍백화점은 붕괴사고가 일어나기 수개월 전부터 균열 등 붕괴 조짐이 있었다. 1995년 6월 29일 오전에 5층에서 심각한 붕괴의 조짐이 나타났다. 하지만 경영진은 영업을 계속하면서 보수공사를 하기로 결정했다. 사고 시간 5층이 무너지기 시작하면서 건물은 약 20여초 만에 완전히 붕괴되었다.

② A동 건물은 백화점의 판매시설이 들어서 있어 판매직원과 손님들로 항상 많은 사람들로 붐비고 있었고, 사고 시각이 저녁 식사를 준비하기 위해 장을 보러 나오는 시간이었기 때문에 더 많은 인명손실이 발생하게 되었다.

③ 붕괴에 가장 크게 영향을 미친 원인으로는 건물의 유지관리 과정에서 무단으로 시행한 설계 및 용도 변경으로 과중한 추가 하중이 부가되었고, 구조체를 임의로 절단, 파손하여 구조부재에 큰 손상을 가함으로써 구조상 극심한 내력감소를 초래하였다.

④ 시공과정에서는 현장에서의 공사관리 및 감독의 소홀로 인한 부실시공, 부적절한 건축 및 구조설계 계획으로 연쇄붕괴를 일으키는 요인이 되었으며 장기간에 걸쳐 균열이나 처짐 등 붕괴에 선행되는 여러 징후가 발생했음에도 불구하고 안전진단을 소홀히 하였으며, 붕괴 직전과 같은 위기 상황에 대한 대처가 미흡 등 이와 같은 붕괴 요인들이 5년이라는 장기간에 걸쳐 지속적으로 진행, 전반적으로 안전율을 확보하지 못한 상태에서 5-E, 5-F 기둥 주변의 5층 및 지붕층 슬래브가 기둥 둘레를 따라 전단파괴되면서 인접 슬래브의 파괴로 이어지는 연쇄붕괴가 일어나 전체 건물이 붕괴된 것으로 판단된다.

⑤ 정부에서는 삼풍백화점 붕괴사고를 계기로 "재난관리법(1995. 7)", "시설물의 안전관리에 관한 특별법(1996. 5)", "건설사업 기본법(1996. 12)" 및 "재난 및 안전관리 기본법(2004. 3)" 등 시설물의 설계, 시공/감리 및 유지관리에 보다 큰 관심을 가지고 노력을 기울여 왔다. 또한 이를 계기로 건물들에 대한 안전평가가 실시되었고, 긴급구조구난체계의 문제점이 노출되어 119중앙구조대가 서울·부산·광주에 설치되었다.

삼풍백화점 붕괴사고의 원인과 교훈, 2005.

(1) 굴착작업 등의 위험방지

1) 작업장소 등의 조사

지반의 굴착작업에 있어서 지반의 붕괴 또는 매설물 기타 지하공작물의 손괴 등에 의하여 근로자에게 위험을 미칠 우려가 있는 때에는 미리 작업 장소 및 그 주변의 지반에 대하여 보링 등 적절한 방법으로 다음의 사항을 조사하여 굴착시기와 작업순서를 정하여야 한다.

① 형상·지질 및 지층의 상태

② 균열·함수(含水)·용수 및 동결의 유무 또는 상태

③ 매설물 등의 유무 또는 상태

④ 지반의 지하수위 상태

2) 지반 등의 굴착 시 위험방지

지반 등을 굴착하는 때에는 굴착면의 기울기를 표 8-3의 기준에 적합하도록 하여야 한다. 다만, 흙막이 등 기울기면의 붕괴방지를 위하여 적절한 조치를 한 경우에는 그러하지 아니하다.

굴착면의 경사가 상이하여 기울기의 산정이 곤란한 때에는 당해 굴착면에 대하여 표 8-3의 기준에 따라 붕괴의 위험이 증가하지 아니하도록 당해 각 부분의 경사를 유지하여야 한다.

표 8-3 굴착면의 기울기 기준

구분	지반의 종류	기울기
보통 흙	습지	1 : 1 ~ 1 : 1.5
	건지	1 : 0.5 ~ 1 : 1
암반	풍화암	1 : 0.8
	연암	1 : 0.5
	경암	1 : 0.3

사질의 지반(점토질을 포함하지 않은 것)은 굴착면의 구배를 35° 이하로 하고 높이는 5 m 미만으로 하여야 하며, 발판 등에 의해서 붕괴하기 쉬운 상태의 지반 및 다시 매립하거나 반출시켜야 할 지반의 굴착면의 구배는 45° 이하 높이는 2 m 미만으로 하여야 한다. 그리고 굴착면의 끝단을 파는 것은 엄금해야 하며 부득이한 경우 안전상의 조치를 취하여야 한다.

3) 토석붕괴 위험방지

굴착작업을 하는 때에는 지반의 붕괴 또는 토석의 낙하에 의한 근로자의 위험을 방지하기 위하여 관리감독자로 하여금 작업시작 전에 작업장소 및 그 주변의 부석·균열의 유무, 함수·용수 및 동결상태의 변화를 점검하도록 하여야 한다.

4) 지반의 붕괴 등에 의한 위험방지

굴착작업에 있어서 지반의 붕괴 또는 토석의 낙하에 의하여 근로자에게 위험을 미칠 우려가 있을 때에는 미리 붕괴재해를 예방하기 위하여 다음과 같은 필요한 조치를 하여야 한다.

① 흙막이지보공 및 방호망의 설치
② 근로자의 출입금지
③ 비가 올 경우를 대비하여 측구를 설치하거나 굴착사면에 비닐을 덮는 등 빗물 등의 침투방지

5) 굴착기계 등의 사용금지

굴착기계·적재기계 및 운반기계 등을 사용함으로써 가스도관·지중전선로 등 기타 지하에 위치한 공작물을 손괴하고 그 결과 근로자에게 위험을 미칠 우려가 있는 때에는 당해 기계를 사용하여 굴착작업을 하여서는 안 된다.

(2) 토석붕괴 위험성

1) 붕괴 · 낙하에 의한 위험방지

지반의 붕괴, 구축물의 붕괴 또는 토석의 낙하 등에 의하여 근로자에게 위험을 미칠 우려가 있는 때에는 당해 위험을 방지하기 위하여 다음의 조치를 하여야 한다.

① 지반은 안전한 경사로 하고 낙하의 위험이 있는 토석을 제거하거나 옹벽·흙막이지보공 등을 설치할 것

② 지반의 붕괴 또는 토석의 낙하원인이 되는 빗물이나 지하수 등을 배제할 것

2) 구축물 또는 이와 유사한 시설물 등의 안전유지

구축물 또는 이와 유사한 시설물이 자중 · 적재하중 · 적설 · 풍압 · 지진이나 진동 및 충격 등에 의하여 붕괴·전도·도괴·폭발하는 등의 위험을 예방하기 위하여 다음의 조치를 하여야 한다.

① 구축물 또는 이와 유사한 시설물의 설계서에 따른 시공여부 확인

② 구축물 또는 이와 유사한 시설물의 시공 시 건설공사시방서에 따른 시공여부 확인

③ 「건축물의 구조기준 등에 관한 규칙」의 규정에 의한 구조기준 준수여부 확인

④ 기타 노동부장관이 고시하는 사항에 대한 조치 확인

3) 구축물 또는 이와 유사한 시설물의 안전성 평가

구축물 또는 이와 유사한 시설물이 다음에 해당하는 경우에는 안전진단 등 안전성 평가를 실시하여 근로자에게 미칠 위험성을 미리 제거하여야 한다.

① 구축물 또는 이와 유사한 시설물의 인근에서 굴착·항타작업 등으로 침하·균열 등이 발생하여 붕괴의 위험이 예상될 경우

② 구축물 또는 이와 유사한 시설물에 지진·동해·부동침하 등으로 균열·비틀림 등이 발생하였을 경우

③ 구축물 또는 이와 유사한 시설물에 설계 당시보다 과다한 중량이 부과되어 안전성을 검토하여야 할 경우

④ 화재 등으로 구축물 또는 이와 유사한 시설물의 내력이 현저히 저하된 경우

⑤ 오랜 기간 사용하지 아니하던 구축물 또는 이와 유사한 시설물을 재사용하게 되어 안전성을 검토하여야 할 경우

⑥ 기타 잠재위험이 예상될 경우

4) 낙반·붕괴에 의한 위험방지

갱내에서의 낙반 또는 측벽의 붕괴에 의하여 근로자에게 위험을 미칠 우려가 있는 때에는 지보공을 설치하고 부석을 제거하는 등 당해 위험을 방지하기 위하여 필요한 조치를 하여야 한다.

5) 계측장치의 설치 등

터널 등의 건설작업에 있어서 붕괴 등에 의하여 근로자에게 위험을 미칠 우려가 있는 때 또는 유해·위험방지계획서 심사 시 계측시공을 지시받은 때에는 그에 필요한 계측장치 등을 설치하여 위험을 방지하기 위한 조치를 하여야 한다.

(3) 토사붕괴 재해

1) 토사붕괴 재해의 형태 및 발생원인

토사붕괴 재해의 형태 및 발생원인은 다음 표 8-4와 같다.

표 8-4 토사붕괴 재해의 형태 및 발생원인

1. 경사면 굴착에 의한 붕괴	① 지질조사를 충분히 하지 않았다. ② 작업지휘의 지휘를 따르지 않았다. ③ 부석의 점검을 소홀히 했다. ④ 시공계획이나 공정을 잘 모르고 있었다. ⑤ 안전구배(안식각)로 굴하지 않았다. ⑥ 악천후 후에 점검을 하지 않았다. ⑦ 굴착면 하부의 작업원 위치가 나빠 대피할 수 없었다. ⑧ 굴착면 상하에서 동시작업을 했다.

2. 흙막이 지보공의 도괴	① 지보공 조립방법이 나빴다. ② 지보공 상부 또는 근처에 중량물을 적재했다. ③ 지보공의 구조와 재료가 좋지 않았다. ④ 작업지휘자의 지휘 없이 조립했다. ⑤ 지보공의 점검을 하지 않았다.

2) 토사붕괴시 조치사항

가) 대피통로 및 공간의 확보 등

붕괴의 범위에 따라 다르지만 일반적으로 발생되는 붕괴는 높이에 비례하지만 그 폭(수평방향)은 작으므로 작업장 좌우로 피난통로 등을 확보한다.

나) 동시작업의 금지

붕괴토석의 최대 도달거리는 경사 비탈면 높이의 약 2 배에 달하므로 이 범위 내에서는 굴착공사, 배수관의 매설, 콘크리트 타설 작업 등을 해서는 안 된다.

다) 2차 재해의 방지

일반적으로 작은 규모의 붕괴가 발생되어 인명구출 등 구조작업에 대형 붕괴가 재차 발생될 가능성이 많으므로 붕괴면의 주변 상황을 충분히 확인하고 안전하다고 판단되었을 경우에 복구 작업에 임한다.

3) 토석붕괴의 원인

토석이 붕괴되는 외적 원인은 다음과 같으므로 굴착 작업 시에 적절한 조치를 취하여야 한다.

① 사면, 법면의 경사 및 기울기의 증가

② 절토 및 성토높이의 증가

③ 공사에 의한 진동 및 반복하중의 증가

④ 지표수 및 지하수의 침투에 의한 토사중량의 증가

⑤ 지진, 차량, 구조물의 하중작용

⑥ 토사 및 암석의 혼합층 두께

토석이 붕괴되는 내적 원인은 다음과 같으므로 굴착 작업 시에 적절한 조치를 취하여야 한다.

① 절토 사면의 토질·암질

② 성토 사면의 토질구성 및 분포

③ 토석의 강도 저하

8.2.3 낙하·비래[물체에 맞음]재해 및 대책

(1) 비래재해의 발생원인

1) 재해 유형

① 고소에서의 거푸집 조립, 해체 작업 중 낙하

② 외부비계 상에 올려놓은 자재가 낙하

③ 바닥 자재 정리정돈 작업 중 자재가 낙하

④ 인양 장비를 사용치 않고 인력으로 던지다 낙하

⑤ 크레인으로 자재운반 중 로프 절단으로 낙하

⑥ 크레인으로 자재운반 중 결속 부위가 풀려 낙하

2) 재해 원인

① 높은 위치에 놓아 둔 자재의 정리 상태가 나빴다.

② 외부비계 상에 불안전하게 자재를 적재하였다.

③ 구조물 단부 개구부에서 낙하가 우려되는 위험작업을 했다.

④ 작업 바닥 폭, 간격 등 구조가 불량했다.

⑤ 자재를 반출할 때 투하설비를 갖추지 않았다.

⑥ 낙하물 방지설비를 설치하지 않았거나 강도, 구조가 불량했다.

⑦ 낙하물 방지설비의 유지관리, 보수 상태가 불량했다.

⑧ 크레인 자재인양 작업 시 인양 와이어로프가 불량해 절단되었다.

⑨ 매달기 작업 시 결속 방법이 불량했다.

⑩ 낙하물 위험 지역에 작업 통제를 하지 않았다.

(2) 낙하재해 예방설비

작업으로 인하여 물체가 떨어지거나 날아올 위험이 있는 때에는 낙하물방지망·수직보호망 또는 방호선반의 설치, 출입금지구역의 설정, 보호구의 착용 등 위험방지를 위하여 필요한 조치를 하여야 한다.

1) 용어 설명

① 낙하물 : 고소 작업에 있어서 높은 곳에서 낮은 곳으로 떨어지는 목재, 콘크리트 덩어리 및 공구류 등의 모든 물체를 말한다.

② 그물코 : 망의 그물 한 변의 크기인 매듭과 매듭의 간격을 말한다.

③ 테두리 로프 : 방망의 주변을 형성하는 로프를 말한다.

2) 구조 및 재료

방망의 소재는 가설기자재 성능검정규격에 따르며, 그물코는 사각 또는 마름모로서 그 크기는 가로, 세로 각 2 cm 이하로 하여야 한다. 방망의 종류는 개구리매듭 방망, 무매듭 방망 또는 라셀 방망 등 가설기자재 성능 검정규격에 따라야 한다.

방망사의 강도는 가설기자재 성능검정규격에서 정하는 안전방망의 인장강도에 따라야 하며, 테두리 로프 및 달기로프는 가설기자재 성능검정규격의 인장강도 시험에 합격한 것을 사용하여야 한다.

(3) 낙하물 방지망

낙하물 방지망은 작업 중 재료나 공구 등의 낙하로 인한 피해를 방지하기 위하여 설치하는 망을 말한다.

1) 설치 기준

① 방지망의 설치간격은 매 10 m 이내로 하여야 한다. 다만, 첫 단의 설치높이는 근로자를 낙하물에 의한 위험으로부터 방호할 수 있도록 가능한 낮은 위치에 설치하여야 한다.

② 방지망이 수평면과 이루는 각도는 20°~ 30°로 하여야 한다.

③ 내민 길이는 비계 외측으로부터 수평거리 2.0 m 이상으로 하여야 한다.

④ 방지망의 가장자리는 테두리 로프를 그물코마다 엮어 긴결 하여야 한다.

⑤ 방지망을 지지하는 긴결재의 강도는 100 kgf 이상의 외력에 견딜 수 있는 로프 등을 사용하여야 한다.

⑥ 방지망을 지지하는 긴결재의 간격은 가장자리를 통해 낙하물이 떨어지지 않도록 결속하여야 한다.

⑦ 방지망의 겹침폭은 30 cm 이상으로 하여야 하며 방지망과 방지망사이의 틈이 없도록 하여야 한다.

⑧ 수직보호망을 완벽하게 설치하여 낙하물이 떨어질 우려가 없는 경우에는 이 기준에 의한 방지망 중 첫 단을 제외한 방지망을 설치하지 않을 수 있다.

⑨ 최하단의 방지망은 크기가 작은 못·볼트·콘크리트 덩어리 등의 낙하물이 떨어지지 못하도록 방지망 위에 그물코 크기가 0.3 cm 이하인 망을 추가로 설치하여야 한다. 다만, 낙하물 방호선반을 설치하였을 경우에는 그러하지 아니한다.

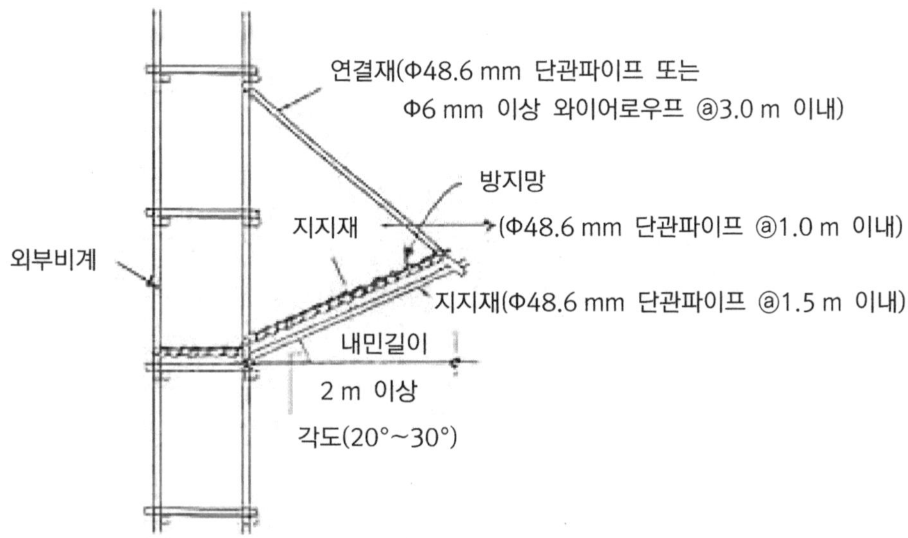

그림 8-4 낙하물 방지망 설치 예

2) 사용 시 주의사항

① 방지망은 설치 후 3개월 이내마다 정기점검을 실시하여야 한다. 다만, 낙하물이 발생하였거나 유해환경에 노출되어 방지망이 손상된 경우에는 즉시 교체 또는 보수하여야 한다.

② 방지망의 주변에서 용접작업 등 화기작업을 할 때에는 방지망의 손상을 방지하기 위한 조치를 하여야 한다.

③ 방지망에 적치되어 있는 낙하물 등은 즉시 제거하여야 한다.

8.3 건설 재해사례 및 예방대책

재해사례 1

복개구조물 보수공사 현장에서 피재자 4명이 복개하천 내부에서 벽체 균열 보수작업을 하던 중 국지성호우로 수위가 급상승한 하천 급류에 휩쓸려 3명 사망, 1명 부상한 재해임. * 재해 직전 10분간 28 mm의 집중호우가 발생함.(시간당 37 mm)

공사규모 복개구조물 보수(길이 720미터) **피해정도** 사망 3명, 부상 1명

☑ 재해예방대책

악천후 시 작업중지 조치 철저

- 복개구조물 내부에서 보수작업을 하는 경우 국지성호우, 태풍 등으로 집중호우가 발생하여 근로자가 위험해질 우려가 있을 때에는 즉시 작업을 중지시키고 근로자를 안전장소로 대피시키는 등 필요한 조치 철저(감시인의 배치 권고사항)
- 복개구조물과 같이 외부 기상환경의 변화를 감지하기 어려운 곳에서 작업을 하는 경우에는 외부에 감시인 배치
- 무전기 등으로 신호체계를 정하여, 집중호우 등으로 빗물이 복개구조물 내부로 유입되는 경우 작업자에게 즉시 작업을 중단하고 신속하게 대피할 수 있도록 조치

재해사례 2

근생 및 업무시설 신축공사 현장에서 방수공인 재해자가 외부 쌍줄비계에 설치된 작업 발판(5단) 위에서 스프레이건을 사용하여 방수작업 중 중간난간대가 미설치된 곳에서 떨어져 사망

공사규모 1개동(지하 1층, 지상 7층) 피해정도 사망 1명

☑ 재해예방대책

① 비계 작업발판 측면에 안전난간 설치 철저

- 추락 위험이 있는 외부 비계 작업발판에서 작업을 할 때에는 발판측면에 안전난간을 설치해야 함
- 안전난간의 구조는 상부난간대와 중간난간대의 2단 구조로 설치

② 개인보호구 착용 및 추락방지조치 철저

- 추락 위험이 있는 곳에서 작업을 하는 경우 근로자에게 안전모, 안전대를 지급하고, 착용하도록 하여야 함
- 또한 안전대 부착설비를 설치하고 안전대를 걸고 작업하도록 하여야 함

재해사례 3

재해자 2명이 건물 앞 지상에서 작업을 하던 중 건물 전면에 설치된 외부 비계(H=16 m)가 무너지면서 무너진 비계 하부에 깔려 1명 사망, 1명 부상자 발생한 재해임

공사규모 지상 4층 2개동 피해정도 사망 1명, 부상 1명

☑ 재해예방대책

① 강관비계 조립시의 준수사항 이행

- 강관비계를 조립하는 경우 좌굴 등으로 무너지지 않도록 교차 가새로 보강(교차 가새 설치 시 기둥간격 10 m 마다 45도 각도의 처마방향 가새 설치)
- 비계는 넘어지는 것을 방지하기 위해 벽이음 및 버팀을 수직, 수평방향으로 5 m이내 마다 설치
- 작업의 필요상 부득이한 경우 해당 벽이음 또는 버팀 대신 비계기둥 또는 띠장에 사재를 설치하는 등 조치

② 강관비계의 구조 준수

- 비계기둥의 간격은 띠장방향에서는 1.85 m 이하, 장선방향에서는 1.5 m 이하로 설치

재해사례 4

천장 소방설비 설치공사를 위해 이동식 천장 작업대를 다음 장소로 수평이동 시키던 중 작업대의 이탈 및 지지부위 파단으로 작업자 5명이 작업대와 함께 지상으로 떨어져 (H=14.6 m) 1명이 사망하고, 4명이 부상당한 사고임

공사규모 지상 3층 1개동 **피해정도** 사망 1명, 부상 4명

☑ 재해예방대책

① 이동식 천장 작업대 떨어짐 방지조치 철저

- 자중 및 이동에 따른 작업하중에 충분히 견딜 수 있도록 조치

② 작업대 지지용 레일 설치 시 설계기준 준수

- 설계도서 및 시방서 등을 철저히 검토하여 그에 따라 설치 및 운영

③ 작업대 이동 작업계획 수립 및 준수 철저

- 작업과정에서 발생할 수 있는 붕괴·추락 등의 위험을 예방할 수 있는 구체적인 작업 계획 수립

재해사례 5

지상 1층 외벽 석공사용 하지철물 용접작업 중, 용접불티가 작업장 뒤편 하부에 적재되어 있던 단열재에 착화, 화재가 발생 1명이 사망하고, 2명이 치료 중 사망한 사고임

공사규모 지하 1층, 지상 19층 1개동 **피해정도** 사망 3명

☑ 재해예방대책

① 화재위험 장소에서의 용접작업 시 안전조치 실시

- 가연물이 있는 건축물 내부나 설비내부에서 용접 등 화재위험 작업 시 화재예방조치 철저

② 화기사용의 금지조치 준수

- 화재 또는 폭발의 위험이 있는 장소에 용접·용단 등 화기사용 작업 금지

③ 소화설비 설치

- 건축물에서 단열재 등 화재의 원인이 될 우려가 있는 가연성물질을 취급하는 장소에는 소화설비 등을 설치

재해사례 6

재해자2명이 건설현장에서 사용하는 리프트 해체 작업 중 연결볼트가 해체된 마스트로 운반구가 과상승하여 재해자 2명이 운반구와 함께 지상으로 떨어져(H=23 m) 사망한 사고임

공사규모 지하 3층, 지상 23층 4개동 **피해정도** 사망 2명

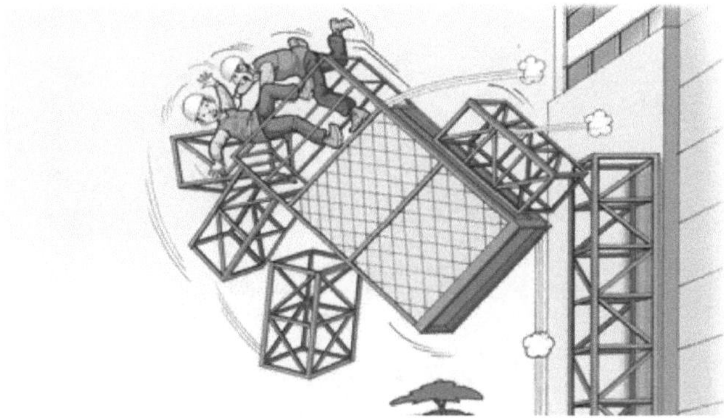

☑ 재해예방대책

① 권과방지 조치 철저

- 건설작업용 리프트를 해체할 때에는 운반구가 이탈하는 위험을 방지하기 위하여 권과방지장치 등의 안전장치를 설치하여 오작동 또는 오조작 등에 의한 과상승 및 이탈위험을 방지 철저

② 작업 상황에 알맞은 안전대 부착설비 설치

- 리프트 해체작업은 운반구 상부에서 진행되므로 근로자가 추락할 위험이 있어, 근로자에게 안전대를 착용시키고 안전대를 안전하게 걸어 사용할 수 있도록 수직 구명줄(안전대 부착설비)을 설치하여 근로자가 안전대를 걸고 작업

③ 중량물취급 작업계획서 준수

- 중량물의 운반 및 양중방법, 작업인원의 배치 및 작업순서, 권과방지장치의 설치, 재료결함 및 기구의 기능에 대한 사전 점검방법 등 근로자가 작업 중 떨어짐, 맞음, 넘어짐, 끼임 및 무너짐 위험을 예방할 수 있도록 안전대책이 포함된 작업계획서를 작업 전 작성 및 준수(권과방지장치 : 정격하중 이상의 하중이 부하될 시 자동으로 끌어올리는 것이 정지되면서 경보음이 울리는 장치)

재해사례 7

지상 2층 계단참에서 휴대용 원형톱을 사용하여 계단 거푸집 제작 및 설치 작업중이던 피재자가 절연이 파괴된 원형톱 금속제 외함의 누설전류에 감전되어 사망한 사고임

공사규모 지하 2층 1개동 **피해정도** 사망 1명

☑ 재해예방대책

① 전기기계·기구 전원코드 절연조치 철저

- 휴대용원형톱 등 전기기계·기구 전원코드의 절연피복이 손상되지 않도록 관리하고 피복이 손상된 배선은 즉시 기존 절연의 동등이상으로 절연을 보강하여 사용

② 감전방지용 누전차단기 상태 확인 철저

- 휴대용원형톱 등 전기기계·기구를 사용하기 위해 임시배선시 누전에 의한 감전위험을 방지하기 위해 해당 전로의 정격에 적합한 누전차단기를 설치하고 작업 전 작동여부를 확인, 이상이 발견되면 즉시 보수하거나 교체

③ 전기기계·기구 접지 실시 철저

- 전기기계 · 기구 사용시 누전에 의한 감전의 위험 방지를 위하여 전원코드에 접지극 포함

재해사례 8

건물 외벽 및 지붕 보수공사 중 지상 8층의 외벽 창틀 하부 몰딩작업을 위해 차량 탑재형 고소작업대에 탑승한 채 붐을 이동(좌선회)시키던 중 고소작업대가 넘어지면서 작업대와 함께 떨어짐

공사규모 외벽 보수 **피해정도** 사망 2명

☑ 재해예방대책

① 고소작업대 사용 시 아웃트리거를 최대로 확장

- 고소작업대를 사용하여 작업을 할 경우에는 고소작업대가 갑작스럽게 이동하거나 넘어지지 않도록 아웃트리거를 최대로 확장하여 작업하고,
- 경보음이 울렸을 경우에는 작업을 중지토록 관리감독 철저

  * 아웃트리거 : 고소작업대 전복사고를 방지하고 안정된 작업을 하기 위하여 구조물을 지지 또는 수평을 유지하도록 하는 장치

② 차량계 하역운반기계 작업계획서 작성

- 고소작업대를 사용하여 작업을 할 때에는 해당 작업에 따른 추락·낙하·전도 등의 위험을 예방할 수 있는 대책 및 고소작업대의 운행경로, 작업방법 등을 포함한 작업계획서를 작성하고 작업 실시
- 특히, 고소작업대를 설치할 장소와 작업 구간, 작업 반경 등을 검토하여 작업에 적합한 장비를 사용하여 작업

재해사례 9

재해자 2명이 곤돌라의 작업대에 탑승하여 3층 외벽의 창틀에 유리 끼우기 작업을 하던 중, 창틀에 묶어놓은 곤돌라의 작업대 흔들림 방지 로프가 끊어져 발생한 틈새로 재해자 2명이 지상으로 떨어진(H=10 m) 사고임

공사규모 지하 2층, 지상 10층 11개동 **피해정도** 사망 1명, 부상 1명

☑ 재해예방대책

떨어짐 방지조치 철저

- 흔들림이 심한 곤돌라의 작업대에 탑승하여 유리 끼우기 작업을 할 때에는 떨어짐 방지를 위해 안전대 부착설비를 설치하고 안전대를 착용
- 높이 10 m의 높은 장소에 설치된 작업대에 탑승하여 유리 끼우기 작업을 할 때에는 떨어짐 방지를 위한 중량물 취급에 대한 작업계획서를 작성하고 내용을 알려야 함
- 안전대 추락방지 보호구 착용

재해사례 10

달비계를 이용하여 건물 외벽을 청소하던 중, 작업용 로프(∮20 mm, P.P로프)가 끊어져 약 10 m 아래로 떨어져 사망함

공사규모 지하 1층, 지상 4층 1개동 피해정도 사망 1명

☑ 재해예방대책

① 달비계 작업안전조치 준수

- 달비계 작업을 하는 경우 구명줄을 먼저 설치하고 구명줄에 안전대 부착

② 달비계의 점검 및 보수 철저

- 작업 조건에 적합한 개인보호구(안전모, 안전대, 구명줄 등)를 근로자에게 지급 후 착용과 사용 상태 및 작업용 로프 점검 등 철저

CHAPTER 9

서비스 재해

9.1 서비스업 현황

9.2 서비스업 안전관리

9.3 서비스업 재해사례 및 예방대책

9

9.1 서비스업 현황

서비스업은 산채보험 사업분류상 제조업, 건설업, 굉업, 농·임·어업을 제외한 금융 및 보험업, 전기가스 및 상수도업 등 기타 사업과 운수 창고 통신업을 통칭하는 개념이나, 산업재해 예방측면에서 재해 발생빈도·유형, 근로자 특성 등을 고려하여 음식 및 숙박업, 도·소매업, 보건 및 사회복지사업 등을 포괄하고 있는 기타의 사업과 운수창고통신업을 중심으로 범위를 한정하고 있다.

업종 외형규모의 급격한 증가와 지속적 확대가 예상되며 산업재해중 서비스업 재해자가 차지하는 비중은 지난 10년간 점점 증가 했다.

9.2 서비스업 안전관리

최근 산업구조의 주측이 제조업에서 서비스업으로 변하면서 서비스 산업의 재해 발생 비율 및 이에 대한 관심은 더욱 늘어나게 되었고, 그중에서는 음식 및 숙박업, 도·소매 및 소비자 용품 수리업, 건물등의 종합관리사업, 보건 및 사회복지사업, 국가 및 지방자치단체의 사업, 교육서비스업, 위생 및 유사서비스업 등 7개 업종의 재해자가 서비스업 재해자의 다수를 차지하고 있어 산업재해 예방활동이 더욱 중요해 지고 있다.

9.3 서비스업 재해사례 및 예방대책

재해사례 1 : 교통사고

- 사망재해 발생

서비스업에서의 도로교통 사망사고는 배달업의 이륜차 사고가 대부분으로 운행 중 신호위반과 과속, 전방주시 및 확인 미흡, 운행 중 휴대폰 통화, 한손에 배달물을 든 채 운행하는 등 개인의 불안전한 행동, 안전모 등 개인보호구 미착용등으로 발생한다.

☑ 재해예방 대책

- 과속, 난폭운전, 신호위반 등 불법 운전을 하지 않고 교통법규 준수
- 운행 중 전방의 도로 교통상황과 도로상태 확인에 집중
- 운전 중 흡연, 잡담, 휴대폰 통화 등 불필요한 행동은 절대 금지
- 운전 시 복장을 단정히 하고 반드시 안전모 등 개인보호구를 지급·착용하고 전조등 항상 켜기

재해사례 2 : 떨어짐

- 사망재해 발생

떨어짐으로 발생하는 사망사고는 사다리 파손이나 헛디딤에 의해 실족, 청소차량, 트럭 등 작업발판에 탑승, 트럭 화물칸 적재·포장작업, 건축물옥상, 단부 등 높은 곳에서의 불안전한 작업, 달비계를 사용하여 건물 외벽청소 중 구명줄 미설치 등에 의해 발생한다.

☑ 재해예방 대책

- 사다리는 평탄하고 미끄럼이 없는 바닥에 설치하고, 최대길이 3.5 m이하 A형 사다리만 사용, 반드시 안전모 착용 및 2인 1조 작업 실시
- 쓰레기·폐기물 수거를 위한 이동시 안전한 승차석에 탑승 이동 및 안전모 착용 철저
- 적재함에 화물로 인해 이동 통로가 없는 경우 별도의 작업발판 등을 통해 안전한 작업공간을 확보하고, 떨어짐 위험장소에서 작업 시 반드시 안전모 착용
- 달비계 작업은 안전대 부착설비 설치, 옥상 앵커에 달비계 지지로프 결속 및 안전모 착용 철저

재해사례 3 : 부딪힘

- 사망재해 발생

부딪힘으로 인한 사망재해는 지게차, 화물자동차의 구내 운행 부주의, 부딪힘 위험장소에 대한 유도자 미배치 등 안전조치 미흡, 크레인·호이스트 등 운반설비 이용시 중량물 취급 부주의, 통행중 설비와 부딪힘 등으로 발생한다.

☑ 재해예방 대책

- 지게차운행 시에는 운전자 시야를 확보할 수 있도록 적재하고, 제한속도를 지정하여 과속하지 않도록 조치
- 지게차, 차량 등의 작업장 내 운행경로에는 출입금지 조치 및 유도자를 배치하고, 사각지대에는 반사경 설치
- 크레인 등으로 중량물 인양 시에는 편심이 되지 않고 수직으로 인양하고, 걸이로프 등이 풀리지 않도록 단단히 결속
- 불시에 열릴 수 있는 철제문 등과 같은 장소·설비에 필요한 안전조치 실시

재해사례 4 : 끼임

- 사망재해 발생

끼임으로 발생하는 사망사고는 재활용 선별장내 분쇄기·파쇄기 작업, 컨베이어 화물작업 중 회전하는 체인에 말림, 주차 리프트에 차량 입고 시 임의 작동, 청소차량 개폐장치 레버 임의조작등에 의해 발생한다.

☑ 재해예방 대책

- 물품투입, 이물질 제거 시 수공구 사용
- 컨베이어 동력전달부, 체인 등에 안전덮개를 설치하여 노출되지 않도록 조치
- 주차리프트는 반드시 기계 전원을 차단하고 “사용중지” 또는 “수리중” 이라는 표지판 설치 및 조도 확보 후 작업
- 조작레버는 개폐장치의 작동반경 내 작업자의 접근여부 등을 확인하여 안전한 상태에서 작동

재해사례 5 : 넘어짐

- 사망재해 발생

넘어짐으로 발생하는 사망사고는 바닥 및 통로에 물기, 빙판, 기름 등이 물질 또는 미끄러운 원자재, 계단청소 중 부주의, 순찰, 물품운반 등 어두운 지하 계단 보행, 계단에서 미끄러지거나 헛디뎌 넘어짐 등으로 발생한다.

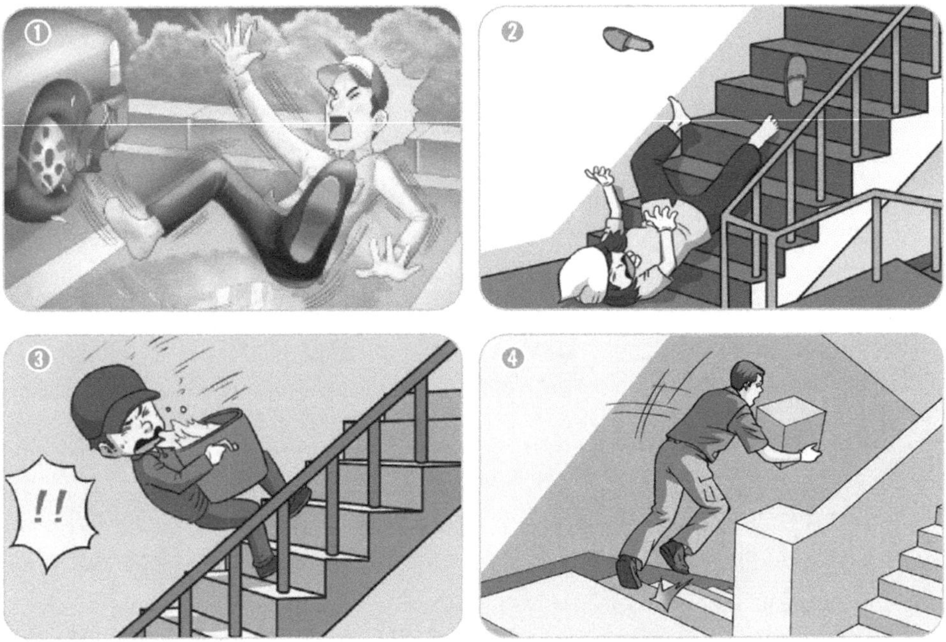

☑ 재해예방 대책

- 작업자 스스로 바닥상태 확인, 바닥은 청결하게 유지 및 미끄러짐방지 신발착용
- 계단 청소는 아래에서 위쪽으로 실시, 슬리퍼 착용 금지 등 작업안전 수칙 준수
- 중량물은 나눠서 운반하고 어두운 장소는 손전등 등 휴대용 조명기기 지참
- 계단을 오르내릴 때 손잡이를 잡고 뛰지 않으며, 계단에 미끄러짐 방지용 테이프부착

CHAPTER 10

인간공학

10

10.1 인간공학의 유래

인간공학이란 용어는 영어의 Human Engineering, Ergonomics, Human Factors 혹은 Human Factors Engineering 등에서 유래한다.

과거 우리 조상들은 거의 천연 그대로의 환경 속에서 살았었고, 그들의 생활이란 그들 손으로 직접 무엇을 할 수 있는가에 달려 있었다. 오랜 세월이 흐르는 동안 생활을 보다 편안하게 하고 생존을 용이하게 하기 위하여 간단한 도구나 기구를 만들어 쓰게 되었다. 근대에 와서는 과거에 상상할 수 없었던 기구나 기기들이 만들어지고 이를 이용하여 생활이 이루어지고 있다. 즉, 자연에서 제공되는 것보다 사람이 만든 물건을 이용하는 생활로 변하게 된 것이다. 사람이 만든 기기는 수공구, 부엌 용구, 자동차, 기계, 집, TV 수상기, 전화, 컴퓨터, 우주선, Internet 등 이루 헤아릴 수 없다.

인간요소(Human Factors)에 대한 최근의 관심은 그간의 기술 개발과정에서 인간을 고려해야 할 필요성에 주의를 집중해 온 소산이라는 사실로부터 유래한다. 즉, 누구든지 과거 어떤 도구, 장치, 기계나 기구를 사용하면서 불편한 점을 많이 경험했을 것이다. 이러한 경험이 사람이 사용하는 물건을 설계할 때 인간요소를 고려하는 시발점이 되는 것이다.

인간에 대한 공학적 접근은 인류 문명의 발생과 같이 존재하였다. 예를 들면, 석기시대의 돌도끼는 인간의 손 크기와 악력 등을 기초로 제작되었고, 고인돌의 크기도 인간의 체형을 고려한 형태라는 것은 공학을 전공하지 않은 사람일지라도 손쉽게 느낄 수 있다. 200여 년 전 이태리의 내과 의사이었던 Ramazini는 잘못된 방식의 작업이 인간의 신체에 나쁜 영향을 줄 수 있다는 사실에 주목했다. 그는 산업 현장의 잠재적인 위험을 크게 두 가지로 나누었는데 하나는 다루는 물건에 의한 위험이고 다른 하나는 작업 도구의 상태가 좋지 못해서 부자연스러운 자세나 거칠고 비정기적인 동작을 취하게 되는 것이다. 이런 두 가지 위험 요소로 인하여 작업자의 인체에 심각한 영향을 주는 질환이 점진적으로 발생할 수 있다고 보고하였다. 이 연구는 인간공학이라는 학문이 발생할 수 있는 근거를 마련해 주었다.

산업 혁명은 인간에게 증기기관과 같이 큰 힘을 낼 수 있는 기계들을 제공하였지만 반면에 이 과정에서 과거에 개별 사용자에게 맞추어 오던 맞춤 설계는 점차 사라졌다. 산업 혁명 시기에 만들어진 기계들은 인간에 비하여 생산성이 엄청나게 컸고, 이 기계를 사용하는 작업자는 대부분이 수많은 농민들이었으며 인건비도 기계의 가격에 비해 무척

저렴했다. 따라서 기계를 설계하는 사람들은 사용자인 인간을 고려하는 것보다는 기계를 어떻게 더 싸게 빨리 많이 만드는가를 더 중요한 문제로 여겼다. 이러한 이유로 초기의 기계들은 사용자의 관점이 무시되고 단지 기계 제조의 용이성만이 고려된 것이 대부분이었다.

안전과 생산성에 대한 인간공학적 접근은 19세기 말 Taylor의 일일 적정 생산량 산정 시 노동의 종류(강도)와 작업 수행시간의 적정화에서 찾을 수 있다. 즉, 석탄 적재 작업 시 작업자가 수행 가능한 작업량을 산정하고 작업자가 사용하는데 불편함이 없도록 체형에 맞는 장비로 개선하였다. 또, Gilbreth 부부는 영사기를 이용하여 작업동작을 촬영하고 이를 미세동작으로 분석하여 작업에 불필요한 동작을 제거하여 작업방법을 개선함으로써 작업효율의 향상과 더불어 피로를 감소시켰다. 제 2차 세계대전은 인간공학을 비약적으로 발전시키는 계기가 되었다. 이는 전자, 기계, 항공 등의 순수 공학기술이 비약적으로 발전하게 됨에 따라 장비의 효율은 엄청난 향상을 꾀할 수 있었으나, 이를 사용하는 인간의 측면에서는 많은 문제점을 제기하게 되었다. 이를 계기로 비행기, 잠수함의 공간 이용 및 인간의 심리 연구 등이 활발히 진행되었다. 또, 우주개발을 위해서는 외계 환경으로부터의 인간보호, 무중력 상태에서의 적응, 기구의 개발 등에 인간요소를 고려하지 않을 수 없게 되었다.

이처럼 초기의 인간 공학은 생산성 및 장비 이용의 효율성 향상의 관점에서 주목받았으나, 1979년 Three Miles Island 원자력 발전소 사고를 비롯한 일련의 대형 재해가 발생하고 재해조사 결과 인간의 불안전행동이 재해의 주요 원인으로 부각되면서 인간공학은 인간의 안전과 편의를 추구하는 학문으로 발전해왔다. 특히, 컴퓨터가 널리 사용되기 시작한 1970년대부터는 기계 제조가 상대적으로 용이해져서 기계의 가격이 낮추어졌고 컴퓨터의 사용으로 이제는 기계보다는 사람의 작업이 생산성에 있어서 병목이 되었다. 이와 더불어 이때부터 근골격계 질환에 대한 예방이 강조되기 시작하면서 Granjean 등이 "작업을 사람에게 맞추자(Fitting the task to the man)"고 외치기 시작했다. 본격적으로 인간공학이 발전한 것은 이때부터라고 보아야 할 것이다. 이러한 관점은 인간공학의 필요성을 더욱 높이게 되었으며 우리나라에서도 인간공학적인 설계를 마케팅에 활용하는 사례도 나타났다. 또한 ILO(International labor organization)와 미국의 NIOSH (National institute of safety and health)가 근골격계 질환을 줄이기 위한 대책을 인간공학적으로 제시한 것도 이즈음으로써 인간공학자들이 산업계에서 본격적으로 중요하게 활약하게 된 시기이기도 하다.

1990년대 이후에는 고객만족을 강조하는 UI(user interface)가 강조되고 있다. 물리적인 제품뿐만 아니라, 소프트웨어에서도 사용자들이 편리하고 쉽고 친근하게 조작할 수 있는 시스템을 만들기 위해 전문 인력이 투입되고 있는데, 소프트웨어 업계에서 사용되기 시작한 UX(User Experience) 개념이 자동차, 스마트폰 등 많은 제품군으로 확대 사용되고 있다. 2000년 이후에는 개개 제품의 설계 뿐만 아니라, 조직 수준에서 인간요인을 다루는 macroergonomics로부터 communication에 이르기까지 다양한 분야에서 인간요인의 중요성을 주목하면서 인간공학이 그 영역을 확장해 나가고 있다.

10.2 인간공학의 정의

인간공학은 체계, 설비, 환경의 창조과정에서 기본적인 인생의 가치기준에 초점을 두고 인간 기계 체계의 최적 설계를 다루는 학문으로 안전성과 능률의 향상에 그 목표를 두고 있다. 따라서 인간이 만들어서 우리 생활에 이용되는 기구의 설계요소 중 주로 인간요소에 대하여 다루며, 인간과 기계 또는 환경과의 인터페이스(Interface)에 주 관심이 있다.

따라서, 인간공학은 기계, 기계 조작 및 환경 조건을 인간의 특성 및 한계능력에 맞도록 기계 기구, 작업 방법, 작업 환경을 개선하는 방법에 관한 공학이라 정의할 수 있다(Chapanis).

이러한 인간공학의 목표는

첫째, 안전성의 향상과 사고방지,

둘째, 기계 조작의 능률성과 생산성의 향상,

셋째, 기구를 사용하는 인간의 쾌적성

에 있다. 여기에서 안전을 첫째 목표로 두는 이유는 과오를 범하기 쉬운 인간 특성에 있다. 이러한 인간의 실수가 장치나 기기에서 유발되지 않도록 하기 위하여 설계를 개선하고, 실수의 감소 및 근절을 도모함으로써 생산성 향상 및 쾌적성이 동시에 이루어질 수 있으며, 생활의 질을 향상시킬 수 있다.

그림 10-1 Fitting the task to the man

10.3 안전과 인간공학

우리나라의 산업재해 발생현황을 살펴보면 재해율은 완만한 감소 추세를 보이고 있으나, 산업재해로 인한 경제적 손실 규모는 계속 증가하고 있다. 또한 산업의 발달과 함께 신종 유해·위험 물질 등이 급증함으로 인하여 사망자, 장해자, 직업병 환자는 지속적으로 증가하여 사회문제가 되고 있다.

일본의 과거 통계를 빌리면 산업재해의 91.9%가 인간의 불안전행동과 관련된 것으로 밝혀져 있다. 구태여 Heinrich의 고전적 도미노 이론을 빌리지 않더라도 산업재해를 줄여가는 첩경은 불안전행동을 제거하는 방안을 강구해야 하는 것이 자명하다. 불안전행동에 의한 재해를 세부적으로 분류해 보면 불안전한 자세 및 동작, 기계·기구의 잘못 사용, 불안전한 상태의 방치 순으로 발생한다. 이러한 불안전행동을 유발시키는 인간의 실수 유형은 크게 신호 검출 실패, 신호의 부정확한 인식, 정보처리 및 의사결정시 중요도의 잘못 산정, 행동선택의 실수, 수행 절차의 실수로 구분할 수 있고, 다음과 같은 원인들에 의하여 야기된다.

1) 신호검출실패

- 중요한 신호가 너무 많거나, 입력채널이 분산되는 등 입력신호가 인간의 감지기능을 초과한 과부하 상태
- 입력신호의 변동이 없거나 신호출현 빈도가 너무 적어서 발생하는 감지실수
- 시각적인 대비가 낮거나 청각적인 소음의 효과에 의한 감지불능

2) 신호의 부정확한 인식

- 암호화 형태 및 전달해야 할 전언의 부정확성
- 신호구분의 불명확
- 일어날 결과의 예측치에 대한 오류
- 인식기호의 혼란

3) 정보처리 및 의사결정시 중요도를 잘못 산정

- 비선형적인 예측이 요구되는 정보
- 다차원, 복잡한 내용의 판단이 요구되는 의사결정
- 명확하게 정의되지 못했거나 이해할 수 없는 정보
- 우발정보에 대한 불명확한 정의

4) 행동선택의 실수

- 비양립성으로 인한 적절한 행동의 선택 방해
- 행동에 대한 절차의 인식부족
- 적절한 행동의 부재
- 경제적 비용이나 절차상의 애로사항에 의한 정확한 행동의 방해

5) 수행절차의 실수

- 적절한 도구의 부재
- 조종장치의 비양립성

- 활동에너지 부족
- 행동과 조종의 상관관계에 대한 이해부족
- 피로누적으로 인한 동작 불능
- 궤환 정보에 대한 조종행동의 불가능 또는 지연

전술한 바와 같이 인간의 정보처리과정에서 발생하는 인간의 실수나 인간의 능력을 초과하는 부적절한 행동이 재해를 일으킨다는 것은 자명하다. 안전인간공학은 인간의 특성과 능력을 고려한 기계, 설비, 도구, 제품의 설계, 작업방법의 설계, 작업환경의 개선 등을 통하여 인간의 불안전행동을 제거하여 재해를 예방하는 방법론이다.

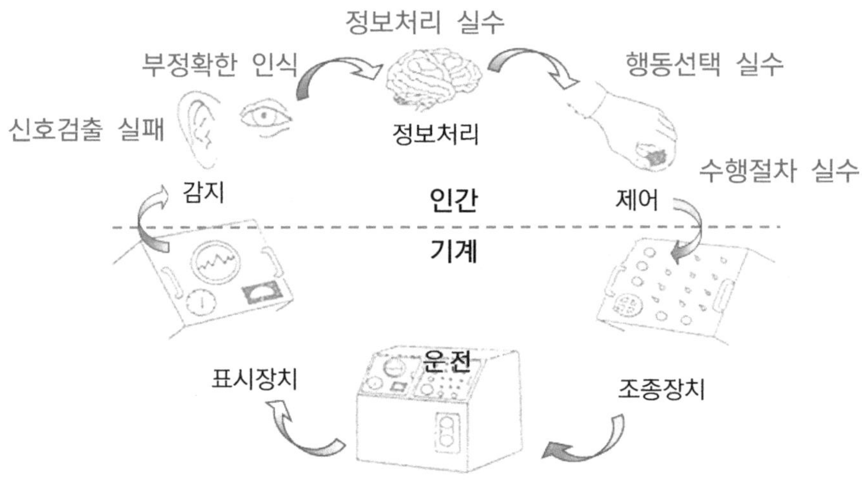

그림 10-2 인간의 실수 유형

10.4 근골격계질환의 개요

근골격계질환(Musculoskeletal Disorders)은 장기간에 걸친 지속적인 반복동작에 의하여 근육, 관절, 혈관, 신경 등에 미세한 손상을 입는 누적외상성 질환(Cumulative Traumatic Disorder)의 한 종류이다. 이러한 장애들은 무리한 힘이 요구되는 경우도 발생할 수 있으나 가벼운 동작을 쉼없이 반복하면서 작업하는 경우에도 발생할 수 있다. 위험요인은 여러 가지가 복합되어 발생하는 경우가 대부분이다.

부적절한 자세, 무리한 힘의 사용, 반복적인 동작, 작업의 지속시간, 날카로운 면과의 신체 접촉, 동력을 이용한 공구 사용시 진동 등의 작업요인과 이외에 피로가 지속되거나, 찬 곳에서 지속적인 작업을 할 때, 체격과 체력 등 개인적 요인, 류마티스 관절염이나 전신성 루프스 등의 개인 질환, 정신 심리적 요인 및 사회적 요인 등이 작용하며 어느 한가지의 특정적인 요인보다는 여러 요인이 복합적으로 작용하여 발생한다. 근골격계질환의 작업 위험요인 중 인체 부위별로 관련성을 보면 팔, 손목/손은 반복동작, 힘, 작업자세 등이 복합적으로 더 크게 영향을 미치나, 목과 어깨 부위는 작업자세, 요부(등)는 들어올리기 힘든 육체작업과 전신진동이 더 큰 영향을 주는 위험요인이었다. 미국 NIOSH에서는 근골격계질환 위험작업과 발생 가능한 질환을 표 10-1과 같이 정리하였다.

근골격계질환의 특성으로는 첫째, 한 번 발병하면 쉽게 완치하기 힘들다. 물리적·정신적인 스트레스는 근골격계질환의 대표적인 원인으로 꼽히는데, 이러한 스트레스는 원천적으로 제거하기 힘들기 때문에 질환발생의 예방할 수 있도록 지속적으로 관리하여야 한다. 둘째, 다양한 요인이 근골격계질환을 유발한다는 것이다. 앞서 언급한 물리적, 정신적 스트레스 외에도 유전, 성, 연령 등의 요인에서부터 생활습관, 체력, 면역력, 음주, 흡연, 식생활습관, 가사노동 등의 요인, 심인성 요인에 이르기까지 다양한 요인으로 인해 질환이 발생할 수 있다. 셋째, 근골격계질환은 조기에 발견하여 신속하게 대책을 마련하여야 이후 동일한 질환의 발생을 효과적으로 예방할 수 있다. 따라서 근골격계질환을 유발할 가능성이 있는 작업을 초기에 발견하여 개선하여야 하고, 발견된 질환은 발병 초기에 치료하여야 한다. 마지막으로 근골격계질환은 작업자 스스로 관리하도록 교육하여야 한다. 근골격계질환을 예방하기 위해서 작업 방법에 대한 교육 및 근력강화 운동 방법에 대한 교육을 활용할 수 있다.

표 10-1 CTDs 발생 가능성이 높은 작업 및 위험요소

작업	장해	작업상의 위험요소
1. 연마작업	Tenosynovitis	손목의 반복동작
	Thoracic outlet	지속적인 어깨들어올림
	Carpal tunnel	진동
	De Quervain's	꺽인 손목자세
	Pronator teres	손목의 반복동작
2. 프레스작업	Tendinitis of wrist and shouler	어깨의 반복동작
	De Quervain's	팔꿈치 꺽기
		Pushing control을 위한 손목꺽임
3. 머리 위의 조립	Thoracic outlet	지속적으로 팔을 들어 올리는 자세
(용접, 페인팅, 자동차 수리)	Shoulder tendinitis	어깨보다 높은 손의 자세
4. 벨트 콘베이어 조립	Tendinitis of wrist and shoulder	전후좌우로 들어올리는 팔의 자세
	Carpal tunnel	손목의 반복동작
	Thoracic outlet	
5. 타이핑, 키펀치, 출납원	Tension neck	정적이고 제한적인 자세
	Thoracic outlet	손가락의 고빈도 동작
	Carpal tunnel	꺽인 손목자세
		손바닥 압력
6. 재봉사	Thoracic outlet	반복적인 어깨 및 손목동작
	De Quervain's	손바닥 압력
	Carpal tunnel	
7. 작은 부품 조립	Tension neck	지속적인 부적절한 자세
(철사감기, 밴드싸기)	Thoracic outlet	꺽인 손목자세와 엄지손가락의 압력
	Wrist tendinitis, Epicondylitis	반복적인 손목운동 강력한 손목의 젖힘과 내전

표 10-1 CTDs 발생 가능성이 높은 작업 및 위험요소(계속)

작업	장해	작업상의 위험요소
8. 우편배달부	Shoulder problem Thoracic outlet	어깨끈으로 무거운 짐을 나름
9. 음악가	Wrist tendinitis Carpal tunnel Epicondylitis	손목의 반복동작 손바닥 압력 어깨의 반복동작
10. 유리절단작업, 전화교환 작업	Ulnar nerve entrapment	지속적인 팔꿈치 구부림 자세
11. 실내장식작업	Thoracic outlet Carpal tunnel	지속된 어깨의 굽힘 반복적인 손목굽힘
12. 포장작업	Tendinitis of shoulder and wrist Tension neck Carpal tunnel	지속적인 어깨 하중 손목의 반복동작, 과도한 힘
13. 트럭운전사	Thoracic outlet	지속적인 어깨의 들어올림 자세
14. 코어제작	Tendinitis of wrist	반복적인 손목운동
15. 가정부, 요리사	De Quervain's Carpal tunnel	지속적이고 고빈도의 손목동작
16. 목공 및 벽돌작업	Carpal tunnel Guyon tunnel	손바닥 압력
17. 창고작업	Thoracic outlet Shoulder tendinitis	부자연스러운 자세에서의 어깨에 걸리는 지속적인 하중
18. 재료운반	Thoracic outlet Shoulder tendinitis	어깨로 물건을 나름
19. 제재업/건설	Shoulder tendinitis Epicondylitis	무거운 물건을 반복적으로 던짐
20. 육류가공작업	De Quervain's Carpal tunnel	손목의 과도한 힘과 반복동작

근골격계질환 질환의 주요 증상은 다음과 같이 3단계에 걸쳐서 발생한다.

근골격계질환의 1단계에서 작업자는 작업 시간 동안에 피로감이나 통증을 느끼지만, 하룻밤 정도의 휴식을 취하면 통증은 대부분 사라지지만 나른하고 뻐근한 느낌은 지속된다. 더불어 작업 능력이 감소하며, 나른하고 뻐근한 느낌과 작업 능력 감소는 며칠 동안 지속될 수 있으며, 약화와 회복이 반복적으로 발생하나, 그 주기가 불규칙하고 빈번하지는 않다.

근골격계질환의 2단계에서는 작업 시간 초기부터 통증이 발생하며 하룻밤이 지나도 통증이 지속되고 화끈거림이나 밤에 잠을 이루지 못할 정도로 통증이 지속된다. 또한 작업 능력이 현저히 감소하고 통증이 몇 주, 몇 달 지속될 수 있으며, 약화와 회복이 1단계보다 잦은 빈도로 반복된다.

근골격계질환의 3단계에서는 휴식 시간에도 통증이 지속되고 하루 종일 통증을 느끼며 통증으로 잠을 이루지 못한다. 게다가 작업 수행이 불가능할 정도로 움직이기 힘들며 일상 생활을 하는 데도 어려움을 경험하게 된다.

다양한 근골격계질환 중 빈번하게 보고되는 증상은 수근관 증후군, 수완진동 증후군, 내외상과염 등이 다. 수근관 증후군은 반복적이고 지속적인 손목의 압박이나 손목을 굽히는 자세에서 나타나며 손가락이 저리고 감각이 저하되는 증상이다. 수완진동 증후군은 진동하는 공구를 사용할 때 발생하며, 손가락의 혈관이 수축하고 감각이 마비되며 손이 하얗게 변한다. 내외상과염의 경우 손목과 손가락을 과다하게 사용할 경우에 발생하며 팔꿈치 내 바깥쪽에 통증을 유발한다.

무거운 물건을 옮기거나, 허리를 구부린 자세로 장기간에 걸쳐 작업을 하게 되면, 흔히 요통을 경험하는데, 이는 척추 L5/S1 부위에 과도한 압력이 주어져, 물렁뼈 조직인 추간판(디스크)이 정상적인 위치에서 벗어나 신경을 압박하기 때문이다. 심한 경우, 디스크가 빠져나와 하반신으로 흐르는 신경을 압박해서 허리 뿐만 아니라, 다리, 발까지 불편함을 초래하기도 한다. 허리 결림과 삠(sprain)을 경험하는 빈도와 그 원인을 조사해본 결과, 허리 부상의 50% 정도는 물건을 들다가 생긴다. 이외에 물건을 밀거나 당기다가 생기는 것이 9%, 물건을 들고 있거나 휘두르거나 던지거나 가지고 가다가 생기는 것이 약 6%이다(Klein, Roger, Jensen, and Sanderson, 1984). 과학의 발전으로 인한 의료의 개선, 자동화 설비의 증가, 선별적인 작업자 채용에도 불구하고 직업적 상해는 크게 감소하지 않고 있으며, 그에 반해 직업적 상해로 인한 비용은 현저하게 증가하고 있다.

10.5 근골격계질환의 위험요인과 인간공학적 예방대책

근골격계질환의 작업적 위험요인에 따른 인간공학적 대책은 다음과 같다.

(1) 부적절한 자세

중립자세로부터 벗어나는 부적절한 자세로 정적인 작업을 오래하는 경우, 누적외상성 질환의 위험성이 높아지게 된다. 이것은 작업자의 올바르지 못한 습관이나 관습적인 자세로 인한 것도 있으나 대부분 작업 영역, 작업공구 또는 작업대가 작업자에게 적합하지 않아 발생하는 경우가 많다. 이러한 경우 작업영역, 작업공구 또는 작업대를 작업자에게 적합하게 맞추어 주는 것이 필요하다. 특히 어린이, 노약자, 그리고 장애인은 일반적인 집단과는 다른 특성을 가지므로 이들을 위한 별도의 설비나 여유를 가지는 것이 바람직하다.

그림 10-3 부적절한 자세

(2) 정적인 동작

정적인 동작은 다음과 같은 상황으로 정의할 수 있다.

① 힘든 일을 10초 정도 또는 그 이상 계속해야 할 때

② 보통의 작업이라도 1분 정도 또는 그 이상 계속해야 할 때

③ 적은 힘이 드는 작업이라도 4분 정도 또는 그 이상 계속해야 할 때

이러한 정적인 동작은 같은 조건하에서 동적인 동작에 비해 더 많은 에너지 소비와 더 긴 휴식기간을 필요로 한다. 따라서 가능한 정적인 동작은 피해야 한다. 그러나 작업상 어쩔 수 없이 정적인 동작을 수행하는 경우, 작업 중간에 규칙적인 휴식시간이나 예방 체조시간을 부여하여 누적외상성 질환으로 발병하는 것을 막아주어야 한다.

또한 정적인 동작으로 신체부위(손목, 팔/팔꿈치, 윗팔/어깨, 목)가 부적절한 자세를 취하는 경우, 작업장의 재설계와 작업공구의 개선 등을 통해 가능한 중립 자세(Neutral Posture)를 취하도록 하여야 한다.

(3) 부적절한 자세와 작업대의 설계

부적절한 자세의 원인은 작업 특성상의 이유도 있지만 대개 작업장의 설계에 의한 경우가 많이 발견되고 있다. 특히 대형 사업장에 있는 작업라인의 경우, 작업공정과 작업공구 중심으로만 설계가 되어 있으며, 이의 개선이나 재설계 또한 쉽지 않아 누적외상성 질환의 예방을 더욱 어렵게 하고 있다.

이러한 작업대의 설계 시 유의해야 할 점은 다음과 같다.

① 단순히 인체의 평균 수치를 이용하기보다는 인체측정학적 개념을 이용한다.

② 신체(키, 몸무게 등)가 아주 작은 사람과 큰 사람을 고려할 수 있어야 한다.

③ 조절이 가능하도록 범위를 주어 설계한다.

④ 작업의 형태와 방법을 고려해야 한다.

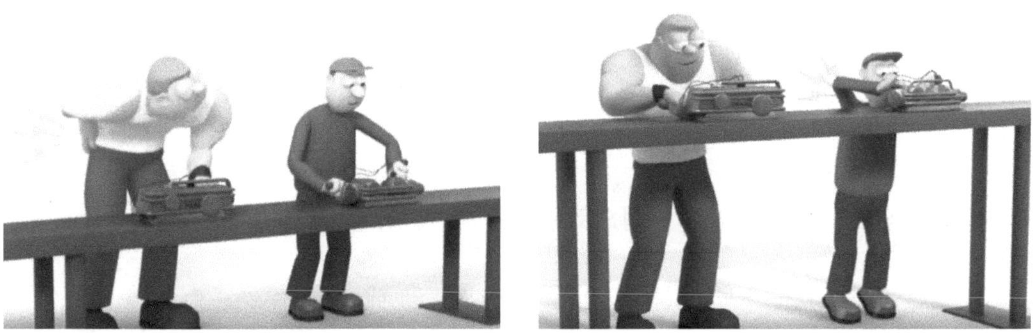

그림 10-4 부적절한 자세와 작업대의 설계

(4) 무리한 힘의 사용

무리한 힘을 사용하는 작업인 경우, 작업자는 많은 근력을 필요로 하며 근육을 쉽게 피로하게 하여 긴 회복기간을 요구한다. 이때 충분한 휴식을 갖지 못하면 근육 조직이 상처를 입게 되며 결과적으로 누적외상성 질환으로 발전한다.

이러한 경우, 가능한 무리하게 힘을 사용하지 않도록 제어한다. 즉,

① 무리한 힘을 요구하는 작업공구는 개선하거나,

② 동력을 사용하는 공구로 교체하고,

③ 손에 맞는 공구를 선택하며,

④ 미끄러운 물체가 있는 경우 마찰력을 개선하며,

⑤ 작업수행을 위한 적절한 작업공간을 제공하도록 한다.

그림 10-5 목에 무리가 가는 무리한 힘의 사용

(5) 반복적인 작업

짧은 시간 매우 반복적인 동작인 경우, 이러한 작업들이 여러 달, 여러 해 동안 수행될 때 누적외상성 질환의 위험율은 증가한다. 반복적인 동작이 잦을수록 근육은 쉽게 피로하게 되며 회복에 더 긴 시간을 요구한다. 그러나 충분한 휴식을 갖지 못하면 근육 조직은 상처를 입게 되며 결과적으로 누적외상성 질환으로 발전한다.

그림 10-6 허리에 무리가 가는 반복적인 작업

이러한 경우, 같은 근육을 반복하여 사용하지 않도록 작업을 변경(작업 순환)하여 작업자끼리 작업을 공유하거나 공정을 자동화한다.

(6) 작업의 지속시간

이것은 위험 요인에 노출되는 시간을 의미한다. 단순한 반복작업인 경우 근육 조직에는 극히 미세한 손상만이 발생하며, 이러한 미세 손상은 평상시 동작에서는 전혀 문제가 되지 않는다. 그러나 장기간의 연속작업이나 부족한 휴식은 회복에 필요한 충분한 시간을 가질 수 없기 때문에, 이러한 미세 손상이 경우에 따라서는 복원이 불가능한 상태까지 갈 수도 있다. 따라서 작업중간에 규칙적인 휴식시간이 작업자에게 주어져야 한다.

(7) 날카로운 면과의 신체 접촉

날카롭고 단단한 면이나 물체가 신체와 물리적으로 접촉하는 경우 동작의 반복, 무리한 힘, 지속시간에 의한 통증이 더 심해질 수 있다. 이러한 경우 장갑을 착용하거나, 팔지지대 또는 손목 지지대를 사용하여 날카로운 면과의 접촉을 피하도록 유도해야 한다.

(8) 진동공구의 사용

진동 강도가 큰 공구를 계속 사용해야 하는 작업인 경우, 관절이나 근육에 백납병(White Finger)과 같은 장해를 일으킬 수 있다. 즉, 손가락의 말단이 창백하게 되고 동시에 냉감, 조임 등의 증상이 일어난다.

이의 대책은 다음과 같다.

① 진동을 경감시킬 수 있는 진동공구의 설계

② 진동공구의 제한된 사용

③ 진동공구의 보수관리

④ 환경의 정비(신체의 보온) 등

그림 10-7 진동공구 사용

(9) 온도의 영향

손가락은 특히 작업중 저온에 노출되기 쉽다. 저온 환경으로 손이 차가워지거나 손에 장갑을 착용했을 경우, 이것은 손의 감각반응을 무디게 하여 작업에 더 많은 힘이 요구하며, 작업 시 정교함을 둔화시켜 재해를 유발할 수도 있다.

CHAPTER 11

휴먼에러

11

11.1 사고예방과 휴먼에러의 의의

휴먼에러에 대한 정의는 학자에 따라 매우 다양하다. 이렇게 다양한 정의가 있다는 것은 휴먼에러의 다양한 특성을 반영하는 것이기도 하며, 연구자에 따라 휴먼에러의 연구목적이 서로 다르다는 것을 반영하는 것이다.

Reason은 휴먼에러를 "인간이 계획하고 실행한 일련의 정신적·신체적 활동이 의도한 결과에 이르지 못한 경우 중, 그 실패가 다른 우발적 사상의 개재로 인한 것이 아닌 경우"라고 설명하고 있다.

이 때, '의도'하는 주체는 '활동'하는 본인이라고 생각해도 좋을 것이다. '활동'에 '정신적'인 것도 포함되어 있다고 함으로써, 동작의 실패만이 아니라 판단이나 결정의 실수도 에러의 일부라고 말할 수 있게 된다. 물론 동작이 계획 단계에서부터 잘못되어 있던 경우도 에러에 포함되는데, 이 정의는 에러를 범한 본인의 의식체험과 잘 일치한다고 평가하고 있다.

카이호(海保博之)는 휴먼에러를 행위의 관점에서 보아 '잘못(실수)이란 인간의 적극적 행위로서, 그 행위가 무엇인가의 기준에 비추어 보았을 때 기준으로부터 현저히 벗어나 있으면 잘못을 저질렀다고 한다'고 설명하고 있다.

하가(芳賀繁)는 '인간의 결정 또는 행동 중 본인의 의지와는 반대로 사람, 동물, 사물, 시스템, 환경의 기능, 안전, 효율, 쾌적성, 이익, 의도, 감정을 상하게 하거나 파괴하거나 하는 방해물'이라고 정의하고 있다.

한편, 카리노(狩野広之)는 심리학적 측면에서 볼 때 부주의 현상은 이상한 것이 아니라, 정상적인 심리 현상이라고 주장하였다. 그의 주장에 의하면 에러나 잘못(Mistake)는 인간과 외부와의 관련성에서 발생하는 것으로, 단순한 심리현상으로 취급하는 것은 문제해결의 최선의 방법이 아니라고 한다. 따라서 에러나 미스를 발생시키는 외부와의 관련성에 눈을 향하지 못하면 문제해결에 도달하지 못할 것이라고 하였다.

요약해 보면 휴먼에러는 인간의 '의도'를 기준으로 그 의도가 달성되었는가의 여부에 초점을 맞추고 있는데, 이것은 의도의 형성과정이 어떻게 구성되어 있고 어떻게 기능하는가를 연구하기 위한 심리학 본연의 연구목적에 기인한다고 볼 수 있다. 이러한 정의는 인지과학에도 그대로 활용되고 있다.

작업에 관련된 휴먼에러(human error)가 일으키는 사회적인 사고가 여러 산업 현장에서 발생하고 있다. 병원에서의 환자오인사고, 지하철 화재사고, 가스폭발사고, 타워 크레인 붕괴사고 등 발생빈도는 낮지만, 손해가 큰 중대사고 들이다.

전통적으로 사고를 분석하는 관점에서 통계한 사고 사례를 원인별로 분석해 보면 시스템 설계 및 제작과 사용관련 원인이 55.2%, 운전관련의 작업자 에러가 44.8%를 차지하고 있다. 일반적으로 휴먼에러는 산업재해의 주된 원인이라고만 알려져 있으나 좀 더 자세히 들여다보면 인적 피해와 물적 피해를 가장 많이 끼치는 요소라고 볼 수 있다.

이 수치를 보면 작업자에 의한 휴먼에러가 거의 절반이 되고, 시스템 설계 및 제작과 사용관련 원인에 의한 사고도 실상은 휴먼에러에 의한 사고라는 것을 감안하면, 실제 휴먼에러에 의한 사고는 전체사고의 대부분을 차지한다고 볼 수 있다.

일반적으로 운전 '조작자'의 에러만 휴먼에러라고 생각할 수 있지만, 장치 설계자, 관리자, 감독자 등 시스템의 설계와 조작에 관여하는 사람들도 에러를 범할 수 있다. 따라서 휴먼에러를 말할 때에는 조작자만 생각해서는 안 되고 시스템 전체를 고려하여야 한다. 시스템 설계제작에 따른 사고라 하더라도 실상은, 휴먼에러를 저지르기 쉽거나 저지를 수밖에 없도록 시스템이 설계되거나 제조되어 생긴 경우가 대부분이라는 것을 고려하면, 휴먼에러는 대부분 사고의 원인이라는 것을 알 수 있다.

이러한 우리의 주장에 대하여 의아하게 생각하는 경영자나 안전관리자들이 많을 것으로 본다. 이를 위하여 외국의 사례를 들어보면 휴먼에러가 사고의 주요원인이라는 점은 외국도 비슷해서, Garrison과 우에하라(上原)와 하세가와(長谷川)는 서방국가와 일본의 산재조사에서 45% 이상의 사고 원인이 휴먼에러라고 결론짓고 있으며 설계와 자재 선택시의 사고까지 포함하면 휴먼에러에 의한 사고가 58%에 이른다고 보고하고 있다.

하지만 경영자나 안전관리자들도 그동안의 많은 노력에도 불구하고 산업사고가 현장에서 아직도 많이 일어나고 있는 이유에 대해서는 뚜렷한 해답이 없으며 무엇이 산업사고의 진정한 원인인지도 잘 모르고 있다. 따라서 사고의 전반적인 원인으로서의 설계 에러, 인간의 불안전행동으로 분류된 휴먼에러, 그리고 관리적 원인에 의한 휴먼에러 등에 대해 관심을 가져야 한다.

휴먼에러란 시스템 설계 및 설치와 시스템 운용 및 폐기의 전 과정에서 정보 처리 과정이나 행동 형성 요인으로 인하여 생기는 에러를 말한다. 전통적 관점에서 봐도 휴먼에러는 산업 현장에서 일어나는 많은 사고의 원인이었다. 이러한 에러들은 해당 작업을 하는 인간의 능력과 작업이 요구하는 능력의 차이에서 비롯해 발생되며 이러한 문제점을 해결하는 데 경영진을 비롯한 관리자의 역할이 무척 중요하다. 이들의 역할은 다음과 같은 부분에서 특히 중요하다.

- 설계 및 생산 공정 전반의 파악과 구별
- 공정을 관리하고 운용하며 보전하는 데 필요한 자원의 제공
- 안전 작업에 중요한 공정들을 모니터링하기 위한 피드백(Feedback) 시스템 구현

특히 21세기에 와서는 시스템의 대부분이 최첨단화되어 시설기기들을 운전, 보수하는 작업자들이나 관리 감독자들의 의사소통, 개개인의 특성에 따른 정보의 인지, 판단, 행동 과정에서 발생할 수 있는 휴먼에러의 잠재 위험은 도처에 잠재하고 있다. 특히, 일상적인 반복운전 작업이나 보수작업은 개인의 특성에 따라 업무 수행 중 실수를 범할 가능성이 많고 이들 실수는 습관화되어 또 다른 중대 사고를 초래할 수 있다.

이외에도 휴먼에러를 초래하는 인간의 특성인 생리 기능의 리듬, 주의집중 수준의 변동, 스트레스 등 매우 다양한 요인에 대한 검토가 필요하다.

우리의 몸은 여러 가지의 리듬을 가지고 있다. 어느 경우에는 환경의 변화에 따른 리듬이 있고, 또 외계와 관계가 없는 고유의 리듬도 있다. 원래 인간은 밤에 자고 낮에 활동하는 동물인데 이 리듬에 역행하는 생활 패턴을 가지는 것은 생리적으로 바람직하지 못하다. 일반적으로 오전 8시부터 오후 10시경까지는 대뇌의 작용이 활발하나, 그 이후로는 낮은 수준이 된다. 따라서 야근 시에 비정상작업을 하거나 대단히 정밀하고 복잡한 작업을 할 때에는 인간행동의 신뢰성이 낮은 것을 고려해 두지 않으면 안 된다.

휴먼에러나 산업재해가 발생하면, 사람의 부주의에 기인된다고 지적되는 경우가 많으나, 인간은 오랫동안 주의집중을 할 수 없기 때문에, 오히려 부주의는 인간에게 자연스러운 것이다. 즉, 주의를 강하게 하면 주의의 범위가 좁아지고, 주의를 넓게 하면 주의가 약해진다고 하는 서로 대립하는 특징이 있다.

11.2 산업재해와 휴먼에러

우리나라에서도 과거 40여 년간 산업재해를 줄이려는 노력을 많이 해 왔다. 특히 1980년대에는 산업안전보건법이 제정되고, 산업 현장에서의 안전보건활동이 활성화되어 사업장의 재해요인이 많이 줄었다. 하지만 아직도 산업재해가 많이 발생하고 있으며 특히 2000년대에 들어와서는 산업재해의 감소가 정체 상태를 보이고 있다. 이러한 사실은 이제까지 설비에만 관심을 갖고 있던 재해 예방 방식에 의한 재해 요인 제거가 거의 한계에 이르고 있다는 것을 의미한다. 따라서 우리는 이 책에서 설비 개선에 많이 의존하던 우리의 사고 예방 방식에 휴먼에러의 도입이 시급하다는 것을 강조하고 이를 위한 체계적 방식을 보이려 한다.

또한 기업의 차원에서 보면 휴먼에러는 인명 피해와 부상과 재산 피해뿐만 아니라 품질, 생산성과 더 나아가서는 수익성에 가장 영향을 많이 주는 요소라고 볼 수 있다. 세계에서 최근까지의 석유화학 공장에서 일어난 100대 사고의 원인을 살펴보면 휴먼에러가 가장 중요한 원인이었다고 하며 휴먼에러로 인한 재산 피해는 약 6,000억 원(5억6천3백만 달러)이었다고 한다. 석유화학뿐만 아니라 최근 일련의 다른 분야의 큰 사고들(예 : Texas시 폭발, Piper Alpha 주유소 폭발, Phillips 66 주유소 폭발, Feyzin, Mexico 시의 폭발)도 휴먼에러에 의한 사고라고 원인 분석이 되었다.

우리나라의 대구지하철 사고도 휴먼에러에 의한 사고의 한 예이다. 더구나 대형 참사로 이르게 한 의자 재질의 선택에 있어 인화 가능성을 고려하지 못했다는 것도 설계시의 휴먼에러라고 간주할 수 있다.

그러나 많은 사고가 휴먼에러에 기인한다는 것이 인정되었다 하더라도 우리들은 아직도 많은 사고에 대한 원인 분석에서 휴먼에러가 간과되고 있다는 것을 발견하게 되었다.

60년 전에 Spearman(1928)이 휴먼에러에 대한 논의를 시작했지만 휴먼에러가 사고에 끼치는 영향에 대해서는 외국에서도 최근까지 연구가 많이 되지 않았다. 하지만 1970년 후반부터 일련의 사고 즉, 1977년 Tenerife의 참사, 2년 뒤 Three Miles Island, 1984년 Bhopal의 메틸 이소시아네이트(methyl-isocyanate) 비극, 1986년 Challenger와 체르노빌의 재앙, Herald of Free Enterprise의 전복, 1987년 King's Cross 지하철역의 화재와 1988년 Piper Alpha 주유소의 폭발 등이 다 휴먼에러에 기인한 비극적 사고로 인정되기 시작한 것을 계기로 휴먼에러에 대한 관심이 다시 고조되었고 이제는 많은 사고가 휴먼에러에 의하여 일어나고 있다는 데 많은 학자와 전문가들이 동의하게 되었다. 또한 우리나라와 같이 외국에서도 전통적인 기술 발전에 의존하거나 작업자 교육에 의한 사고 예방이 한계에 다다랐다는 것을 깨달았다(Kletz, 2001). 또한 이제는 산업재해 기록이 좋은 회사에서도 공중의 신뢰도를 잃어버릴 수 있는 대형 사고가 가끔씩 일어난다는 것을 알아내었다. 따라서 이제는 사용자나 보전 관리자 및 감독자까지를 고려한 총괄적인 휴먼에러 예방 방식에 의한 재해 예방이 필요하다는 것을 알고 이에 대한 조치를 취하기 시작하였다.

우리나라에서도 2000년대에 들어서 휴먼에러에 대한 관심이 일기 시작하였으나, 많은 산업현장과 학교에서는 이에 대한 관심이 부족하거나, 지식과 정보의 부족으로 별도의 조치를 취하고 있지 않으며 별도의 강의로 가르치는 대학도 별로 없다. 또한 산업현장에서는 휴먼에러의 원인이 잘못 해석되고 있어서 많은 작업자들이 부주의하다거나 실수를 많이 한다고 비난받아 왔다. 이에 따라 외국과 같이 '실수를 잘 저지르는 작업자(Error-Prone Workers)'라는 명칭이 사용되었고, 이에 대한 연구도 한때 수행되었다.

하지만 이러한 접근 방법으로는 어느 정도까지만 사고가 예방될 뿐, 본질적으로 없어지지는 않는다는 것을 우리의 예로 보아서 잘 알 수 있으며 또한 이러한 희생양을 만드는 방법으로는 많은 사고가 은폐돼 본질적인 원인이 밝혀지지 않았다. 예를 들어 많은 사고가 기계나 전기의 고장으로 분석되곤 하는 일이 이런 좋은 예이다.

또 다른 문제는 사고로 연계되지 않는 아차사고의 경우에 작업자들이 책임을 질까 두려워하여 이런 문제를 문제시하지 않는다는 사실이다. 더군다나 이런 식으로는 설계자나 제조자의 실수에 의한 사고의 원인이 밝혀지지 않아서 그들의 실수에 의한 사고를 예방할 수 있는 기회를 놓치는 바람에 많은 사용자나 작업자들이 피해를 받아 왔다.

더욱이 생산현장에서는 정보의 부족으로 산업재해를 예방하기 위해서 현실적으로, 또 구체적으로 무엇을 어떻게 개선하여야 할 것인가를 휴먼에러의 관점에서 쉽게 이해할 수 없었다.

그러므로 휴먼에러의 근본적인 원인을 찾아 중대 사고나 아차사고에 영향을 주는 잠재 위험 인자들을 최소화시킬 수 있는 연구가 절실히 요구된다.

11.3 휴먼에러의 범위

계속 휴먼에러를 거론해 나가기 전에 휴먼에러에 대하여 범위를 정할 필요가 있다. Heinrich는 사고가 발생하는 과정을 일련의 요인들의 연쇄적 반응에 의한 것이라고 파악하여 사고 연쇄론을 주장하였는데, 그는 사고가 발생하는 데에는 인적 요인에 해당하는 불안전 행동(Unsafe Act)과, 물적 요인에 해당하는 불안전상태(Unsafe Condition)가 관계한다고 주장하고, 불안전행동의 원인으로는 다음과 같은 4가지를 들었다(Heinrich, 1959).

- 지식의 부족(Lack of Knowledge) : 몰랐기 때문에
- 기능의 미흡(Insufficient Skill) : 알지만 제대로 할 수 없어서
- 태도의 불량(Improper Attitude) : 알지만 하기 싫어서
- 휴먼에러(Human Error) : 알지만 어쩔 수 없어서

그는 이 중 지식의 부족과 기능의 미흡, 그리고 태도의 불량은 관리적 요인에 의한 것으로서 직접적인 휴먼에러라고는 볼 수 없다고 주장하였지만, 최근에 와서는 지식의 부족이나 기능의 미흡도 관리 활동의 부적절에 기인하는 것이므로 휴먼에러의 범주에 포함시켜야 한다고 주장하는 학자들도 있다. 반면, 태도의 불량은 고의적인 규정위반(Intentional Violation)으로 파악되어야 한다는 주장이 높다(正田, 1988; 海保 등, 1996).

한편, 우리나라에서는 최근 외국, 특히 일본의 안전관리 서적이나 자료를 번역, 보급하는 일이 빈발하고 있으나, 이 자료들의 대부분은 산업현장에서의 관리적, 교육적 편의를 위하여 사고와 관련된 인적 요인을 모두 휴먼에러라고 간주하고 있다. 현재는 산업현장에서 이해하고 있는 휴먼에러와 학문적인 영역에서 연구되고 있는 휴먼에러와는 그 범위나 뜻에 있어서 상당한 차이가 있을 수 있다. 우리가 이 책에서 논의하는 휴먼에러의 범위는 마사다(正田, 1988)와 카이호(海保 등, 1996)의 주장과 같이 고의적인 규정 위반에 의한 에러를 제외하고 현재 산업 현장에서 생각하는 휴먼에러를 다 포함한다.

그동안에 전 세계적으로 많은 휴먼에러에 관한 책들이 발간되어 왔다. 하지만 많은 현존하는 책들이 휴먼에러에 대한 정의를 다르게 내리고 있거나 분류를 다르게 하고 있으며 현장에서 활용하기에는 너무 학문적으로 되어 있는 측면이 많아 제시한 방법이 현실적 측면을 고려하지 못하여 실제로 활용하기는 힘들었다.

이 책에서는 첫째, 휴먼에러가 일으킨 행동이 무엇이냐(Behavior-Oriented), 둘째, 휴먼에러의 발생결과가 무엇이냐(Task-Oriented), 셋째, 휴먼에러가 시스템 개발단계(설계, 생산, 시험, 가동 등)의 어디에서 발생(Phase-Oriented)했는가를 기준으로 휴먼에러를 분류한다.

11.4 휴먼에러에 대한 접근방법

휴먼에러에 대한 접근방법으로 크게 나누어 다음의 4가지가 있다(AICE, 1994).

- 전통적 안전공학적 방법
- 인간공학적 방법
- 인지공학적 방법
- 사회기술적 방법

전통적 안전공학적 방법에서는 인간에게 특정한 기능을 요구하는 경우에 이러한 기능을 제공하는 데 실패했다는 관점에서 접근하여 이 문제를 해결하려는 것이다. 이 방법의 단점은 인간이 요구된 기능과 다른 행위를 할 수 있다는 것을 고려하지 못하는 것이다.

인간공학적 방법에서는 휴먼에러의 주요원인으로 인간의 능력과 시스템 또는 작업/업무 요구의 부조화(Mismatch)를 강조한다. 이 관점으로부터, 주요한 개선책은 시스템의 디자인이 인간의 신체적, 정신적인 특성을 고려하는 것을 보장하는 것이다. 이 접근방법은 산업안전과 공정안전, 그리고 인력작업과 제어실 운전, 모두에 적용될 수 있다. 인간공학적 접근방법으로부터 기술과 자료들은 광범위하게 발달했고, 유럽의 경우 장치 산업에서 인간공학 분야에 대한 지속적인 연구가 이루어져 왔지만 미국의 경우에는 군대, 항공 우주 산업 그리고 발전 분야 등에서 적용되어 왔다(Edwards and Lees, 1973).

인지공학적 접근방법은 인간의 정보처리 기능과 의사 결정지원 시스템에 문제가 있어서 에러가 생긴다는 관점에 따라 정보처리 기능 실패를 예방하기 위한 인지과업 분석과 비정상적인 업무시의 의사결정을 지원하기 위한 시스템을 개선하여 휴먼에러를 감소하려는 방법이다. 이 방법은 업무에서의 문제 해결, 의사 결정, 판단 분석에 대한 에러의 근본적인 원인들의 해석을 제공한다. 이 방법은 기계의 기능과 유사한 수동적인 블랙박스로 인간을 바라보는 것으로부터 개발되었고, 개인들은 미래의 목표와 목적에 의해 영향을 받는 행동들에 있어서 분명한 목적이 있다는 관점에 대해서 개발되었다.

사회기술적 접근방법은 인간이 작업을 에러 없이 할 수 있는가에 관한 논의는 문화, 사회적인 요소들과 조직에 존재하는 관리정책들로부터 따로 떼어내 고려할 수 없다는 관점으로부터 나왔다. 예를 들어, 좋은 작업 절차가 있는가의 여부는 중대한 재해를 초래하는 에러가 생길 가능성에 영향을 주는 중요한 요소로 알려져 있다. 이 접근 방법은 절차를 설계하는 정책을 경영진과 관리자가 실시하도록 요구한다. 하지만 이 접근방법은 좋은 절차를 만들었다 해도 그것들이 실제로 사용될 것이라는 것은 보장하지 않는다. 만약 요구되는 생산 정도를 수행하기 위해 작업자들이 절차상에서 명시되지 않은 지름길을 가도록 만드는 문화가 존재한다면 사고와 손실은 여전히 발생할 것이다. 이것은 사회 기술적 접근방법에 의해 고려되지 않은 대표적인 결과이다.

휴먼에러에 의한 재해 예방을 고려할 때에는, 안전관리자나 엔지니어들이 인간 본능을 바꾸는 것은 힘들다는 것을 인지하여 더 이상 인간에게 실수를 하지 말라고 설득하는 대신에, 인간의 본능 그대로를 인정하고 공장이나 설비 디자인을 바꾸거나 작업 방법을 바꿈으로써 인간이 실수를 할 수 있는 기회를 없애려고 노력하는 것이 중요하다. 또한 대안으로 실수의 결과가 치명적이지 않게 하거나 실수를 하여도 곧 문제가 안 생기게 시정할 수 있게 하는 것이 중요하다. 일반적으로 인간의 능력을 볼 때 실수를 안 하게 하는 것보다는 실수를 시정할 수 있게 하는 것이 더 좋은 방법이기 때문이다.

따라서 불안전 행동에 따른 잠재위험과 아차사고 관련 에러의 경험과 설비 운전 상태 등을 체크하고 현장 감독자들은 어떤 의도로 어떻게 작업자를 지도, 감독하고 지시하는지와, 작업자들은 지시명령을 어떻게 판단하여 행동하고 있는지 등을 파악하여 휴먼에러의 잠재 위험과 공통적인 문제점을 찾아 효율적인 대책을 강구하게 하는 것이 필요하다. 또한 관리 감독자나 작업자들이 위험에 대한 감수성을 기르고 사례를 통한 휴먼에러의 효과적인 방지를 위한 이론과 문제점 및 대책을 알고 현장에서 중점적으로 기억하고 준수해야 할 행동지침을 갖고 있는 것은 매우 중요한 일이다.

하지만 앞에서 기술된 바와 같이 기존의 휴먼에러에 대한 접근방법들은 각각 학자의 연구목적이나 관심에 따라 개발된 것이므로, 휴먼에러를 야기하는 인지적 과정이나 심리적 특성에 초점을 맞춘 것이 많았다. 하지만 생산현장에서 산업재해를 예방하기 위해서는 무엇보다도 현실적으로, 또 구체적으로 무엇을 어떻게 개선하여야 할 것인가가 쉽게 파악되고 이해해야 한다. 이런 점에서 이제까지 제시된 휴먼에러 발생을 예방하기 위한 접근 방법은 지나치게 이론적이어서 휴면에러의 근본적인 원인에 맞추어 구체적인 작업상황에서 무엇을 개선해야 하는지 제시하는 기능이 많이 부족하다. 단지 학자들 간의 전유물에 지나지 않거나 각각의 독립적 접근 방법으로는 산업 현장에서 휴먼에러의 원인을 전부 파악할 수 없어 이에 대한 예방을 완전히 할 수 없다고 보인다. 이는 실질적으로 이 접근 방법들 전부가 통합되어야만 휴먼에러의 원인을 전부 파악하고 이에 대해 예방할 수 있다는 것을 간과한 결과로 보인다.

11.5 휴먼에러 발생의 메커니즘

인간 자신이 포함된 시스템을 포함하고 있는 시스템의 기능을 열화시키거나 그럴 가능성이 있는 인간의 행동이나 의사결정이라고 정의되는 휴먼에러는 작업이나 상황이 요구하는 기능을 인간이 수행하지 못하기 때문에 발생하는 것이다. 다시 말해 휴먼에러는 외부로부터 입력정보와 그것들을 처리하는 인간의 기능과의 부조화에 의하여 발생한다고 할 수 있다. 또한, 마찬가지로 재해는 순간적인 작업의 요구능력이 해당 작업자의 순간적인 능력을 초과할 때 발생한다고 보는 것이 인간공학의 일반적인 견해이다(Drury and Brill, 1980). 여기에서 순간적인 인간의 능력이란, 그림 11-1에서 보는 바와 같이 위험의 인식에서부터 위험의 회피에 이르는 일련의 과정동안 적절히 대처할 수 있는 능력을 말한다.

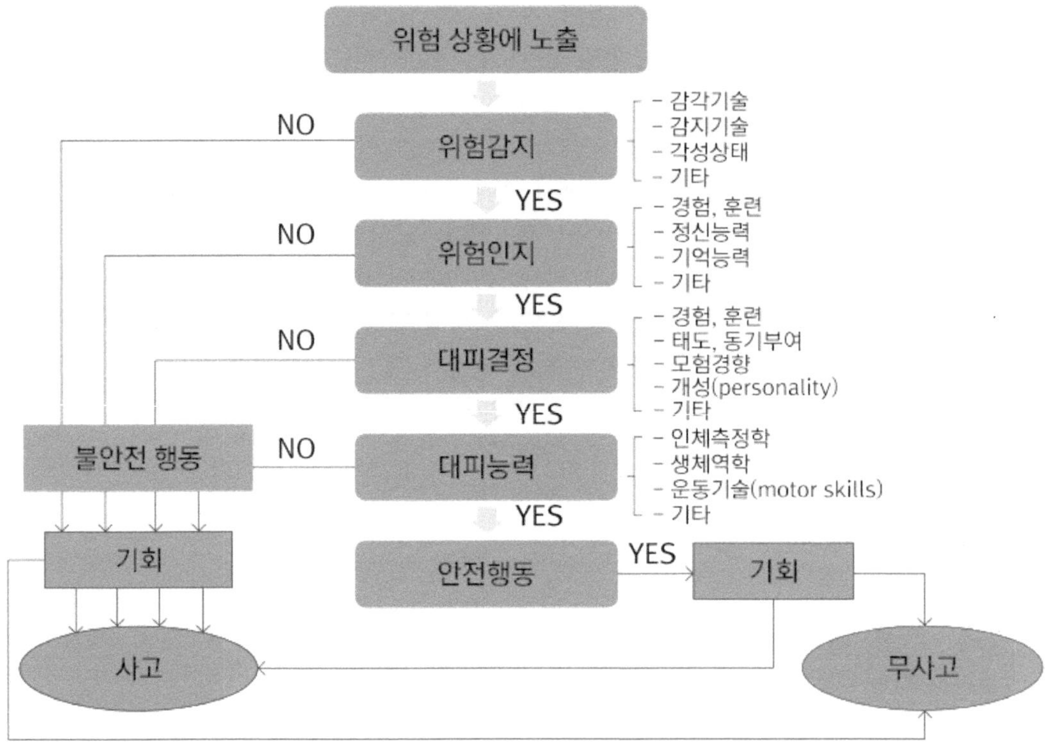

그림 11-1 휴먼에러로 인한 사고발생과정

따라서 재해사고와 관련된 인간 행동의 근본적인 원인들을 찾아 그 차이를 파악하지 못한다면 인간의 잘못된 행동을 효과적으로 예방할 수 없으며, 나아가 휴먼에러로 인한 사고도 예방하기 어려울 것이라는 것은 누구나 쉽게 생각할 수 있다.

이와 같이 인간은 행동을 함에 있어 다양한 요인에 의하여 영향을 받으며, 때로는 이로 인하여 작업수행 그 자체의 성패를 좌우하기도 한다. 대표적인 예로 컴퓨터를 이용한 감시 작업을 생각해 보자. 평소에는 정해진 규격대로 제품이 생산되고 있는가를 감시하고 있다가, 만약 정해진 범위로부터 제품 특성이 벗어난 경우 그것을 신속히 교정 조치하는 것이 주 업무가 되어 버린 요즈음, 시스템으로부터 요구되는 대로 올바로 조치하기 위해서는 신호자극의 돌발성, 시각적 인지, 단기 기억, 장기 기억, 지식, 훈련 및 경험, 기술 및 기능, 운동능력 등의 다양한 요인이 고려되어야 한다.

그림 11-2 행동형성요인

이처럼 인간의 행동에 영향을 미치는 요인을 통칭하여 행동형성요인 혹은 수행도형성요인(Performance Shaping Factors)이라고 하는데, 그 대표적인 것은 그림 11-2와 같다.

외적 행동형성요인으로는 환경적인 특성, 작업시간 및 휴식주기, 인원배치 및 관리, 보수 및 복지지원, 관련설비 및 규정, 인간-기계 시스템에 관련된 요인들을 들 수 있으며, 내적 행동형성요인으로는 경험 및 훈련, 능력 및 기술, 개성 및 지성, 의욕 및 태도, 감정적인 상태, 스트레스, 지식, 성차, 건강상태 등을 들 수 있다.

이와 같이, 행동형성요인은 여러 가지 측면에서 작업자의 작업 수행도 및 행동에 중대한 영향을 미치고, 사소한 잘못으로부터 전혀 예상하지 못했던 과오까지 다양한 형태의 휴먼에러를 촉발하기도 한다.

여기에서는 휴먼에러와 밀접한 관계를 갖는 사항들을 간단히 살펴보기로 한다.

11.5.1 인간의 정보처리과정과 휴먼에러

인간의 행동이 일련의 과정을 거쳐 이루어진다는 것은 누구나 경험적으로 알고 있는 일이다. 자극이 주어지면 인간은 그 자극을 감지하여 그것이 어떤 자극인가를 판단한다. 즉, 상황판단이다. 이 과정에는 다시 자극의 감지, 검출, 확인, 인식, 변별 등의 세부 과정이 포함된다. 이런 과정을 통하여 관련 자극으로부터 적절한 정보가 입수되면 인간은 그 정보에 근거하여 정보를 처리하고 의사결정을 하는데, 이때 자신이 가지고 있는 경험과 기억 등이 활용됨은 물론이다. 이 과정을 사고의 통합이라고 한다. 의사결정이 종료되면 인간은 그에 따라 자신의 행동을 결정한다. 여기에서 행동이라고 하는 것은 신체적인 행동은 물론 얼굴이나 몸짓의 반응까지를 포함하는 폭넓은 범위의 행동을 의미한다.

이 과정을 간략히 정리하면 (1) 정보나 자극의 감지 (2) 정보보관 및 기억 (3) 정보처리 및 의사결정 (4) 행동의 4 단계로 나눌 수 있는데, 각 단계에는 처리한계가 존재한다. 즉, 이제까지 보고된 연구에 의하면 인간의 감지능력은 10^9 bits/초, 인지능력은 3×10^6 bits/초, 정보저장능력 다시 말해 기억능력은 10^{20} bits/초, 행동에 의한 반응능력은 10^7 bits/초에 이른다. 그러나 가장 중요한 대뇌피질에 의한 지적인 정보처리 혹은 의사결정 능력은 50 bits/초에 불과하다.

이 때문에, 객관적인 정보가 한 순간에 대량으로 주어지는 경우에는, 인간의 단위시간 내 정보처리능력의 한계에 의하여 혼란이 일어나게 된다. 결과적으로, 짧은 시간 안에 다량의 정보를 처리하는 것은 불가능하므로, 아무리 많은 정보가 주어진다 하더라도 감지

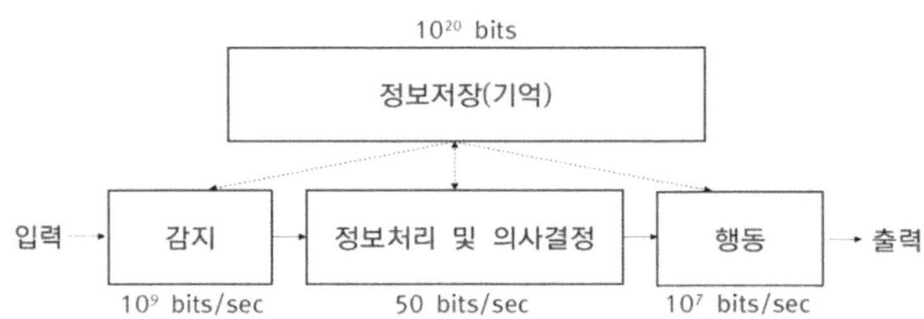

인간의 정보처리 능력

그림 11-3 행동형성요인

되는 다양한 정보로부터 무엇이 중요하고 필요한 정보인가를 선택하지 않으면 안 되며, 이러한 선택과정에서 어떠한 정보를 선택하는가가 의사결정의 성패를 결정한다. 더욱이, 이러한 선택이 가능하다고 하더라도 선택된 중요 정보에 대하여 올바른 대응방법을 결정할 수 있는가 여부에 또 다시 작업의 성패가 좌우된다. 또, 반대로 정보가 불충분한 경우에는 잘못된 짐작이나 추정을 통하여 추가된 임의 정보를 객관적 정보와 함께 해석함으로써 잘못된 결정을 내리기도 한다.

이상의 결과를 종합하면 인간의 정보처리 및 의사결정 과정의 여기저기에 실패하기 쉬운 요소가 부지기수로 존재한다고 할 수 있다. 그래서 인간이 사고 원인이 되는 경우, 부주의나 잘못 보았다는 것 같은 감각기관의 저수준이 아니라, 훨씬 더 고수준의 중추판단의 잘못에 기인하는 것이 많으며, 특히 인간의 의사결정과정 중, 사고의 통합 단계에서 가장 많은 사고가 발생한다는 것을 이해할 수 있다.

11.5.2 의식수준의 전환

작업 중 인간에게는 다양한 정보가 주어지며, 작업자는 그에 상응하는 대응을 하여야 함은 물론인데, 인간은 그 행동의 난이도에 따라 스스로 각성 수준을 조절해가며 대응한다. 이것을 의식수준의 전환(轉換)이라고 한다. 즉, 필요에 따라 궤도를 달리 하는 철도에 비유하여 표현한 것이다. 그 대표적인 예로는 그림에 제시된 Rasmussen의 SRK 모형을 들 수 있다. 그의 주장에 따르면, 인간의 의식수준은 기술기반행동수준(Skill-Based Behavior Level), 규칙행동수준(Rule-Based Behavior Level), 그리고 지식행동수준(Knowledge-Based Behavior Level)의 3수준으로 구성되며, 인간은 이를 근거로 필요에 따라 그 의식수준을 달리하여 반응한다는 것이다.

여기에서 기술기반행동수준의 행동이란 자극의 종류도 한 가지로 단순하고 그에 대한 반응에도 숙달되어 있어서, 자극이 주어지면 언제든 같은 반응을 보이는 수준의 행동을 말하며, 특별히 주의를 기울인다거나 주시를 하지 않고도 반응할 수 있는 행동을 말한다.

반면, 규칙행동수준의 행동은 자극의 종류가 다양하기는 하지만 이미 그에 대한 대응책을 숙지하고 있어서, 어떤 자극에 주어지면 그에 대응하는 반응은 이렇게 한다는 식의 규칙이 이미 몸에 밴 행동을 말한다.

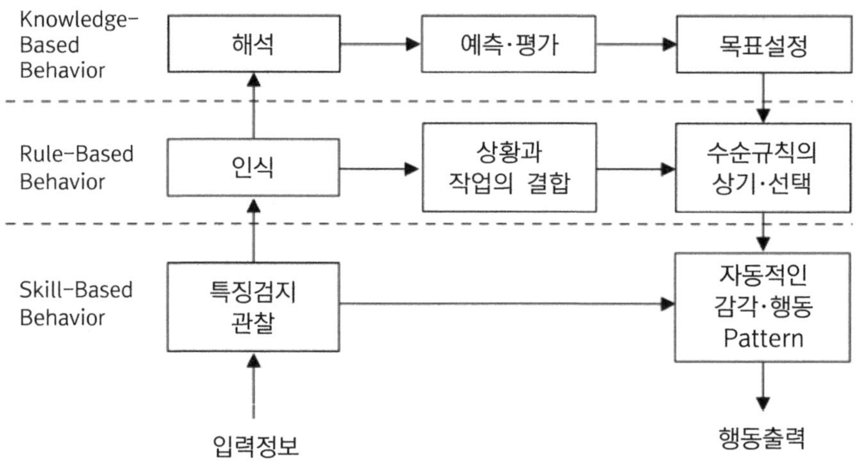

그림 11.4 Rasmussen의 의식수준 모형

한편, 지식행동수준의 행동은 이전에 경험한 바 없는 낯선 정보와 자극에 대하여 어떻게 반응하여야 하는가가 사전에 정해져 있지 않아, 자신의 경험과 지식을 바탕으로 새로운 당면문제의 해결을 위하여 다각도로 검토하고 분석한 후에 행동해야 하는 수준을 말한다.

이러한 대응 수준을 놓고, 인간은 그 때 그 때 당면한 상황이 요구하는 수준에 맞추어 의식수준을 바꾸어 가면서 대응해 간다는 주장이다. 만약, 요구되는 대응 수준과 인간이 선택한 대응 수준이 상응하지 않는다면 휴먼에러는 물론, 사고로 이어질 가능성이 높다.

11.5.3 리스크 심리

인간에게는 본인밖에 이해할 수 없는 심리적 특성이 존재하며, 이것은 인간의 행동에 큰 영향을 미친다. 특히, 자신에게 득이 되는가 해가 되는가를 기준으로 판단하는 심리적 특성을 리스크 심리라고 하는데, 인간의 리스크 심리는 전혀 객관적이라고 볼 수 없는 편향되고 비합리적인 특성이 다수 존재한다.

그 중 대표적인 특성으로 알려진 것들을 나열해 보면 다음과 같다.

- 인간은 초기 정보나 증거에 대하여 부당하리만큼 큰 비중을 두는 반면, 이후에 제시되는 정보는 상대적으로 덜 중요하다고 판단하는 경향이 있다.
- 인간은 일반적으로 보수적이어서 정보원으로부터 충분한 만큼의 정보를 추출하지 않는다.
- 어떤 대안에 대한 주관적인 선호는 극단적으로 표명되지 않으며, 충분한 확신도 주어지지 않는다.
- 정보가 많이 수집될수록 인간은 자신의 결정을 더욱 옹호할 뿐, 반드시 정확하다고는 할 수 없다.
- 인간은 적절히 받아들일 수 있는 정보보다 더 많은 양의 정보를 추구하는 경향이 있다.
- 인간은 실제로는 그렇지 않음에도 불구하고 종종 모든 정보들이 똑같이 신뢰할만한 것처럼 취급한다.
- 인간은 한 번에 최대 3개 혹은 4개의 가설을 세울 수밖에 없는 한정된 능력을 가지고 있다.
- 인간은 한 번에 몇 개의 중요한 속성에만 집중하며, 그 속성에 근거하여 상위의 2개 내지 4개의 대안만을 고려하는 경향이 있다.
- 인간은 선택된 행동과정을 확신시켜 주는 정보를 찾는 반면, 선택을 불확실하게 하는 정보나 시험은 회피하는 경향이 있다.
- 잠재적인 손실은 더 중요하게 간주되어, 같은 만큼의 잠재적인 이익보다 의사결정에 더 큰 영향을 미친다.
- 인간은 약간 긍정적인 결과는 약간 부정적인 결과 또는 매우 긍정적인 결과보다 발생 가능성이 높다고 믿는다.
- 인간은 매우 부정적인 결과는 약간 부정적인 결과보다 발생 가능성이 낮다고 믿는다.

이상과 같은 주관적이고 비합리적인 특성에 근거하여 의사결정을 하게 되면, 휴먼에러의 가능성은 매우 높아진다.

11.5.4 스트레스와 패닉(Panic)

현대의 많은 작업에서 인간은 시스템이 1) 정상 작동할 때에는 컴퓨터 모니터를 이용하여 작업수행상황이나 상태를 감시하고 있다가, 2) 시스템에 이상이 발생하면 시스템의 상태를 진단, 파악하고 정황에 맞는 결정을 내려 적절한 반응, 대책을 세우고 키보드나 마우스, 혹은 스위치 등의 조작 장치를 이용하여 회복시킨다든가 제어장치나 관리내용을 입력하는 것이 주 업무가 되었다고 이미 앞에서 설명한 바 있다.

이제까지 전혀 경험하지도 예상하지도 못했던 이상상태나 긴급 상황에서, 자신이 갖고 있는 지식이나 경험에 근거하여 당면한 곤란을 시간에 쫓기면서 신속하게 처리하지 않으면 안 되는 문제해결(Problem Solving) 과정은 아무래도 인간에게는 부담이 큰 작업이며, 이것은 이미 앞에서 설명한 바와 같이 여러 가지 행동형성요인을 통하여 인간에게 커다란 스트레스로 작용한다.

원래 컴퓨터 시스템은 방대한 양의 자료를 짧은 시간에 신속하게 처리할 목적으로 개발된 것이므로, 작업성격도 그것을 요구하는 경우가 많다. 예를 들어, 생산시스템의 동력이 대규모화될수록 재해의 규모도 예상할 수 없을 만큼 대규모화되기 쉽기 때문에 감시작업의 경우에는 이상발생시 신속하게 처리하지 않으면 안 되는 작업이 많고, 특히 원자력발전소나 화학플랜트, 가스기지 혹은 항공기의 이상 탐지 시스템 같은 경우에는 그 요구가 극에 달한다.

컴퓨터 시스템을 사용하는 경우의 많은 스트레스 요인 중 가장 중요한 것은 시간적 스트레스(Time Stress)일 것이다. 이것은 작업을 종료하기까지 활용 가능한 가용시간과, 이상적으로 종료하여야 하는 정해진 시각까지의 시간 비(比)를 생각하면 쉽게 이해될 수 있는데, 처리하지 않으면 안 되는 작업요구에 비하여, 허용된 소요시간이 짧을 때 인간은 극심한 시간적 스트레스를 느끼게 된다.

이렇게 시간적 스트레스가 심한 경우, 이제까지 설명한 스트레스 요인을 포함하는 행동형성요인의 영향이 극대화되므로 인간의 의사결정과정은 특히 커다란 변화를 겪게 된다. 여기에 관한 변화는 크게 나누면 1) 정보처리의 가속화(Acceleration), 2) 정보의 여과(Filtration), 3) 전략의 변경(Alteration of Strategies) 등이다.

일반적으로 작업요구가 가속화되면 이러한 변화에 의한 인간의 반응은 성격에 따라 다르게 나타난다. 어느 한계까지는 작업 수행도가 증가하는 반응을 보이는 것은 A형 인간의 대표적인 특성이다. 하지만 반대로 B형 인간은 시간압박이 증가하는 경우 작업 수행도가 저하하는 특성을 보인다. 또, A형 인간이라고 하더라도 작업속도가 지나치게 빠르면 작업 수행도가 점차 저하한다. 그러므로 종합하면 시간적 스트레스가 과도해짐에 따라 작업 수행도는 저하한다.

둘째, 정보선택의 여과과정은 인간으로 하여금 중요한 정보를 선택하는 데 있어서 에러를 범하게 만들어, 꼭 필요한 정보와 필요하지 않은 정보의 구분 및 선택에 에러를 범하기 쉽게 만든다. 자동차를 처음 운전해 본 사람이라면 누구나 경험한 일이겠지만, 운전에 꼭 필요한 정보는 무엇이고, 필요하지 않은 정보가 무엇인가를 판단하는 것은 초보자에게 있어 결코 쉽지 않은 일이다.

셋째로, 전략의 변경은 더욱 작업성격을 변화시킨다. 이제까지의 연구 결과에 따르면, 인간은 시간압박이 극심해질수록 의사결정 대안(代案)의 부정적인 결과에 더욱 주의를 기울이는 의사결정 전략을 채택하게 되어 평상시에는 결코 선택하지 않는 대안을 선택하는 경향이 있다는 사실이 보고되고 있다.

이상의 결과를 종합하면 일부 긍정적인 부분도 없는 것은 아니지만, 시간적 스트레스에 관련된 대부분의 영향요인은 작업 수행도에 부정적이며, 이러한 상황에서 인간의 판단이 용이하게 이루어질 것이라고 기대하는 것은 매우 어려운 것이다.

더욱이, 컴퓨터를 상대로 일하는 작업자 자신의 생명이 관련되어 있다거나, 자신의 행동에 의한 결과가 많은 사람들의 생명이나 시스템의 존폐까지 영향을 미칠 가능성이 있는 상황에서 급히 의사결정을 하지 않으면 안 되는 경우, 직무수행으로 인한 심리적인 압박은 극도로 심해진다.

이처럼 갑작스러운 공포나 극도의 불안에 휩싸이는 경우, 사느냐 죽느냐를 위한 순간적인 적응행동이라고 하는 측면에서 평상시에는 절대로 하지 않을 것 같은 행동을 하게 된다. 거의 무의식인 상태에서 행하기 쉬워지는 심리적 상태를 패닉(驚愕, Panic)이라고 한다.

이 상태의 인간은 흥분이 한계를 넘어 당황하고 있다거나, 주의가 한 점에 고착되거나 하는 등 주의의 범위가 좁아지고, 올바른 판단에 필요한 광범위한 정보의 획득이나 처리에 실패하기 쉬워진다. 또, 대뇌의 활동수준은 최고 수준인 Ⅳ단계까지 이르러, 행위가 신속하고 강력하지만, 행위의 방향은 일방적이므로 만약 방향이 잘못 되었다면 돌이킬 수 없는 사고로 이어질 가능성이 높다.

결과적으로, 뭐가 뭔지 모르는 상태에서 인간은 자신이 갖고 있는 능력이나 기능조차 충분히 발휘할 수 없게 되거나 객관적인 행동보다도, 심리적으로 주관적이고 독단적인 행동을 하기 쉽게 된다. 이러한 이유로 패닉 상태의 인간은 기계의 지시를 따르기 어렵다고 하는 데 주의하여야 한다.

CHAPTER 12

재해통계

12

12.1 안전수준 정량 평가지표

(1) 재해율(백분율)

고용노동부 및 안전보건공단에서는 매년 산업재해자 수와 더불어 재해율을 발표하고 있다. 여기서 재해율이란 쉽게 표현하면 백분율을 의미하는 것으로, 1년간 평균 100명의 근로자 가운데 몇 명의 사상자 수가 발생했는가를 나타내는 것이다. 재해율을 구하는 방법은 매우 간단하며 아래와 같다.

재해율 = [연간 재해자수/연평균 근로자수] × 100

(2) 연천일율

1년간 평균 1,000인당 몇 명의 사상자 수가 발생했는가를 나타내는 것으로 재해발생빈도에 근로시간이 무관하며 출근율이나 가동일수도 무관하다. 노동재해수는 근로시간에 비례하고 같은 근로자수에서도 근로시간은 일의 질과 양에 따라 달라지므로 연천인율은 정확한 재해율을 표시하는 방법이라 할 수 없다.

연천인율 = [연간 재해자수/연평균 근로자수] × 1,000

(3) 도수율

도수율(frequency rate of injury)은 산업재해의 발생빈도로 FR로 나타낸다. 연근로시간합계 100만 시간 당 몇 건의 재해가 발생했는가 하는 건수를 말한다.

도수율 = [재해발생건수/연근로자가 일한 시간] × 1,000,000

연근로자가 일한 시간은 정확한 기록에 의하여 산정된다. 확실한 기록을 파악하기 어려울 때 1일의 소정근로시간과 그 기간의 가동일수로 산정한다.

또 상기방법으로도 산출이 곤란할 때는 대개 1일 8시간, 월 25일, 년 300일을 시간으로 환산하여 년 2,400시간으로 한다.

(4) 강도율

강도율(severity rate of injury)은 SR로 표시하며 연근로시간 1,000시간당 발생한 근로손실일수를 말하는 것으로 재해의 경중을 알 수 있다.

$$\text{강도율} = [\text{근로손실일수}/\text{연근로시간수}] \times 1{,}000$$

(5) 환산재해율

환산재해율은 건설업에서만 활용되는 재해율로서 재해자 중 사망자에 대하여 가중치를 부여하여 재해율을 계산한다.

$$\text{환산재해율} = \frac{\text{환산재해자수}}{\text{상시근로자수}} \times 100$$

- 환산재해자수 구하는 방법 = 재해자 중에서 사망자는 일반재해자의 5배 가중치를 부여함
- 상시 근로자수 구하는 방법 = $\frac{\text{연간국내공사실적액 X 노무비율}}{\text{건설업월평균임금 X 12}}$
- 가중치 부여 제외
  - 교통사고, 고혈압 등 개인지병 및 방화 등
  - 근로자 상호간 또는 타인과의 폭행 등
  - 폭풍, 폭우, 폭설 등 천재지변
  - 당해 사고와 관련해 법원의 판결 등에 의해 사업주의 무과실이 인정된 경우
  - 당해 건설작업과 직접 관련이 없는 제3자의 과실
  - 기타 취침, 운동, 휴식 중의 사고 등

12.2 재해 통계 현황

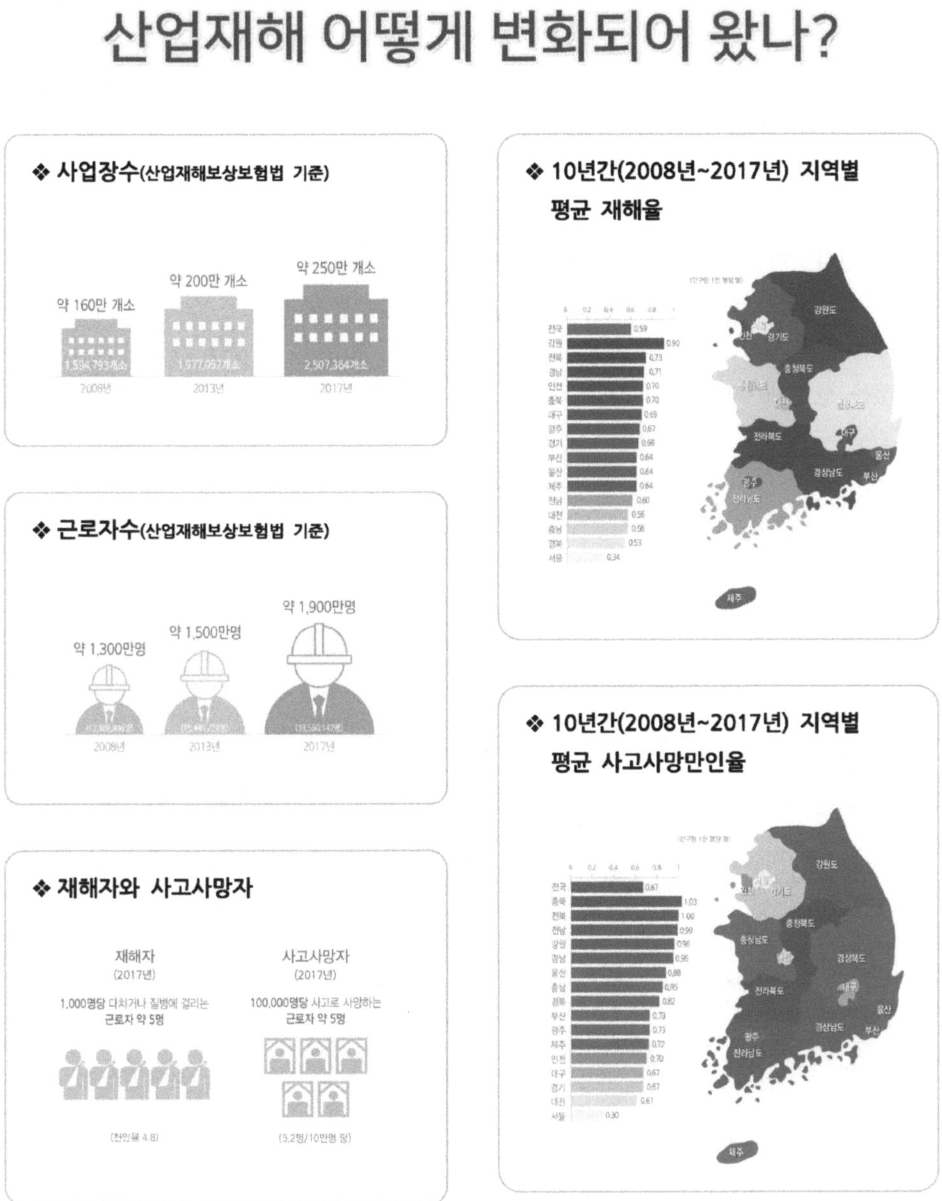

그림 12-1 산업재해 변화

국가 간 비교를 위해 사고사망만인율 산출 시에는 사고사망자 수를 ILO에서 발표하는 취업자 수로 나누어 그 비율을 활용하였다.

우선 2018년 사고사망재해율 수준은 영국이 0.045. 수준으로 가장 낮았고, 일본 0.126., 독일 0.129., 미국 0.337., 한국 0.361. 순으로 나타났다. 국가별로 사고사망재해율이 감소하는 속도를 비교해보기 위해 2018년 수준에서 2배가 되는 시기를 알아보면, 일본을 2004년 0.256‱ 수준에서 점차 감소하여 14년 후 절반 수준인 0.126‱를 기록하였다. 독일의 경우에는 2004년 0.268‱ 수준을 나타내 일본과 마찬가지로 약 14년 후 절반 수준으로 감소하였다. 영국의 경우에는 2002년 0.091‱에서 약 16년 후 절반 수준으로 감소하였다. 이를 한국에 경우와 비교하여 보면 한국은 1999년에 0.718‱으로 절반 수준으로 감소하는데 약 19년이 소요되었다. 한국의 감소 추이는 상대적으로 다른 선진국에 비해 더딘 것으로 판단되며, 사고사망만인율이 높은 수준임을 감안하면 과거보다 향후 더 많은 산업재해예방 노력과 관련 여건에 개선되어야 할 것으로 판단된다.

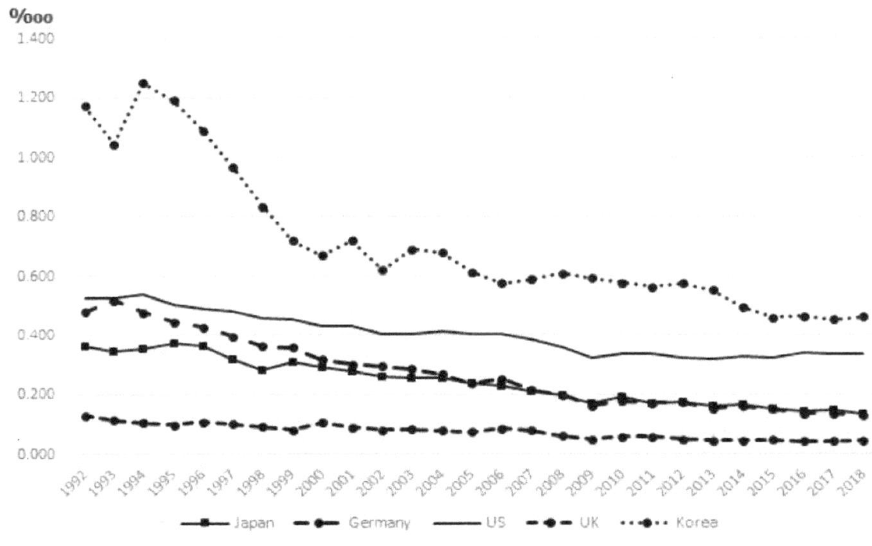

그림 12-2 국가간 사고사망만인율 추이 비교

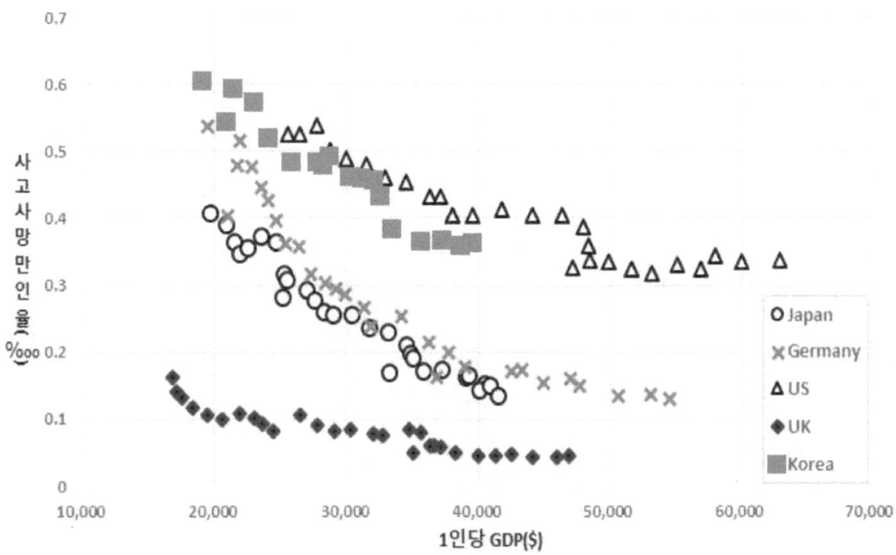

그림 12-3 분석국가와 한국의 1인당 GDP, 사고사망만인율 비교

산업재해율과 통계적으로 유의미한 연관성이 가지고 있는 변수를 포함하여 분석 국가의 경제사회적 요인들과 한국의 수준을 변수별로 비교하여 살펴보고자 한다.

1인당 GDP 수준은 회귀분석에서 사고사망재해율과 통계적으로 유의미한 음(-)의 연관성이 있는 분석되었는데, 국민소득 수준고려해보면 한국의 사고사망재해율은 일본, 독일, 영국보다는 높은 수준이고 미국과 비슷한 수준으로 판단된다. 분석 국가들의 국민소득 수준을 고려했을 때는 산업재해 예방을 위한 투자 및 노력이 더 필요할 것으로 생각된다.

그림 12-4는 사고사망만인율과 사고재해율과 양(+)의 연관성이 있는 건설업비중과 사고사망만인율을 한국 자료와 비교한 것으로 한국은 미국을 제외한 일본, 독일, 영국과 비슷한 건설업 비중을 나타내고 있는데, 상대적으로 사고사망만인율이 높은 것으로 나타났다. 영국, 일본의 사례를 보면 비슷한 건설업비중을 나타남에도 낮은 사고사망만인율을 나타내고 있어 해당 정책 등을 면밀히분석하여 한국의 건설업 특성에 맞는 산업재해 예방 구축을 고려해 볼 필요가 있다고 생각한다.

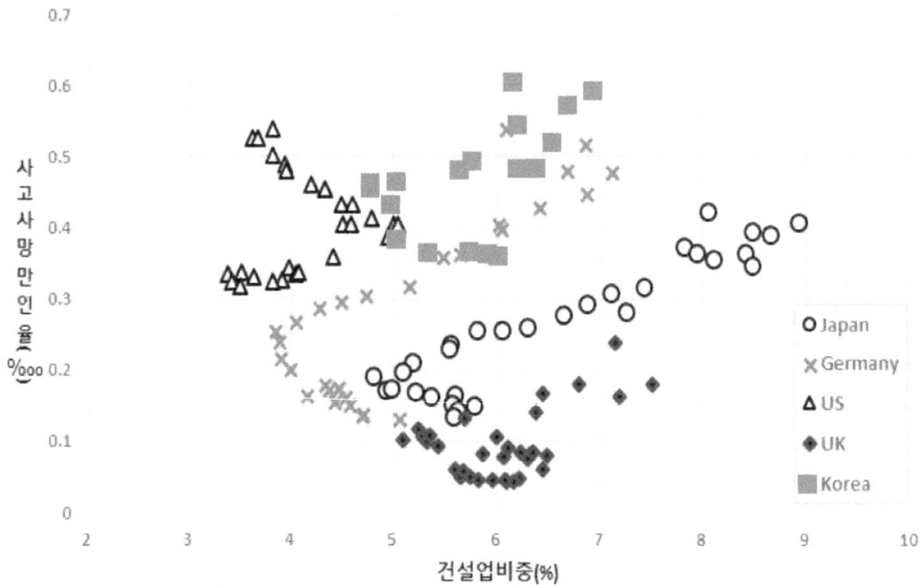

그림 12-4 분석국가와 한국의 건설업비중, 사고사망만인율 비교

12.2.1 재해통계의 활용의 필요성

산업재해분석이란 일정한 기간동안 발생한 각종 재해의 자료를 수집하고 정리·요약하는 과정과 목적성을 위한 의사결정에 도움을 주기 위해 수집된 자료를 분석하는 과정을 말한다. 또한 그 결과를 재분석하고 당해 사업장의 각종 작업여건이나 사고발생 개연성과 연관시켜 평가할 때에만 재해예방이라는 목표 달성을 이룰 수 있는 것이다.

산업재해 통계는 국가의 산업안전정책이나 사업장의 산업안전관리계획을 수립함에 있어 기초자료가 될 뿐만 아니라 목표설정에 핵심적인 기초가 되므로 매우 중요하다.

또한 산업재해 통계의 작성 목적은 재해를 예방하기 위한 정보를 제공하기 위하여 작성하는 것으로 재해를 지배하는 요인은 다수 있으나 그것들을 분석하고 대책을 검토함에 있어서는 다수의 재해사례에 대하여 통계적으로 처리를 행하고, 그 결과로부터 공통적인 요소를 정리하여 널리 안전대책에 이용하는 방법과 개개의 재해사례에 대하여 상세하게 조사를 행하고 그 결과로부터 동종재해 또는 유사재해 방지대책에 이용하는 방법 등이 있다.

재해통계는 과거의 일정기간에 발생한 산업재해에 대하여 그 재해구성요소를 조사하여 바른 통계기법으로 분석하고, 재해에 관한 제요소를 정리·파악함으로써 재해의 공통적인 발생요인을 수량적·통일적으로 해명함과 동시에 장래에 대한 효과적인 재해예방대책의 수립에 도움을 주게 하는 것이 그 목적이다.

재해통계는 과거의 재해발생의 양과 여러 가지 모습을 통계적으로 처리하는 것만으로는 불충분하며 동종재해의 재발방지 뿐만 아니라 앞으로의 안전관리대책을 분명히 할 수 있는 귀중한 자료가 되도록 작성되어야 한다.

CHAPTER 13

안전장비

13

13.1 안전표지

13.1.1 물질안전보건 자료 작성/비치

물질안전보건자료(MSDS)는 화학물질을 안전하게 사용하고 관리하기 위하여 필요한 정보를 기재한 설명서이다. 사업주는 MSDS 정보를 통하여 사업장에서 취급하는 화학물질에 대한 관리를 하고 노동자로 하여금 자신이 취급하는 화학물질에 대해 미리 알고 스스로 보호 할 수 있도록 하여 산업재해나 직업병을 사전에 예방할 수 있다. 물질안전보건자료 대상 물질을 취급하려는 사업주는 해당 물질을 취급하는 사업장 내에 MSDS를 게시·비치하고 경고표지를 부착하며 근로자교육을 실시하여야 한다.(「산업안전보건법」 제110조- 제116조)

경고표시 방법 및 기재항목은「산업안전보건법」 제 115조에 근거하여 사업장에서 물질안전보건자료 대상물질을 담은 용기 및 포장에는 경고표지를 부착하여야 하며, 해당 사업장에서 자체적으로 사용하기 위하여 담은 용기에도 반드시 경고표지를 부착하여 사용하여야 한다.

- 일반용기 : 고체, 액체 또는 기체의 화학물질 또는 화학물질을 함유한 제제를 직접 담은 합성강제, 플라스틱, 저장탱크, 유리, 비닐포대, 종이포대 등으로 된 것
- 소량용기 : 내용량 100그램(g) 이하 또는 100밀리리터(㎖) 이하
- 반제품용기 : 같은 사업장 내에서 상시적이지 않은 경우로서 공정간 이동을 위하여 화학물질을 담은 용기

※경고표지 기재사항 : 제품명, 그림문자, 신호어, 유해·위험문구, 예방조치문구, 공급자 정보

1. 명칭 : 제품명
2. 그림문자 : 5개 이상일 경우 4개만 표시 가능
3. 신호어 : "위험" 또는 "경고", 모두 해당하는 경우 "위험"만 표시
4. 유해 · 위험 문구 : 해당 문구 모두 기재, 중복되는 문구 생략, 유사한 문구 조합 가능
5. 예방조치 문구 : 7개 이상인 경우 예방, 대응, 저장, 폐기 각 1개 이상을 포함하여 6개만 표시 가능
6. 공급자 정보 : 제조자 또는 공급자의 이름 및 전화번호 등

표현	인화성	산화성	폭발성	급성독성	부식성
그림 문자					

화학물질 또는 화학물질을 포함한 혼합물을 제조, 수입, 양도, 제공 및 사용 운반, 저장 등의 취급시, 취급근로자가 쉽게 볼 수 있는 장소에 게시 또는 비치함으로써 유해·위험에 대비하도록 하여야 한다. 또한 사업주는 근로자에게 MSDS에 대한 교육을 실시해 사업장에서 사용하는 화학물질에 대한 이해를 도와야 한다.

13.1.2 안전보건표지의 종류와 형태

위험장소 또는 위험물질에 대한 경고, 비상시에 대처하기 위한 지시 또는 안내, 기타 근로자의 안전보건의식을 고취하기 위한 사항 등을 그림 · 기호 및 글자 등으로 표시하여 유해위험장소 · 시설 · 물체 등에 설치 또는 부착하는 표지이다.

안전보건표지는 사용목적에 따라 금지, 경고, 지시, 안내, 관계자 외 출입금지 5가지로 나눌 수 있다.

- 금지표지 : 출입금지, 보행금지, 차량통행금지 등
- 경고표지 : 인화성물질 경고, 산화성물질 경고, 폭발성물질 경고 등
- 지시표지 : 보안경착용, 방독마스크 착용, 방진마스크 착용 등
- 안내표지 : 녹십자표지, 응급구호표지, 들것, 세안장치 등
- 관계자 외 출입금지 : 허가대상물질 작업장 출입금지 등

1. 금지표지	101 출입금지	102 보행금지	103 차량통행금지	104 사용금지	105 탑승금지	106 금연
107 화기금지	108 물체이동금지	2. 경고표지	201 인화성물질 경고	202 산화성물질 경고	203 폭발성물질 경고	204 급성독성물질 경고
205 부식성물질 경고	206 방사성물질 경고	207 고압전기 경고	208 매달린 물체 경고	209 낙화물 경고	210 고온 경고	211 저온 경고
212 몸균형 상실 경고	213 레이저광선 경고	214 발암성·변이원성·생식독성·호흡기 과민성 물질 경고	215 위험장소 경고	3. 지시표지	301 보안경 착용	302 방독마스크 착용
303 방진마스크 착용	304 보안면 착용	305 안전모 착용	306 귀마개 착용	307 안전화 착용	308 안전장갑 착용	309 안전복 착용
4. 안내표지	401 녹십자표지	402 응급구호표지	403 들것	404 세안장치	405 비상용기구 (비상용 기구)	405 비상구
406 좌측비상구	407 우측비상구	5. 관계자외 출입금지	501 허가대상물질 작업장 **관계자외 출입금지** (허가물질 명칭) 제조/사용/보관 중 보호구/보호복 착용 흡연 및 음식물 섭취 금지	502 석면취급/해체 작업장 **관계자외 출입금지** 석면 취급/해체 중 보호구/보호복 착용 흡연 및 음식물 섭취 금지	503 금지대상물질의 취급 실험실 등 **관계자외 출입금지** 발암물질 취급 중 보호구/보호복 착용 흡연 및 음식물 섭취 금지	
6. 문자추가시 예시문	0.1d 휘발유화기엄금 0.25d 이상 d	▶ 내 자신의 건강과 복지를 위하여 안전을 늘 생각한다. ▶ 내 가정의 행복과 화목을 위하여 안전을 늘 생각한다. ▶ 내 자신의 실수로써 동료를 해치지 않도록 안전을 늘 생각한다. ▶ 내 자신이 일으킨 사고로 인한 회사의 재산과 손실을 방지하기 위하여 안전을 늘 생각한다. ▶ 내 자신의 방심과 불안전한 행동이 조국의 번영에 장애가 되지 않도록 하기 위하여 안전을 늘 생각한다.				

13.2 안전장비

13.2.1 보호구의 개요

산업재해 예방을 위해 작업자 개인이 착용하고 작업하는 것으로서 유해·위험상황에 따라 발생할 수 있는 재해를 예방하거나 그 유해·위험의 영향이나 재해의 정도를 감소시키기 위한 것. 보호구에 완전히 의존하여 기계·기구 설비의 보완이나 작업환경 개선을 소홀히 해서는 안 되며, 보호구는 어디까지나 보조수단으로 사용함을 원칙으로 해야 한다.

(1) 보호구가 갖추어야 할 구비요건

① 착용이 간편할 것

② 작업에 방해를 주지 않을 것

③ 유해·위험요소에 대한 방호가 확실할 것

④ 재료의 품질이 우수할 것

⑤ 외관상 보기가 좋을 것

⑥ 구조 및 표면가공이 우수할 것

(2) 보호구 선정시 유의사항

① 사용목적에 적합할 것

② 의무(자율)안전인증을 받고 성능이 보장되는 것

③ 작업에 방해가 되지 않을 것

④ 착용이 쉽고 크기 등이 사용자에게 편리할 것

13.2.2 보호구의 종류

(1) 의무 안전인증 대상 보호구(산업안전보건법 시행령 제28조)

① 추락 및 감전 위험방지용 안전모

② 안전화

③ 안전장갑

④ 방진마스크

⑤ 방독마스크

⑥ 송기마스크

⑦ 전동식 호흡보호구

⑧ 보호복

⑨ 안전대

⑩ 차광 및 비산물 위험방지용 보안경

⑪ 용접용 보안면

⑫ 방음용 귀마개 또는 귀덮개

(2) 자율 안전확인 대상 보호구(산업안전보건법 시행령 제28조의 2)

① 안전모(추락 및 감전 위험방지용 안전모 제외)

② 보안경(차광 및 비산물 위험방지용 보안경 제외)

③ 보안면(용접용 보안면 제외)

(3) 안전인증의 표시

의무인증, 자율안전확인신고 표시	(의무인증이 아닌)임의인증 표시
KCs 안전인증	Safety Mark S 마크

13.2.3 보호구의 성능기준 및 시험방법

(1) 안전모

1) 안전모의 구조

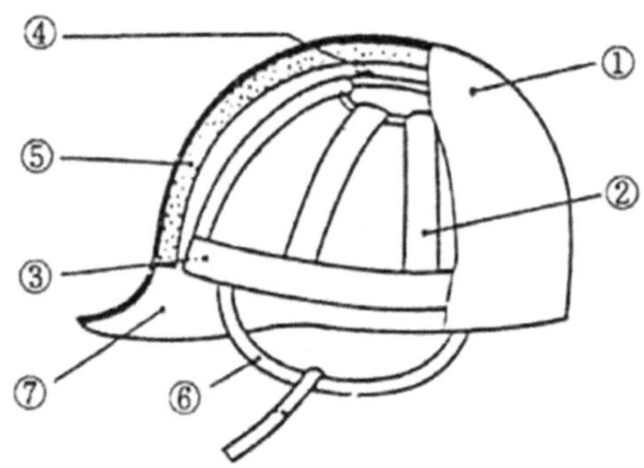

번호	명칭	
①	모체	
②	착장체	머리받침끈
③		머리고정대
④		머리받침고리
⑤	충격흡수재	
⑥	턱끈	
⑦	챙(차양)	

2) 의무안전인증대상 안전모의 종류 및 사용구분

종류 (기호)	사용구분	비고
AB	물체의 낙하 또는 비래 및 추락에 의한 위험을 방지 또는 경감 시키기 위한 것	
AE	물체의 낙하 또는 비래에 의한 위험을 방지 또는 경감하고, 머리부위 감전에 의한 위험을 방지하기 위한 것	내전압성
ABE	물체의 낙하 또는 비래에 의한 위험을 방지 또는 경감하고, 머리부위 감전에 의한 위험을 방지하기 위한 것	내전압성

※ 내전압성이란 7,000 V 이하의 전압에 견디는 것을 말한다.

3) 안전모의 성능시험방법

항목	시험성능기준
내관통성	AE, ABE종 안전모는 관통거리가 9.5 ㎜ 이하이고, AB종 안전모는 관통거리가 11.1 ㎜ 이하이어야 한다.
충격흡수성	최고전달충격력이 4,450 N을 초과해서는 안 되며, 모체와 착장체의 기능이 상실되지 않아야 한다.
내전압성	AE, ABE종 안전모는 교류 20 kV에서 1분간 절연파괴 없이 견뎌야 하고 이때 누설되는 충전전류는 10 mA 이하이어야 한다.
내수성	AE, ABE종 안전모는 질량증가율이 1% 미만이어야 한다.
난연성	모체가 불꽃을 내며 5초 이상 연소되지 않아야 한다.
턱끈풀림	150 N 이상 250 N 이하에서 턱끈이 풀려야 한다.

(2) 안전화

1) 안전화의 종류

종류	성능구분
가죽제 안전화	물체의 낙하, 충격 또는 날카로운 물체에 의한 찔림 위험으로부터 발을 보호하기 위한 것
고무제 안전화	물체의 낙하, 충격 또는 날카로운 물체에 의한 찔림 위험으로부터 발을 보호하고 내수성 또는 내화학성을 겸한 것
정전기 안전화	물체의 낙하, 충격 또는 날카로운 물체에 의한 찔림 위험으로부터 발을 보호하고 정전기의 인체대전을 방지하기 위한 것
발등 안전화	물체의 낙하, 충격 또는 날카로운 물체에 의한 찔림 위험으로부터 발 및 발등을 보호하기 위한 것
절연화	물체의 낙하, 충격 또는 날카로운 물체에 의한 찔림 위험으로부터 발을 보호하고 저압의 전기에 의한 감전을 방지하기 위한 것
절연장화	고압에 의한 감전을 방지 및 방수를 겸한 것

2) 안전화의 등급

종류	성능구분
중작업용	광업, 건설업 및 철광업 등에서 원료취급, 가공, 강재취급 및 강재 운반, 건설업 등에서 중량물 운반작업, 가공대상물의 중량이 큰 물체를 취급하는 작업장으로서 날카로운 물체에 의해 찔릴 우려가 있는 장소
보통 작업용	기계공업, 금속가공업, 운반, 건축업 등 공구 가공품을 손으로 취급하는 작업 및 차량 사업장, 기계 등을 운전조작하는 일반작업장으로서 날카로운 물체에 의해 찔릴 우려가 있는 장소
경작업용	금속 선별, 전기제품 조립, 화학제품 선별, 반응장치 운전, 식품 가공업 등 비교적 경량의 물체를 취급하는 작업장으로서 날카로운 물체에 의해 찔릴 우려가 있는 장소

3) 가죽제 발보호안전화의 일반구조

① 착용감이 좋고 작업에 편리할 것

② 견고하며 마무리가 확실하고 형상은 균형이 있을 것

③ 선심의 내측은 헝겊으로 싸고 후단부의 내측은 보강할 것

④ 발가락 끝부분에 선심을 넣어 압박 및 충격으로부터 발 보호할 것

(3) 안전장갑

손의 보호를 위하여 사용

1) 용접장갑

아크(Arc) 및 가스용접 용단작업에서 발생되는 불꽃, 용융 금속 및 가열된 금속 등으로부터 접촉하여 화상 등을 방지하기 위해 사용

2) 전기용 고무장갑

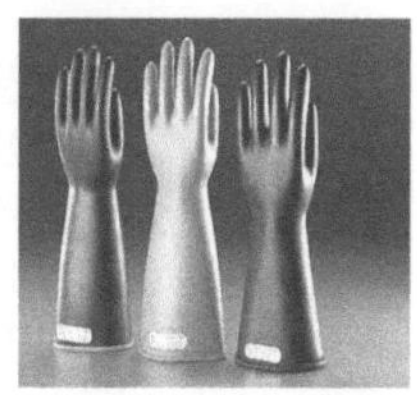

300~7,000 V 이하의 전기회로 작업에 사용되는 장갑으로 재질은 양질의 고무로서 내·외면이 평탄하고 홈, 기포 등이 없어야 함

3) 내열장갑

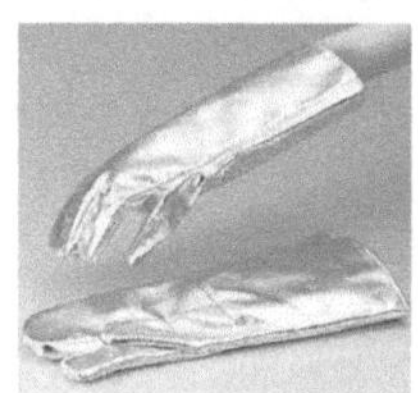

노(爐)작업 등에서 복사열로부터 손을 보호하기 위해 사용되며 석면포에 알루미늄 분말로 표면 처리됨

4) 산업위생 보호 장갑

산, 알칼리 및 화학약품 등을 취급하는 작업에서 사용되며 천연고무 및 합성고무

5) 방진장갑

착암기를 사용하는 작업장에서 사용되며 방진재료는 특수탄성 고무관과 네오플렌 발포제가 사용됨

(4) 방진마스크

1) 형태별 종류

① 전면형 방진마스크 : 분진 등으로부터 안면부 전체(입, 코, 눈)을 덮을 수 있는 구조의 방진마스크를 말한다.

② 반면형 방진마스크 : 분진 등으로부터 안면부의 입과 코를 덮을 수 있는 구조의 방진마스크를 말한다.

2) 방진마스크의 등급

등급	특급	1급	2급
사용장소	• 베릴륨 등과 같이 독성이 강한 물질들을 함유한 분진 등 발생장소 • 석면 취급장소	• 특급마스크 착용장소를 제외한 분진 등 발생장소 • 금속흄 등과 같이 열적으로 생기는 분진 등 발생장소 • 기계적으로 생기는 분진 등 발생장소	• 특급 및 1급 마스크 착용장소를 제외한 분진 등 발생장소
	• 배기밸브가 없는 안면부 여과식 마스크는 특급 및 1급 장소에 사용해서는 안 된다.		

3) 방진마스크의 형태별 구조분류

형태	분리식		안면부 여과식
	격리식	직결식	
구조 분류	안면부, 여과재, 연결관, 흡기밸브, 배기밸브, 및 머리끈으로 구성되며 여과재에 의해 분진 등이 제거된 깨끗한 공기를 연결관으로 통하여 흡기밸브로 흡입되고 체내의 공기는 배기밸브를 통하여 외기 중으로 배출하게 되는 것으로 부품을 자유롭게 교환할 수 있는 것	안면부, 여과재, 흡기밸브, 배기밸브 및 머리끈으로 구성되며 여과재에 의해 분진 등이 제거된 깨끗한 공기가 흡기밸브를 통하여 흡입되고 체내의 공기는 배기밸브를 통하여 외기중으로 배출하게 되는 것으로 부품을 자유롭게 교환할 수 있는 것	여과재로 된 안면부와 머리끈으로 구성되며 여과재인 안면부에 의해 분진 등을 여과한 깨끗한 공기가 흡입되고 체내의 공기는 여과재인 안면부를 통해 외기 중으로 배기되는 것으로 부품이 교환될 수 없는 것

4) 방진마스크의 일반구조 조건

① 착용 시 이상한 압박감이나 고통을 주지 않을 것

② 전면형은 호흡 시에 투시부가 흐려지지 않을 것

③ 분리식 마스크에 있어서는 여과재, 흡기밸브, 배기밸브 및 머리끈을 쉽게 교환 할 수 있고 착용자 자신이 안면과 분리식 마스크의 안면부와의 밀착성 여부를 수시로 확인할 수 있어야 할 것

④ 안면부 여과식 마스크는 여과재로 된 안면부가 사용기간 변형되지 않을 것

⑤ 안면부 여과식 마스크는 여과재로 안면에 밀착시킬 수 있어야 할 것

5) 방진마스크 선정기준(구비조건)

① 분집포집효율(여과효율)이 좋을 것

② 흡기, 배기저항이 낮을 것

③ 중량이 가벼울 것

④ 시야가 넓을 것

⑤ 안면밀착성이 좋을 것

(5) 방독마스크

1) 형태별 종류

① 전면형 방독마스크 : 유해물질 등으로부터 안면부 전체(입, 코, 눈)를 덮을 수 있는 구조의 방독마스크를 말한다.

② 반면형 방독마스크 : 유해물질 등으로부터 안면부의 입과 코를 덮을 수 있는 구조의 방독마스크를 말한다.

③ 복합용 방독마스크 : 2종류 이상의 유해물질 등에 대한 제독능력이 있는 방독 마스크를 말한다.

④ 겸용 방독마스크 : 방독마스크(복합용 포함)의 성능에 방진마스크의 성능이 포함된 방독마스크를 말한다.

2) 방독마스크의 등급

등급	사용장소
고농도	가스 또는 증기의 농도가 100분의 2(암모니아에 있어서는 100분의 3) 이하의 대기 중에서 사용하는 것
중농도	가스 또는 증기의 농도가 100분의 1(암모니아에 있어서는 100분의 1.5) 이하의 대기 중에서 사용하는 것
저농도 및 최저농도	가스 또는 증기의 농도가 100분의 0.1 이하의 대기 중에서 사용하는 것으로서 긴급용이 아닌 것

3) 방독마스크의 정화통 외부측면의 표시 색

종류	표시 색
유기화합물용 정화통	갈색
할로겐용 정화통	회색
황화수소용 정화통	
시안화수소용 정화통	

아황산용 정화통	노란색
암모니아용(유기가스) 정화통	녹색
복합용 및 겸용의 정화통	복합용의 경우 : 해당가스 모두 표시(2층 분리) 겸용의 경우 : 백색과 해당가스 모두 표시(2층 분리)

4) 방독마스크 성능시험

① 안면부 흡기저항시험

② 정화통의 제독능력시험

③ 안면부 배기저항시험

④ 안면부 누설율시험

⑤ 배기밸브 작동시험

5) 안전인증 방독마스크 표시 외 표시사항

① 파과곡선도

※ 파과란 대응하는 가스에 대하여 정화통 내부의 흡착제가 포화상태가 되어 흡착능력을 상실한 상태를 뜻함]

② 사용시간 기록카드

③ 정화통의 외부측면의 표시색

④ 사용상의 주의사항

6) 흡수제 종류

① 활성탄

② 큐프라마이트

③ 호프칼라이트

④ 실리카겔

⑤ 소다라임

⑥ 알칼리제재 등

(6) 송기마스크

종류	등급	형상 및 사용범위
호스 마스크	폐력 흡인형	호스의 끝을 신선한 공기 중에 고정시키고 호스, 안면부를 통하여 착용자가 자신의 폐력으로 공기를 흡입하는 구조로서, 호스는 원칙적으로 안지름 19㎜ 이상, 길이 10 m 이하 이어야 한다.
	송풍기형	전동 또는 수동의 송풍기를 신선한 공기 중에 고정시키고 호스, 안면부 등을 통하여 송기하는 구조로서, 송기풍량의 조절을 위한 유량조절 장치 및 송풍기에는 교환이 가능한 필터를 구비해야하며, 안면부를 통해 송기하는 것은 송풍기가 사고로 정지된 경우에도 착용자가 자기 폐력으로 호흡할 수 있는 것이어야 한다.
에어 라인 마스크	일정 유량형	압축공기관, 고압 공기용기 및 공기압축기 등으로부터 중압호스, 안면부 등을 통하여 압축공기를 착용자에게 송기하는 구조로서, 중간에 송기 풍량을 조절하기 위한 유량조절장치를 갖추고 압축공기 중의 분진, 기름미스트 등을 여과하기 위한 여과장치를 구비한 것이어야 한다.
	디맨드형 및 압력 디맨드형	일정 유량형과 같은 구조로서 공급밸브를 갖추고 착용자의 호흡량에 따라 안면부 내로 송기하는 것이어야 한다.
복합식 에어 라인 마스크	디맨드형 및 압력 디맨드형	보통의 상태에서는 디맨드형 또는 압력디맨드형으로 사용할 수 있으며, 급기의 중단 등 긴급 시 또는 작업상 필요시에는 보유한 고압공기 용기에서 급기를 받아 공기호흡기로서 사용할 수 있는 구조로서, 고압 공기 용기 및 폐지밸브는 KS P 8155(공기 호흡기)의 규정에 의한 것이어야 한다.

(7) 안전대

추락이나 전도를 방지하기 위하여 사용하는 안전벨트와 로프이다. 안전대를 사용할 작업장은 2 m 이상의 높은 곳에서 작업, 분쇄기 또는 혼합기를 사용하는 작업, 비계의 조립 및 해체작업, 슬레이트 지붕에서의 작업, 채석 시 비래 또는 낙하가 있는 작업, 거푸집, 지보공의 고정, 조립, 해체 작업 등이다.

의무 안전인등 대상 안전대의 종류 : 2009.01.01. 이후

종류	사용구분
벨트식 안전그네식	U자 걸이용
	1개 걸이용
	안전블록(안전그네식에만 적용)
	추락방지대(안전그네식에만 적용)

1개 걸이 전용 안전대

추락방지대

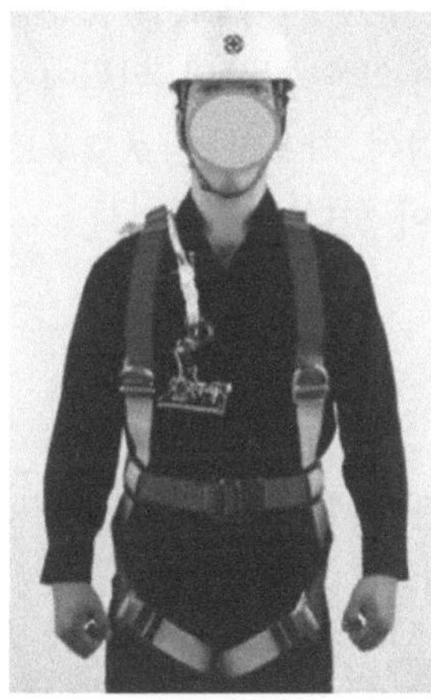

안전그네

안전블록

(8) 눈과 안면보호구

1) 눈 보호구

보호안경은 분진과 유해광선으로부터 눈을 보호하는 보호구로서 작업형태에 따라 다르며 분진이나 비산칩으로부터 눈을 보호하는 보안용 안경과 유해광선으로부터 눈을 보호하는 차광안경이 있다.

보안경

① 차광안경 : 유해 자외선이나 적외선을 차단하기 위해 사용

② 유리보호안경 : 연마작업의 불꽃과 미세한 분진, 절삭작업, 선반작업의 칩 또는 화학약품의 비래물로부터 눈을 보호

③ 플라스틱 보호안경 : 유리렌즈에 비해 질량이 반분되고 쪼개지는 것이 없기 때문에 눈에 파편이 들어갈 염려가 없다.

④ 도수렌즈 보호안경 : 시력교정과 눈 보호기능을 겸한 보안경

2) 안면 보호구(용접용 보안면)

안면 보호구는 유해광선으로부터 눈을 보호하고 열 및 파편에 의한 화상의 위험에서 안면부를 보호하기 위하여 착용하는 보호구로서 헬멧형과 핸드실드형이 있다.

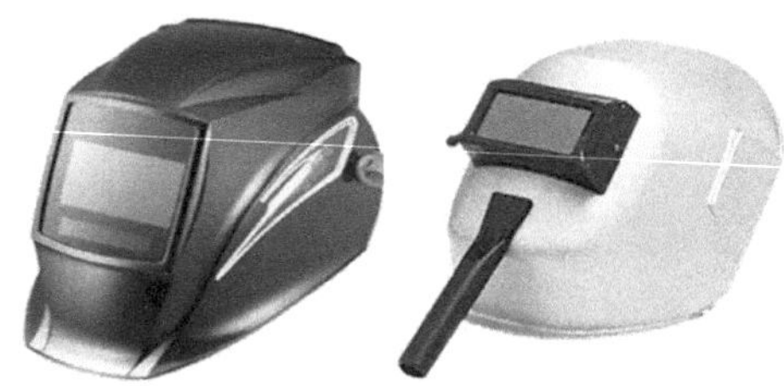

헬맷형　　핸드실드형

(9) 방음용 귀마개 또는 귀덮개

소음의 크기는 데시벨(dB)로 표시하며, 보통 소음의 크기가 85 dB 이상이면 귀 보호구를 사용해야 한다.

종류	등급	기호	성능	비고
귀마개	1종	EP-1	저음부터 고음까지 차음하는 것	귀마개의 경우 재사용 여부를 제조 특성으로 표기
	2종	EP-2	고음만 차음	
귀덮개	-	EM	저음부터 고음까지 차음하는 것	

귀마개

귀덮개

CHAPTER 14

안전문화

14.1 안전문화의 정의

안전문화

안전문화의 개념
- 가치
- 신뢰
- 행동
- 형태

한국산업안전보건공단
- "작업장 안전과 관련된 조직 구성원들이 공유하고 있는 기본 가정"
  - 조직구성원들이 당연하다고 여기는 믿음 또는 생각
  - "기본가정"
- 안전제일의 가치관이 개인 또는 조직원들이 만족하여 개인의 삶이나 조직 활동 안에서 관행, 문화안전으로 내재화된 것으로 정의
- 인간존엄, 가치, 행동양식, 태도, 사고방식

Clarke
- 안전문화를 조직에 내재된 안전에 관한 기본 가치와 신념

영국안전보건위원회(HSC)
- 조직의 보건과 안전관리에 헌신하게 하는 행동의 유형, 개인 및 집단의 가치, 태도, 능력, 지각 등의 산물로 정의

Findikcoglu
- 안전문화를 포괄적인 개념으로 신념, 가치, 태도, 규범, 해석, 가정, 경험, 행동 패턴, 책임인식
- 작업장에서 일하는 사람들이 공유하는 안전과 건강을 향상시키기 위한 노력이며, 위험과 위험행동에 대한 예방조치

국제원자력기구(IAEA)
- 원전사고

- 체르노빌 원전사고 최초사용

안전문화의 개념은 여러 분야의 학자들에 의해 정의된 바 있는데, 보편적으로 안전에 대한 신뢰, 가치 등 문화 부분과 이를 바탕으로 나타나는 행태·행동 양식을 포함하는 개념으로 정의되고 있다. 구체적으로 국내·외 학자들의 안전문화에 대한 개념을 살펴보면 다음과 같다.

한국산업안전보건공단에서 제시한 안전문화란 "작업장 안전과 관련된 조직 구성원들이 공유하고 있는 기본 가정"이라고 정의하고, "기본가정"(무의식적이고 쉽게 관찰되지 않음)은 조직구성원들이 당연하다고 여기는 믿음 또는 생각이다. Clarke는 안전문화을 조직에 내재된 안전에 관한 기본 가치와 신념을 나타내는 것으로 보았고, 안전분위기를 조직 구성원의 주된 인식에 의한 작업환경 상태라 정의하였다. 한국산업안전공단은 안전제일의 가치관이 개인 또는 조직원들이 만족하여 개인의 삶이나 조직 활동 안에서 관행, 문화안전으로 내재화된 것으로 정의하고, 안전문화에서는 인간존엄, 가치, 행동양식, 태도, 사고방식 등의 의미를 가진다. 또한, 영국안전보건위원회(Health and Safety Commission, HSC)에서는 안전문화을 조직의 보건과 안전관리에 헌신하게 하는 행동의 유형, 개인 및 집단의 가치, 태도, 능력, 지각 등의 산물로 정의하고 있다. Findikcoglu는 안전문화을 포괄적인 개념으로 신념, 가치, 태도, 규범, 해석, 가정, 경험, 행동 패턴, 책임인식, 작업장에서 일하는 사람들이 공유하는 안전과 건강을 향상시키기 위한 노력이며, 위험과 위험행동에 대한 예방조치를 하는 요소라고 정의하였다. 이처럼 안전문화는 자연재해, 교통, 발전소, 제조, 건설, 서비스 분야, 원자력 등 대중적인 부분과 산업계 전반에 걸쳐 광범위하게 사용되고 있다. 또한 안전문화는 순응행동과 참여행동에 영향을 주는데 안전문화가 높은 구성원은 참여행동이 높게 측정되는 반면 안전문화가 부족한 구성원은 분위기의 영향을 덜 받을 수 있기 때문에 산업재해를 낮추는 것에 어려움이 있을 것으로 보인다라고 정의한다. 그리고 안전문화는 사고를 예방하기 위한 매우 중요한 요인으로서, 안전문화을 높이면 안전문화 수준이 향상되고, 안전교육을 활성화시키면 안전문화을 높일 수 있기 때문에 안전문화 수준도 향상될 것이라고 밝히고 있다. 관리자의 안전문화 중 안전풍토, 안전절차, 안전동기에 영향을 미치는 변인은 중요성 인식, 의사소통, 신뢰관계, 안전행동으로 나타나며 안전문화는 기본적으로 안전이라는 개념을 가지고 있는 상태라고 말할 수 있고, 안전인식이란 문화된 안전의 개념으로 불안전상태 등을 인지하여 그것을 지식으로서 받아 들이게 되는 계기라고 정의할 수 있다.

이처럼 안전문화의 정의는 매우 다양하다. 그 중에서 우리가 일하는 방법의 하나인 조직문화는 고객 중심 문화, 혁신 문화처럼 영역 혹은 분야에 따라 일하는 방식을 다양하게 구분해서 생각해볼 수 있으며 안전문화는 이러한 다양한 조직문화 중 '안전과 관련된 조직문화'라고도 할 수 있다. 안전문화의 개념은 1986년 체르노빌 원자력 누출 사고에 따른 국제원자력기구(IAEA) 국제원자력자문단(INSAG)의 보고서인 INSAG-1에서 최초 사용되었으며, 1988년 원자력발전소 자문단은 INSAG-3에서 '원자력 발전소 기본안전 원칙'에서 가장 우선적인 안전원칙으로 제시되었다.

14.2 안전문화의 요소

안전문화의 요소	
안전교육	안전한 작업방법의 대한 지식이나 기능을 습득함으로써 안전사고를 사전에 방지하고 안전한 태도와 행동을 취하도록 유도하는 교육을 의미
안전규칙준수	조직위 구성원인 사업장 근로자의 안전 및 보건을 유지·증진시키고 안전사고나 재해를 방지하기 위하여 작업 및 작업 관련 업무 시 필요한 안전기준 및 안전사항 등 조직 내 안전규칙 사항을 준수하는 것을 의미
조직신뢰	불확실한 상황에서도 조직의 개인구성원들이 경영진을 믿고 따르려는 조직에 대한 전반적인 믿음을 의미
안전의식	조직 내에서 안전에 관한 기본 가치, 신념, 행동 양식, 위험에 대한 행동 및 예방조치 행동 등의 총괄적 산물로 조직의 안전성과를 창출하는 안전문화를 의미
사건보고	평가하는 것은 목표하는 안전문화와 성과달성을 위해 의미

14.2.1 안전교육

안전교육이란 안전한 작업방법의 대한 지식이나 기능을 습득함으로써 안전사고를 사전에 방지하고 안전한 태도와 행동을 취하도록 유도하는 교육을 의미한다. 건설업, 화학산업 등 다양한 산업에서 체계적인 안전교육의 부재로 인해 개인적 인적사고 및 대형사고가 발생하고 있다. 안전교육은 이러한 안전사고를 줄이고 안전의식을 구축하는데 있어서 중요한 요소로 작용한다.

안전교육이란 근로자가 안전하게 업무를 수행할 수 있도록 하기 위해 안전의 중요성을 인식시키고, 담당하고 있는 작업에 대해서 구체적으로 안전한 작업방법에 대한 지식이나 기능을 수득(修得)하도록 교육 · 훈련을 실시하는 것이다. 또한, 개인이나 집단에 가해지는 위험 사태를 교육이라는 수단으로 안전에 필요한 지식, 기능, 태도 변화 등을 학습하여 예방하고 대응할 수 있도록 하고 평상시 생활에서 발생하는 각종 안전사고를 사전에 방지하는 일련의 과정이라고 했으며, 인간의 태도 및 행동을 올바르게 전환하는 교육으로 안전을 저해하는 여러 위험 요소를 제거하고 위험 가능성을 줄여나가서 건강한 생활을 유지하기 위한 적극적인 방법이라 하였다. 안전교육은 지속해서 안전한 태도와 습관을 몸에 밸 수 있도록 하는 교육으로 안전한 행동 습관을 길러주는 중요한 요인이 된다. 안전교육이 위험행동의 비율에 변화를 가져오는 중요한 변수이면서, 안전 문제해결 능력 향상과 안전하지 못한 행동의 빈도를 감소시키는 효과가 있는 것으로 밝히고 있다.

14.2.2 안전규칙준수

안전규칙준수란 조직의 구성원인 사업장 근로자의 안전 및 보건을 유지·증진시키고 안전사고나 재해를 방지하기 위하여 작업 및 작업 관련 업무 시 필요한 안전기준 및 안전사항 등 조직 내 안전규칙 사항을 준수하는 것을 의미한다.

동기부여·안전지식이 충분히 제공되지 않으면 안전행동의 수행이 어렵고, 안전규정의 준수와 안전행동의 참여에 대한 동기부여가 충분하지 않는다면 안전행동을 수행하지 않게 될 것이다. 즉 안전규칙의 미준수는 조직 구성원들의 안전에 대한 태도나 안전행동의 감소로 이어져 안전사고를 유발하는 원인이 된다. 따라서 안전규칙의 수립 및 준수는 안전사고와 매우 밀접한 관련성이 있는 요소이다. 산업안전보건법은 산업안전 및 보건에 관한 기준을 확립하고 그 책임의 소재를 명확하게 하여 산업재해를 예방하고 쾌적한 작업환경을 조성함으로써 노무를 제공하는 사람의 안전 및 보건을 유지 · 증진함을 목적으로 정해진 법이며, 이를 기반으로 산업안전보건법 시행령과 시행규칙이 제정되었다. 산업안전이란 사업장에서 산업재해가 일어날 가능성이 있는 건설물, 기계, 장치, 재료 등의 손상과 파괴에 기인하는 재해 발생의 위험성을 배제하여 안전성을 확보하도록 하는 것을 의미한다. 따라서 안전규칙이란 산업안전을 위한 규칙으로 사업장 내 조직구성원의 재해 발생의 위험성을 배제·감소하기 위해 준수해야 하는 사항이라 할 수 있다.

14.2.3 조직신뢰

조직신뢰란 불확실한 상황에서도 조직의 개인 구성원들이 경영진을 믿고 따르려는 조직에 대한 전반적인 믿음을 의미한다. 조직신뢰는 위험과 관련된 개념이며, 불확실한 상황에서 위험을 감소시켜 준다. 위험부담이 없는 상태에서 업무를 수행할 때 생기는 믿음으로 인해 신뢰는 지속될 수 있고, 업무수행 중 종사자가 위험을 높게 인식할수록 조직신뢰는 낮아지게 된다. 조직신뢰란 조직이 유익하거나 해롭지 않을 것이라는 조직 구성원들의 전반적인 평가와 확신의 개념을 의미한다. 조직에 대해 신뢰하는 조직구성원들은 조직신뢰를 통하여 조직구성원들에게 공동체 의식을 가지게 됨으로써 보다 조직의 목표를 향해 자발적으로 참여하고 적극적인 태도와 행동을 보일 것으로 기대한다. 따라서 조직의 관리 및 운영에 있어서 조직 내에 안전교육수준, 안전한 작업환경을 갖출 시 조직의 구성원들은 조직에 대한 신뢰도가 높을 것이며 이에 따라 업무에 보다 자발적으로 참여하고 몰입하게 된다. 또한 조직신뢰란 조직의 제도에 대한 신뢰와 더불어 조직구성원이 조직 내 위험요인을 기꺼이 받아드리려는 심리적 상태이며 개인이 조직을 신뢰하는 것으로서 조직의 제도적 측면에 대한 구성원들의 신뢰를 의미한다. 조직신뢰는 조직구성원이 불확실한 상황에서도 자신이 종사하는 조직 및 경영진에 대해 기꺼이 믿고 따르려는 의지이자 기업이나 경영진들에게 사회적 책임 활동과 더불어 매우 중요한 요인으로 고려되고 있다.

14.2.4 안전의식

안전의식은 조직 내에서 안전에 관한 기본 가치, 신념, 행동 양식, 위험에 대한 행동 및 예방조치 행동 등의 총괄적 산물로 조직의 안전성과를 창출하는 안전문화를 의미한다. 학자들은 안전문화와 같은 개념을 '구성 개념(construct)'이라고 부른다. 구성개념이란 어떤 현상을 설명하기 위해서 사람들이 만들어 낸 개념이다. 이러한 구성개념은 직접 보거나 만져볼 수 없는 특징을 가진다. 안전문화도 직접 관찰할 수는 없기 때문에 쉽게 설명하기 어려운 구성개념이다. 그래서 정의하는 학자마다 의미하는 바가 조금씩 다르기도 하다. 이 연구에서는 안전의식은 안전문화의 일부분으로 해석하고자 한다.

안전의식 향상을 위해서는 여러 시스템을 통합적으로 조율하고 관리해야 하는데 기업의 외부환경, 기업의 내부환경, 경영조직 구조, 인사관리체제, 작업방식체계 등을 들 수 있다. 이러한 하위요인에 의해서 안전의식이 형성되며 안전의식 속에서 안전 리더십의 효과가 나타난다. 그동안 진행된 리더십에 대한 연구는 매우 많으며, 리더십을 연구하는 사람마다 각자 자기만의 정의를 가지고 있다. 이것은 학자들마다 사회적 현상과 연구관점에 따라 다양한 개념이 생겨났다는 것을 의미한다. 학자들의 연구에 따르면 리더십이 구성원에 대해 영향력을 행사한다는 것에는 이견이 없다. 다만 어떤 환경에서 사용되어지고 활용하느냐에 따라 그 의미가 다르게 나타나고 다르게 받아들여진다는 것이다.

14.2.5 사건보고

사건보고문화를 평가하는 것은 목표하는 안전문화와 성과달성을 위해 의미가 있다. 이에 대한 근거를 두 가지로 제시할 수 있다. 첫째, 사건보고문화를 평가하는 것은 안전문화를 정량적으로 평가하는 대체 수단이 될 수 있다. 안전문화 수준에 따라 불안전한 맥락의 형성에 차이가 있고 이에 따라 사고율과 같은 안전성과가 결정된다. 여러 연구에서 사회적 문화는 태도, 행동, 신념 등과 같은 공유된 가치로 구성된다는 것을 밝혀왔다. 이 가치들은 그 사회의 문화를 총체적으로 특징화하고 개인의 행동 및 태도에 영향을 미친다. Cooper의 연구에 따르면 조직의 구성원들이 공유하는 가치와 그 조직문화의 한 갈래인 안전문화가 구성원들의 태도와 행동에 직간접적으로 영향을 미쳐 조직의 안전성과를 결정한다고 한다. 이미 일어난 사건을 바라보는 개인의 인식은 미래에 일어날 수 있는 새로운 사고에 대해 해당 사회가 학습하고 준비하여 예방에 성공할 수 있는지를 가늠

하는 중요한 척도가 된다. Choudhry도 구성원 간 공유된 안전문화는 개인의 인식을 형성하여 사고를 유발시키는 상황과 행동에 영향을 미친다고 밝힘으로써 Cooper의 연구를 뒷받침했다. 즉 구성원 개개인의 안전의식이 불안전한 상태와 불안전한 행동을 유발하며 종국에는 사고가 일어날 수 있는 위험한 맥락(context)을 형성하게 됨을 의미한다. 그림. 3에서 보는 바와 같이 안전문화의 결핍에서 초래된 위험한 맥락은 현재의 위험한 상황이 형성되기까지 기여한 이전의 관계 요소들을 포함하고 있고, 위험한 맥락에 놓여있는 상황 중 일부가 사고로 이어지게 된다. 역으로 그 불안전한 맥락은 이미 발생된 사건을 조사함으로써 발견해 낼 수 있고 더 나아가 안전문화의 성숙도는 문화적요소에 기반을 둔 다양한 정량적 선행 지표를 분석함으로서 측정할 수 있다. 따라서 안전문화는 사건보고문화를 평가함으로써 정량화할 수 있다.

둘째, 사건보고문화는 안전문화의 선행지표가 될 수 있다. 후행지표는 뒤따라 오면서 현재 어디에 있는지를 보여주고 선행지표는 앞서 나가면서 무엇이 다가오는지를 볼 수 있도록 해준다. 안전문화 수준을 나타내는 정량적 지표는 일반적으로 재해율이나 사망률과 같은 후행지표를 사용한다. 후행지표는 후행하면서 통합된 결과를 나타내는 특성 때문에 내재된 안전문화의 존재나 수준을 조기에 구체적으로 판단하는데 한계가 있다. 또한 민감도가 낮아서 안전점검, 교육, 안전미팅 등과 같은 안전관리 활동의 효과 반영이 느리다. 따라서 사고가 발생하기 전에 미리 신속하게 불안전한 맥락을 도출하고 그에 따른 안전활동과 환경을 개선할 수 있도록 다양한 선행지표 개발이 요구되어 왔다. 사건보고서는 사건 발생에 영향을 미친 당시의 환경이나 행동에 대한 많은 정보를 담고 있다.

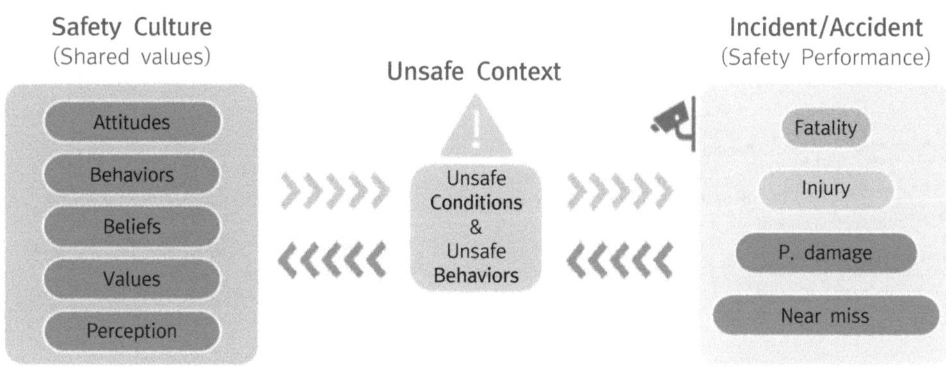

그림 14-3 안전문화와 안전성능의 관계

따라서 이미 발생된 사건으로부터 배우는 것은 위험한 맥락을 인지 및 교정하고 안전관리 방법을 개선하여 안전문화를 강화시키기 위한 선행 프로세스가 된다. Heinrich가 주장했듯이 경미한 사건은 심각한 사건보다 자주 발생하는 경향이 있기 때문에 아차사고와 같은 경미한 사건을 보고하는 것은 사고 예방을 위해 매우 중요한 활동이다. 이는 불안전한 맥락이 손실로 이어지기 전에 미리 발견할 수 있도록 한다. 그림 14-4에서와 같이 이미 발생된 사건은 안전문화에 기인한 후행 이벤트인 반면 그 발생된 사건을 보고하는 것은 안전문화를 개선시켜 미래의 사건을 예방하기 위한 선행활동이 된다. 그러므로 사건을 통해 사고 예방을 위한 교훈을 얻는 과정에서 모든 사건 정보를 얻는 것이 우선 과제가 되어야 한다. 이와 같은 배경에 따라 올바른 사건보고문화 정착은 안전문화 정착을 위한 선행 조건이 되어야 하고 이를 선행지표로 활용할 수 있다.

사건보고문화를 정량화하는 것은 문화의 추상적 개념을 공학적 개념으로 변환할 뿐만 아니라 다양한 환경의 상태와 관리 측면의 활동을 식별하는 매우 유용한 방법이기도 하다. 이 방법론은 또 다른 사고가 발생하기 전에 그 원인을 제거하기 위한 사전 프로세스를 구성하는 데 도움이 된다. 사업장의 다양한 안전활동 및 프로그램에 대한 평가도 관련 요소를 동일한 방법으로 분석하여 신속하게 안전관리 실무에 반영할 수 있다. 이는 후 행하면서 민감도가 낮고 고비용을 초래하는 후행지표의 한계를 보완한다. 다양한 형태의 사업장에 실증 연구를 시도하고 그 결과의 다양성을 통해 사건보고문화 모델의 적용성을 향상시킴으로서 사건보고문화를 공통지표로 활용할 수 있다.

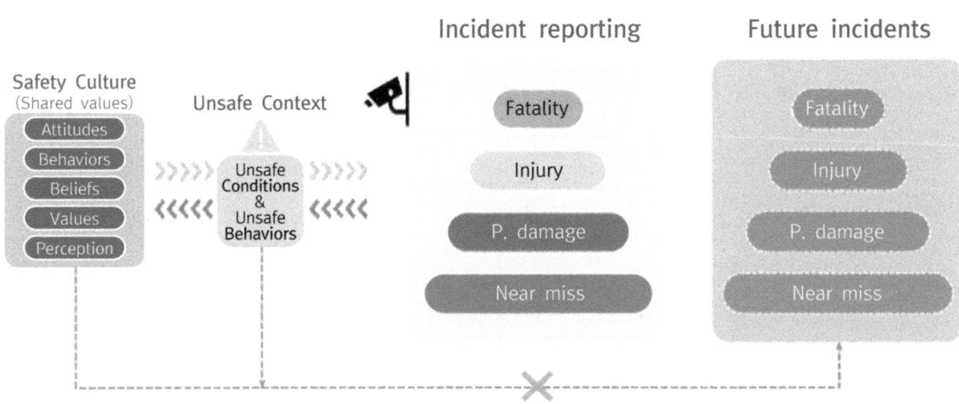

그림 14-4 사건보고문화는 안전문화의 선행지표

참고문헌

1. 김범수, 산업재해 예방을 위한 사건보고문화 중재연구, 부경대 대학원, 박사학위논문, 2020.
2. 김인수, 일제하 조선의 농정 입법과 통계에 대한 지식국가론적 해석, 서울대 대학원, 박사학위논문, 2013.
3. 목연수, 장성록, 산업심리학, 다솜출판사, 2002
4. 박진우, 과학적 관리의 원칙, 박영사, 1994
5. 법제처, 국가법령정보센터, 2022.
6. 산업안전보건공단, 예비산업인력을 위한 안전보건나침판(건설), 2021.
7. 산업안전보건공단, 예비산업인력을 위한 안전보건나침판(기계), 2021.
8. 산업안전보건공단, 예비산업인력을 위한 안전보건나침판(전기), 2021.
9. 산업안전보건공단, 예비산업인력을 위한 안전보건나침판(화공), 2021.
10. 산업안전보건공단, 예비산업인력을 위한 안전보건나침판(서비스), 2022.
11. 산업안전보건연구원, 산업재해 어떻게 변화되어 왔나?, 산업안전보건공단, 2022.
12. 산업안전보건연구원, 기업활동 규제완화가 안전보건 업무에 미치는 영향 연구, 산업안전보건공단, 1998.
13. 송병건, 재난인류, 위드덤하우스(서울), 2021.
14. 송병건, 산업재해의 탄생, 도서출판 해남(서울), 2015.
15. 양운섭, 산업경영심리학, 형설출판사, 1997
16. 위국환 외, 산업안전보건법령 해석(도해식), 동문사(서울), 2021.
17. 위국환 외, 안전보건관리론, 동문사(서울), 2021.
18. 위국환 외, 산업안전교육론, 동문사(서울), 2022.
19. 위국환, 안전리더십이 안전문화에 미치는 영향에 관한 연구, 부경대 대학원, 박사학위논문, 2022.
20. 유태용, 산업 및 조직심리학, 시그마프레스, 2012
21. 윤유성, 고경찬, 강지웅, 산업안전공학, 다솜출판사, 2016.

22. 이관석, 임현교, 신승헌, 장성록, 김유창, 이동경, 이광원, 휴먼에러의 예방과 관리, 한솔아카데미, 2011
23. 이관석, 장성록, 임지현, 인간공학, 형설출판사, 2011
24. 이화영 외, 산업재해통계 개선 방안에 관한 연구, 한국산업안전보건공단, 2005.
25. 임현교, 시스템안전공학, 한솔아카데미, 2012
26. 장성록, 안전인간공학, 다솜출판사, 2017
27. 장성록, 안전심리학, 다솜출판사, 2013
28. 장성록, 산업인간공학, 다솜출판사, 2004
29. 장성록, Digital Human Simulation을 이용한 근골격계질환 예방에 관한 연구, 한국안전학회지, 22(3), pp. 81~87, 2007
30. 장성록, 이유정, Assessment of work ability of Korean workers in the shipbuilding industry using FIOH questionnaire, 대한인간공학회지, 31(1), pp. 171~176, 2012
31. 장성록, 정상교, 휴먼에러를 중심으로 한 위험요인 도출 방법론에 관한 연구, 한국안전학회지, 29(3), pp. 79~84, 2014
32. 정병용, 이동경, 현대인간공학, 민영사, 2005
33. 정수진, 고종식, 산업경영심리학, 제2판, 삼우사, 2010
34. 정진우, 안전관리론 2판, 교문사(경기), 2020.
35. 조흠학, 산업안전보건법 해설, 신광문화사(경기), 2020.
36. Chang, S.R. and Freivalds A., Ergonomic evaluation of the effects of handle types on garden Tools, International Journal Of Industrial Ergonomics, 24, pp. 99~105, 1999
37. Chang, S.R., Kim, Y.C. and Lee K.S., An ergonomics program for prevention of work-related musculoskeletal disorders in electronics industry, Journal of Ergonomics in Occupational Safety and Health, 6, pp. 19~24, 2004
38. Chang, S.R., Lim, H.K, Lee, K.S. and Lee, S.H., A comparison of workability of sedentary workers and production workers in Korea, Journal of Ergonomics in Occupational Safety and Health, 7, pp. 54~58, 2005

39. Chang, S.R., Son, K., and Choi Y.S., Measurement and three-dimensional graphic representations of Korean seatpan and seatback contour, International Journal of Industrial Ergonomics, 18, pp. 147~152, 1996
40. Chang, S.R., Woo, D.P., Kim, Y.C., Hong, C.W., Lee, K.S., and Lim, H.K., Implementation an ergonomics program in a Korean shipbuilding company, Journal of Ergonomics in Occupational Safety and Health, 6, pp. 11~18, 2004
41. Heinrich H.W., Petersen D., and Roos N., Industrial Accident Prevention, McGraw-Hill, 1980
42. Kletz, T., An engineer's view of human error, 3rd ed., Institution of Chemical Engineers, 2001
43. Likert, R., New Patterns of Management, McGraw-Hill, 1961
44. Likert, R., The Human Organization, McGraw-Hill, 1967
45. McCormick E.J. and Tiffin J., Industrial Psychology, 6th ed., McGraw-Hill, 1974
46. McGregor D., The Human Side of Enterprise, McGraw-Hill, 1960
47. Petersen D., Human Error Reduction and Safety Management, 3rd ed., Van Nostrand Reinhold, 1996
48. Rasmussen J., Duncan K. and Leplat J, New Technology and Human Error, John Wiley & Sons, 1987
49. Reason J. and Hobbs A., Managing Maintenance Error, Ashgate, 2003
50. Smith H.C. and Wakeley J.H., Psychology of Industrial Behavior, 3rd ed., McGraw-Hill, 1972
51. Wallace B. and Ross A., Beyond Human Error, Taylor & Francis, 2006
52. 正田 亘, 産業·組織心理學, 東和技術, 1999
53. 林喜男, 人間信賴性工學, 海文堂, 1984
54. 三隅二不二, 丸山康則, 正田 亘, 事故豫防の行動科學, 福村出版, 1988

찾아보기

O

P

R

S

T

V

ㄱ

ㄴ

ㅇ

ㅈ

ㅊ

안전학 개론

2022년 9월 5일 인쇄 발행

저 자	장성록, 위국환, 이종빈
발 행 인	송기수
발 행 처	도서출판 GS인터비전
편 집 인	공예서
표 지 디 자 인	디자인붐
인 쇄 처	트윈벨미디어
등 록 번 호	제 25100-2016-000050호
I S B N	979-11-5576-408-4(93500)

주 소 서울 은평구 증산로 15길 69 2층

전 화 02-976-7898, 02-3272-7898.

팩 스 02-6468-7898

홈페이지 gsintervision.co.kr

E-Mail gsinter7@gmail.com

정 가 25,000원